中国名学

翟玉忠 著

台海出版社

图书在版编目（CIP）数据

中国名学 / 翟玉忠著 . -- 北京：台海出版社，
2024.9. --ISBN 978-7-5168-3940-9

I. B81-092

中国国家版本馆 CIP 数据核字第 20244ZY917 号

中国名学

著　　者：翟玉忠

责任编辑：俞滟荣

出版发行：台海出版社

地　　址：北京市东城区景山东街 20 号　　邮政编码：100009

电　　话：010-64041652（发行，邮购）

传　　真：010-84045799（总编室）

网　　址：www.taimeng.org.cn/thcbs/default.htm

E-mail：thcbs@126.com

经　　销：全国各地新华书店

印　　刷：三河市华润印刷有限公司

本书如有破损、缺页、装订错误，请与本社联系调换

开　　本：710 毫米 ×1000 毫米　　1/16

字　　数：280 千字　　　　　印　　张：18

版　　次：2024 年 9 月第 1 版　　印　　次：2024 年 11 月第 1 次印刷

书　　号：ISBN 978-7-5168-3940-9

定　　价：68.00 元

还我文化山河——我们的学术历史使命（再版序言）

　　"我们为什么不把它并入我们的版图呢？我们掌控更多土地的最好方式就是：借助于宗教手段，然后派出军队。"17 世纪初，葡萄牙国王谈到东方国家时作如是说。[1]

　　这段话透露了过去 500 年西方殖民主义的本质特征：一手捧托着《圣经》，一手挥舞着刀剑；以文化殖民开路，达到征服人心、掠夺资源的终极目标。19 世纪以后，现代西方知识体系逐步取代了《圣经》，成为西方"教化全球"，文化殖民的主力军。

　　直到 21 世纪的今天，西方学术仍垄断着中国很多大学的讲堂，甚至中国古典学术本身也被西方学术格式化了。这就是为什么过去 20 多年来，我们以孔子所传四科之学为基础，全面整理、复兴中国文化体系的源动力。

　　笔者回想 2001 年 2 月，辞去稳定的工作，离开家乡来北京寻找宇宙人生大道，迄今已经 23 年。这 23 年是一次备尝艰辛而激动人心的学术远征！

　　我和同道们翻越了三座大山，最后抵达了 2500 年前轴心时代中华原文明的高峰，看到了中华文化智慧、安乐、德行三位一体，内养外用不二，修身、齐家、治国、平天下一以贯之的普世大道，并以"孔门四科"德行、政事、言语、文学（经学）的形式，奉献全世界！

　　翻越近代西学、宋明理学、两汉经学的大山太难了，我们披荆斩棘，历

---

　　1 美国公共电视网 PBS 纪录片：《日本神秘帝国的回忆》（Japan Memoirs of a Secret Empire）第二集，网址：https://www.bilibili.com/video/BV1ms411272J?p=2&vd_source=7bd3312d933504035c126a92754b83a4，访问日期：2024 年 3 月 7 日。

尽磨难，遍体鳞伤地走了过来。中途看到太多学者游魂般游荡在西学、理学、经学的阴冷森林里，一生都不能出来。

第一座必须翻越的大山是近代西方学术，具体地说是大学校园中居主导地位的资本主义学术。我们从孩童时代入学到大学毕业，乃至读博士成博导，必须深入这座大山。近代学术形成于西方殖民主义时代，面对中国这类非西方世界，西方人的主导思想是"以西释中""西是中非"。结果学人只会讲述西学意义的世界，而不能讲清楚历史和现实的中国，更不能说明中华文明发展的内在逻辑。

比如我们说自己是"中国人"，无论是"中国"还是"人"，受过现代教育的国人都是从西方意义上理解的。他们将"中国"理解为一个欧洲式的民族国家，"人"则理解为宇宙中渺小的灵长类动物；传统上我们将"中国"理解为以普世文化（人伦礼义）为标准的天下，"人"则理解为与天地并列、参与天地运化的最高存在。而中国文化意义上的"中国人"已经被"以西释中""西是中非"的西学逻辑屏蔽。我们讲的"中国人"之名，实际是在说西方的"Chinese"之实。

从民主观念到人性善恶，我们的全部意义世界都是西方的，对应的则是西方文字——这就是中国话语权旁落、软实力疲弱的根本原因，用西方的"名"，解释迥异的中国之"实"，名实怎能不混乱！

早在 1964 年，《中国科学技术史》的作者李约瑟博士就建议，不要用希腊拉丁词根来描述中国，而最好使用"中国形式"。包括中国学界在内，似乎没有一个人回应过这个问题。他写道：

> 我也不喜欢把"自治的"一词应用于（中国）乡村社区，因为我认为它只是在非常确定的界限内才符合实际。事实上我们急需发展一些全新的专业名词。我们这里所要说明的社会状况是鲜为西方人所知的，而在创造这些新的专业词汇时，我建议最好使用中国形式，不要继续坚持使用希腊语和拉丁语的词根来描述非常不同的社会。[1]

李约瑟博士不会想到，以西方概念解析中国现实，竟会在中国成为基本

---

1 [英] 李约瑟:《东西方的科学与社会》，徐汝庄译，载《自然杂志》1990 年第 12 期。

学术范式。

我们必须回归中国的意义世界，以及基于此意义之上的话语体系。否则，学人一生困在西方学术的庐山之中，永远不会从中国的视角看世界。今日中国学界之蒙昧，可以套用唐代高僧黄檗希运禅师的一句话："终日吃饭，未曾咬着一粒米。"中国学者"终日言说，未曾吐一句中国话"！

我们是如何翻越西方资本主义学术这座大山的？关键是坚持"中体中用，中西互济"这条学术路线不动摇，将中国古典学术体系内在的逻辑性和统一性和盘托出，彻底打碎西方人眼中中国只有思想碎片，没有系统学术理论的判断。

中国不仅有自己的学术体系，且整体上更为完备。因为诸子百家相辅相成，相须为用，内圣智慧和外在事功合一，而西方宗教信仰和科学技术则长期处于巨大张力之中，西方学术则不断分化、细化，呈碎片化趋势。

第二座必须翻越的大山是宋明理学。2000 年前佛教进入中国沿两条路线演进：一是佛教自身的中国化。二是中国文化的佛教化，它催生了宋明理学。

表面上宋明理学激烈反对佛教，本质上它却是佛教化的儒学，用佛教的个人启示取代了中国内外兼修，积善成德的生活方式。难怪清代大儒颜元批评朱熹："朱子教人半日静坐，半日读书，无异于半日当和尚，半日当汉儒。"[1]

宋明理学是如何将中国文化佛教化的呢？首先是学习佛教判教将诸子百家异端化，结果包括中国古典政治经济学的"先王经世之术"[2]百家之学，从理论到实践层面被丢弃。因为只有这样才能实现"理学独尊"，理学家成为道统化身！然后通过"颠倒本末，混淆内外"的方法，明修栈道，暗度陈仓，将中国文化佛教化——其桥梁是中国化的禅宗。

从二程和朱熹开始，理学家就特别看重《大学》《中庸》，认为二者是圣人口耳相传的大法，初学者掌握真理的门径。朱熹《大学章句》认为，只有《大学》告诉学人修行的次第："子程子曰：'《大学》，孔氏之遗书，而初学入德之门也。'于今可见古人为学次第者，独赖此篇之存，而《论》《孟》次之。学者必由是而学焉，则庶乎其不差矣。"

正是在修行次第上，宋明理学家颠倒了本末。大学三纲"在明明德，在亲民，在止于至善"，"明明德"成了本，"止于至善"成了末。因为按照禅宗

1（清）颜元：《朱子语类评》。

2《史微·卷一·百家》。

理论，认得妄心，识得本心是基础。禅宗五祖弘忍大师说过："不识本心，学法无益；若识自本心，见自本性。即名丈夫、天人师、佛。"[1]

所以朱熹也在中国文化中"制造"出妄心和本心，即人欲和明德，有时也称人心或道心。《大学章句》解释"明德"时，彻底背离了"明明德（行）于天下"的《大学》本义，将平天下的实际事功转化为个人修养，"明德"成为本心，"本体之明"。文中说："明德者，人之所得乎天，而虚灵不昧，以具众理而应万事者也。但为气禀所拘，人欲所蔽，则有时而昏。然其本体之明，则有未尝息者。"

对于《中庸》，朱熹背离古人"心是谓中"的观念，将"中"解释为行为上的不偏不倚，混淆了内外。

"中庸"的意思如黄老之"心术"，讲用心之道，心之用。《中庸》说："喜怒哀乐之未发，谓之中；发而皆中节，谓之和。中也者，天下之大本也；和也者，天下之达道也。"朱熹《中庸章句》题解认为："中者，不偏不倚、无过不及之名。庸，平常也。"并进一步解释说："子程子曰：'不偏之谓中，不倚之谓庸。中者，天下之正道。庸者，天下之定理。'此篇乃孔门传授心法，子思恐其久而差也，故笔之于书，以授孟子。"这简直是时空穿越的小说，因为子思死时，孟子尚未出生！

过去十几年来，我和同道合作，写了大量文章，欲正本末、明内外，将宋明理学"颠倒本末，混淆内外"的错误修正过来。

今天学人一言中国文化就是理学化、佛学化的儒学。不仅普通百姓不能区分理学、儒学、孔学、经学的关系，一般学者也不能区分——这是宋明理学家、明末耶稣会士、清末民初中国学者、1949年后港台新儒家和改革开放后大陆新儒家用以突出中国性、否定中国文化普世性的共同"制造"。[2]

这种用以指称中国文化的"儒学"在学理上排斥诸子，排斥外在事功，是宋以后国运衰弱的思想根源，这不是小问题，是关系国运的大问题——这座大山跨不过去，会有亡国的危险！

第三座必须翻越的大山是两汉经学。在中国文化史上，再没有一件事如汉武帝听从董仲舒建议"罢黜百家，表彰六经"一样，影响长达2000年之

1《坛经·行由品第一》。

2 参见詹启华（Lionel M. Jensen）：《制造儒家：中国传统与全球文明》，北京大学出版社，2019年。

久。贬斥不包括儒家在内的诸子百家，以孔子整理的六经作为国家指导思想，决定了中华文明的性格，塑造着国家政治、个人伦理、社会生活的方方面面，直到民国初年。蒙文通先生作于 20 世纪 40 年代的《论经学遗稿三篇》说：

> 由秦汉至明清，经学为中国民族无上之法典，思想与行为、政治与风习，皆不能出其轨范。虽二千年学术屡有变化，派别因之亦多，然皆不过阐发之方面不同，而中心则莫之能异。其力量之宏伟、影响之深广，远非子、史、文艺可与抗衡。[1]

汉武帝的文化政策是成功的，亦有沉重代价。

一是"表彰六经"，经学成为利禄之途后，经学迅速僵化、烦琐化和玄学化。两汉儒学的发展历程也是儒学不断方士化的过程，董仲舒已将阴阳五行同灾异感应联系起来，到东汉，谶纬之学大兴，导致经学乌烟瘴气。经学成为仕进之途后，为捍卫自己的利益地盘，经学家株守家法、师法，包括西汉末年反对古文经学，都是为这个目的。东汉王充不禁感叹："儒者说五经，多失其实。前儒不见本末，空生虚说。后儒信前师之言，随旧述故，滑习辞语。苟名一师之学（指追随某一学派有了点名气——笔者注），趋为师教授，及时早仕，汲汲竞进，不暇留精用心，考实根核（即根荄，犹言根本——笔者注）。故虚说传而不绝，实事没而不见，五经并失其实。"[2]

二是"罢黜百家"，导致经学与子学的有机联系断裂。西汉东平思王刘宇（？—公元前 21 年）上书朝廷，请求诸子百家图书。大将军王凤对皇帝说"诸子书或反经术，非圣人"[3]，反对将这类书给东平思王，可见时人已将经学与子学对立起来。

经学失去子学之流，必成为一潭死水，直到今天，仍然是这样。比如儒者多言禅让制，而不知禅让制本质是"天下为公，选贤与能"的选举制度，后来发展为秦汉发达的社会功勋制（功次制度）。因为那是法家的主张，所以儒家要反对。如果我们不从社会功勋制角度理解禅让制，那么禅让制只能作为神话存在，更别谈用它解释 21 世纪中国选举制度了！

1 蒙文通：《论经学遗稿三篇》，载《经学抉原》，上海世纪出版集团，2006 年。

2《论衡·正说篇》。

3《汉书卷八十·宣元六王传第五十》。

可以说，正是汉武帝"罢黜百家，表彰六经"的政策，埋下了经学僵化，后来成为"僵尸"的祸根！

当代学人所做的，就是用西方专科学术埋葬这具"僵尸"。名曰"整理国故"，结果今人已经连经学的面目都不识了。经学就是经学，其"天下为公，选贤与能"选举制度与中国人成圣成贤的人生理想密不可分，哪能将经学进一步肢解为哲学、史学、文字学之类。蒙文通先生大声呼吁：

> 自清末改制以来，昔学校之经学一科遂分裂而入于数科，以《易》入哲学，《诗》入文学，《尚书》《春秋》《礼》入史学，原本宏伟独特之经学遂至若存若亡，殆妄以西方学术之分类衡量中国学术，而不顾经学在民族文化中之巨大力量、巨大成就之故也。经学即是经学，本自为一整体，自有其对象，非史、非哲、非文，集古代文化之大成，为后来文化之指导者也。[1]

我们不能追随五花八门的"新儒家"，罢黜儒家之外的诸子百家，独尊理学或儒术，要"会通经子，表彰六经"，回归中国文化的大本大源，大经大法——那是中华魂，中国人安身立命、安邦治国的根本！亡经学就是亡文化、亡天下！

还我文化山河，回归中国人的精神家园，必须翻越阻碍中国文化返本开新、守正出新的三座大山！

过去 20 年来，我们过五关斩六将，降魔捉怪，历经九九八十一难，最后才胜利登上了轴心时代中华原生文明的巅峰——以"孔门四科"为纲领的中华文化！

这次我们重新整理中国文化，与周代面临社会大失序（礼崩乐坏）的孔子不同。首先，孔子是以西周王官学诗、书、礼、乐四术为核心整理中华文化的，我们则以"孔门四科"为核心。

但孔子并不以"孔门四科"教学生，他还是以西周王官学传统的"四术"为主要教学内容。《史记·孔子世家》说："孔子以诗、书、礼、乐教。"《礼记·王制》说："乐正（大司乐，相当于古代大学校长——笔者注）崇四术，立四教，顺先王诗、书、礼、乐以造士。春、秋教以礼、乐，冬、夏教以诗、

---

1 蒙文通：《论经学遗稿三篇》，载《经学抉原》，上海世纪出版集团，2006 年。

书。"正是从诗、书、礼、乐中，孔子培养出了德行、政事、言语、文学（经学）这四类特长生（《史记·仲尼弟子列传》称之为"异能之士"），后来演化为诸子百家。所以我们按"孔门四科"整理公元前 500 年前后的中国文化，才能做到"纲举目张"。

其次，孔子有明确的理想标杆，他说："周监（通'鉴'，借鉴——笔者注）于二代，郁郁乎文哉！吾从周。"[1] 周朝集夏、商两代之大成，所以孔子尊周礼。孔子上下求索，周游列国，力图恢复周朝那样和谐统一的社会秩序（礼义王道），让人民安居乐业，这是他极伟大之处。我们身处全球化时代的东方，要在不失文化主体性的基础上，开放地学习西方，择善而从，所以关键是"明东西"。融入世界，世界才会认可中国文化内在的普世性——光返本而不能开新，如同闭门造车！

也因此，孔子基本上采取"述而不作"的整理方针。但我们不同，面对西方系统化专科学术，我们必须"既述又作"。比如经学，在民智大开的时代，必须牢牢抓住经学作为"先王经世之迹"[2] 本具的大众性、实用性、世界性特征，用百姓喜闻乐见的语言重新阐释。经学如同今天的政府公文，怎会如一些学者认为的那样，经学是小众的无用之学呢？它面对的是大众和天下，必有其实用价值。经学重要，是因为我们可以将之作为榜样、模板，解释过去指导未来——经学是中国文化的 DNA，中国历史和现实不过是经学的复制和表达。我们忽视甚至否定经学，实际上剪断了联结历史和现实的文化脐带！

再比如位列"孔门四科"言语科的名学。孔子说："名不正则言不顺，言不顺则事不成。"名学是人类一切知识和社会活动的基础——历史上儒家也被称为名教，以名为教；法家也被称为名法之学，形名法术之学，足见名家在中国文化中的基础地位。

今天，名学主要保存在墨家和名家中，要想使中国"专科"学术更为系统化，就不能"不作"。我们打破古人以书分类的诸子界线，将二科中相关内容合而为一，由此找到了名学的推理形式——名学成了可以活学活用的知识工具。

2013 年，中央编译出版社出版了我的相关研究成果《正名：中国人的逻

1《论语·八佾篇》。

2《史微·卷一·百家》。

辑》第一版，十年过去了，《正名：中国人的逻辑》早已售罄。

因此，我们决心增补修订再版该书，欲让更多人学习名学，运用名学。有了名学这个逻辑工具，中国在精神上才能真正崛起，中国文化才能贡献于世界。

本着为大众做学术的人生信条，笔者对《正名：中国人的逻辑》第一版作了较大修改。去掉了学术性很强，且带有资料性质的"《形名杂篇》译释""《墨经》名辩精要"两大部分，增加了"正名顺言篇"，并定名为《中国名学》。

"《形名杂篇》译释"是对伍非百先生《中国古名家言》"形名杂篇"部分的阐释。《中国古名家言》是近代名学研究巨著，修订版由中国社会科学出版社 1983 年出版，四川大学出版社 2009 年再版，感兴趣的朋友可以参阅。

"《墨经》名辩精要"是在谭戒甫先生《墨经分类译注》的基础上，对《墨经》中名学部分的辑录。《墨经分类译注》由中华书局 1981 年出版。

新增的"正名顺言篇"，除了第一版附录中的四篇文章，还收录了过去十年来我们研究名学、应用名学的一些文章，目的是让读者看到名学的现实意义所在。

这一调整，使《中国名学》更具有可读性和实用性。

最后，感谢上海的李网兴先生为本书顺利出版提供的支持，以及太多友人的鼓励和帮助。

德不孤，必有邻。我们的使命漫长而艰辛，但没人能阻止内圣外王一贯的普适大道升起在 21 世纪东方地平线上！

在世俗性全球化大转型的时代，这一古老而崭新的文明范式必将照耀全世界！

翟玉忠

2024 年 6 月 11 日于北京奥森寓所

目 录

名学，亦称名辩之学，是人类一切知识活动和社会治理的基础。在话语权为少数西方强国掌握，受西方中心论影响，诸多学人几乎无原则接受一切西方概念和理论，名实已经严重混乱的 21 世纪，作为世界三大逻辑体系之一的中国名学理应得到更多的重视。

名学十三篇 ·· **037**

当代名实混乱已成痼疾，严重影响了我国的文化安全，以及世界人文学术、自然科学的发展——人文学术常常变为廉价的工具和自娱自乐的玩物；自然科学领域普遍接受的还原论容易导致理论假设与实验证据的混淆，即使在分子生物学这样尖端的自然科学领域也是一样。

正名顺言篇 ·· **189**

"名不正则言不顺，言不顺则事不成"，孔子这句名言尽乎到了妇孺皆知的程度，但对其内涵，却很少有人关注。孔门言语科中的名学专门研究正名实，已成绝学。"正名顺言篇"目的是告诉世人名学过去是正确逻辑和社会成就的基础，今天它仍然是一切学术和各项事业的基础。

在先秦古籍中，留下了大量当时辩者的论题。两千多年来，"白狗黑""卵有毛"这类论题让人百思不得其解。本书试图按名学的内在理路诠释这些命题——所谓内在理路，是指《墨子》中《墨经》六篇和其他古籍中尚存在的一些论式，一些阐述。这些命题是如此重要，正因为不懂其意义，人们才习惯于犯某些明显的逻辑错误。

导言篇

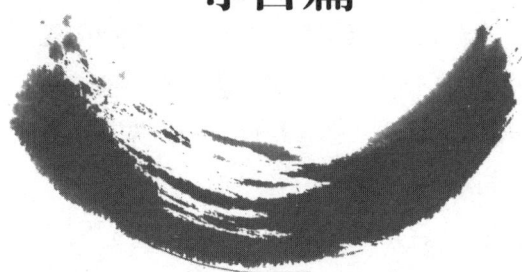

名学，亦称名辩之学，是人类一切知识活动和社会治理的基础。

在话语权为少数西方强国掌握，受西方中心论影响，诸多学人几乎无原则接受一切西方概念和理论，名实已经严重混乱的 21 世纪，作为世界三大逻辑体系之一的中国名学理应得到更多的重视。

早在 2000 多年前，面对西周文化、社会、政治体系的崩溃，心急如焚的孔子就注意到了"正名"的重要性。他的学生子路问："如果卫国国君要您去治理国家，您打算先从哪些事情做起呢？"孔子回答说首先必须正名分。他的理由是："名不正则言不顺，言不顺则事不成，事不成则礼乐不兴，礼乐不兴则刑罚不中（中，得当——笔者注），刑罚不中，则民无所措手足。"（《论语·子路篇第十三》）

孔子作《春秋》，《庄子·天下篇》云："《春秋》以道名分。"正可见孔子于春秋大乱之世，以名号规正天下秩序的苦心。顾颉刚先生注意到：《春秋》分等级为公、侯、伯、子、男五等而确定其名分，观之钟鼎文此种名号虽亦有之，然尚无确分等级之意味，必《春秋》始严格分别。"[1] 如郑一定称伯、宋一定称公、齐一定称侯、楚一定称子等。

孔子告诉我们：从言语到政治，名学如此重要，牵涉的内容如此之广——为深入研究名学，我们不得不重新审视中国文化的本质。

一、中华文化的轴心：道、名、法

（一）将中华文化主体等同于儒家文化是常识性错误

经学先于孔子之学，孔子之学大于儒学。

近世学者言中华文化，习惯于将儒家视为中华文化的主体。要知道，这是一种常识性错误，因为在中国传统学术分类中，儒家只是诸子之一，属于孔门四科之一的文学，研习经学之士。如果说中国文化的主体或根源，也只能说是源于西周王官学的六经（即汉儒说的"六艺"，包括《书》《诗》《礼》

---

1 顾颉刚：《春秋三传及国语之综合研究》，巴蜀书社，1988 年，第 5 页。

《乐》《易》《春秋》），而不能说儒家。

最早对中国学术进行系统整理的当属西汉刘向《别录》，后来刘向之子刘歆在《别录》的基础上编成《七略》，班固《汉书·艺文志》本于此。从中我们看到，《汉书·艺文志》中排第一位的仍为汉人六艺，其次才为包括儒家在内的诸子，依次为：六艺、诸子、诗赋、兵书、数术、方技诸家。

儒家同其他诸子百家一样，皆源于王官学。《汉书·艺文志》有"百家殊途同归"之说，并认为如果能一方面修学六艺，一方面折中百家，则能通乎大道。上面说："诸子十家，其可观者九家而已。皆起于王道既微，诸侯力政，时君世主，好恶殊方，是以九家之说蜂出并作，各引一端，崇其所善，以此驰说，取合诸侯。其言虽殊，辟犹水火，相灭亦相生也。仁之与义，敬之与和，相反而皆相成也。易曰：'天下同归而殊途，一致而百虑。'今异家者各推所长，穷知究虑，以明其指，虽有蔽短，合其要归，亦六经之支与流裔。使其人遭明王圣主，得其所折中，皆股肱之材已。"

清朝四库馆臣对儒家与六艺的关系表达得更为清楚。《四库全书》以经、史、子、集分类，尊经，列为第一。《四库全书总目·卷一·经部总叙》云："经禀圣裁，垂型万世，删定之旨，如日中天。"下分十类：曰易、曰书、曰诗、曰礼、曰春秋、曰孝经、曰五经总义、曰四书、曰乐、曰小学；《四库全书总目提要·卷九十一·子部总叙》则云：

> 自六经以外立说者，皆子书也。其初亦相淆，自《七略》区而列之，名品乃定。其初亦相轧，自董仲舒别而白之，醇驳乃分。其中或佚不传，或传而后莫为继，或古无其目而今增，古各为类而今合，大都篇帙繁富。可以自为部分者，儒家以外有兵家，有法家，有农家，有医家，有天文算法，有术数，有艺术，有谱录，有杂家，有类书，有小说家，其别教则有释家，有道家，叙而次之，凡十四类。

客观地说，"游文于六经之中，留意于仁义之际"的儒家对于传承西周王官学居功甚伟，但也有不好的一面，就是中国学术经春秋战国百家争鸣，至战国末期又集大成于黄老之学。汉儒罢黜百家，株守六经，抱残守缺，造成中国文化主体停滞于"西周版本"，儒家在宋代取得真正独尊地位之后，连黄老之学整合的墨家、名家、法家，乃至黄老之学本身都几成绝学。

近代历史学家张尔田说："六艺者，先王经世之迹也；百家者，先王经世之术也。"[1]不能沟通经子，儒家治经遂成"无用之学"，儒门自己也承认这一点。孔子第九世孙孔鲋（字子鱼，约公元前264—前208年）有一位著名弟子叔孙通，后来协助汉高祖刘邦制订了汉朝宫廷礼仪。战国末年，孔鲋问他何以不去当官，叔孙通回答说自己所学于孔鲋者不能用于当世，孔鲋也同意这一点，最后叔孙通还是以法治之学入仕的。[2]

当然，孔鲋眼里儒学也非一无是处，而是认为它可以在世道安定的情况下推行先王之道，用以守成。《孔丛子·独治第十七》一则故事说："尹曾谓子鱼曰：'子之读先王之书。将奚以为。'答曰：'为治也。世治则助之行道，世乱则独治其身，治之至也。'"

秦统一天下后，为了教化上实现统一，秦始皇帝接受丞相李斯建议，下令销毁除秦记以外的六国史书和民间私藏的《诗》《书》。当时与孔鲋相善的名士陈馀担心这会连累孔鲋，孔鲋则认为，自己"不为有用之学"，不会有祸害，重要的是先将这些书藏起来。《孔丛子·独治第十七》载："陈馀谓子鱼曰：'秦将灭先王之籍、而子为书籍之主，其危矣。'子鱼曰：'吾不为有用之学，知吾者惟友，秦非吾友，吾何希哉？然顾有可惧者，必或求天下之书焚之，书不出则有祸。吾将先藏之以待其求，求至无患矣。'"

显而易见，先秦学者对儒家有着更清醒的认识，这与后世学人对儒家的迷信迥然不同。经战国百家争鸣，中国学术在西周王官学之后再度集成于一家——黄老之学。司马迁的父亲司马谈在《论六家要旨》中纵论天下学术，称黄老之学（即文中的"道家"）：

> 道家使人精神专一，动合无形，赡足（赡足，犹言充足——笔者注）万物。其为术也，因阴阳之大顺，采儒墨之善，撮名法之要，与时迁移，应物变化，立俗施事，无所不宜，指约而易操，事少而功多。

---

1 张尔田：《史微》，上海书店出版社，2006年，第10页。

2《孔丛子·独治第十七》记此事说："秦始皇东并、子鱼谓其徒叔孙通曰：'子之学可矣，盍仕乎？'对曰：'臣所学于先生者，不用于今，不可仕也。'子鱼曰：'子之材能见时变，今为不用之学，殆非子情也。'叔孙通遂辞去，以法仕秦。"

值得指出的是，《淮南子》等一部分黄老书被列入杂家。然而杂家在思想上绝非杂乱无章，而是集儒、墨、名、法诸家之长，一以贯之。《汉书·艺文志》云："杂家者流，盖出于议官。兼儒、墨，合名、法，知国体之有此，见王治之无不贯，此其所长也。"

黄老道家在西汉成为治世基本理念后，很快淡出了历史舞台，以至后世无从知晓黄老之学究竟为何物。直至 1973 年，长沙马王堆出土了《黄帝四经》，学者们才意识到战国这一伟大的学术整合运动——是以老子的"无为王道"整合各家学术思想而成。

台湾大学哲学系王晓波教授在《兼儒墨合名法——〈尸子〉哲学思想及其论辩》一文中写道：

> 由于进入战国时代之后，各家思想由交流、交锋，进而整合，而有"因阴阳之大顺，采儒墨之善，撮名法之要"的道家，也有"自道以至名，自名以至法"（《文心雕龙·诸子》，清黄叔琳注引，扫叶山房本）的名家《尹文子》，还有"初本黄老，而末流迪于刑名"（陆佃，《鹖冠子》序）的道家《鹖冠子》，更有儒家荀子的学生而"归本黄老"（《史记·老子韩非列传》）的法家韩非。[1]

如果我们将以六艺为代表的西周王官学比作中国文化的 1.0 版，诸子是中国文化的 2.0 版，整合百家的黄老之学是中国文化的 3.0 版。那么今天，我们要在中国本土文化基础上融汇西学，建立起中国文化的 4.0 版！

（二）黄老之学——中华文化的重镇

黄老之学的本质是什么？简而言之，就是刘向针对《尹文子》一书所讲的："自道以至名，自名以至法。"

《尹文子》一书具有浓厚的黄老色彩，南宋洪迈《容斋续笔》引刘歆说尹文子："其学本于黄老，居稷下，与宋钘、彭蒙、田骈等同学于公孙龙。"元代

---

1 王晓波：《兼儒墨合名法——〈尸子〉哲学思想及其论辩》，载中国台湾网。网址：http://www.chinataiwan.org/zt/wj/xdh/p/200801/t20080102_561829.htm。

马端临《文献通考》卷二一二《经籍考》子类名家"尹文子"下引《周氏笔》云:"刘向谓其学本庄老。其书先自道以至名,自名以至法。以名为根,以法为柄。"

那么,在现实社会中道、名、法如何有机联系在一起呢?清华大学人文社会科学院哲学系曹峰教授在研究中国古典政治思想原典《黄帝四经》时注意到,这部作品不仅可用"道法"二元结构分析,还可以用"道、名、法"三元结构进行更精确地解析。他指出:

> 《黄帝四经》中充斥"名"的论述,但"名"一定要和"道""法"结合起来,才能真正理解其在政治哲学中的价值和含义。就是说"道""名""法"这三种概念之间存在着有机关联,"道"居于上位,是最高范畴和出发点,"名""法"居于下位,视"道"为其存在依据。虽然"名""法"都是和"秩序""法则"相关的概念,但"名"是从"道"到"法"的媒介和过渡阶段,"法"则是最终的手段。[1]

《黄帝四经·经法·论约篇》中说:"执道者之观于天下也,必审观事之所始起,审其形名。形名已定,逆顺有位,死生有分,存亡兴坏有处。然后参之于天地之恒道,乃定祸福死生存亡兴坏之所在。"曹峰教授指出,这段话实际上在讲"执道者"是如何利用"审名"活动阐明政治原理、展开政治活动的。包括以下三个步骤:

第一步:"执道者之观于天下也,必审观事之所始起,审其形名",即审查对象之"形""名"是否处于正确的规定的位置。

第二步:"形名已定,逆顺有位,死生有分,存亡兴坏有处。"通过确认对象之形名,看穿对象的最终结局。

第三步:"然后参之于天地之恒道,乃定祸福死生存亡兴坏之所在。"如果"执道者"要进一步采取行动,那就是给对象赋予和"名"相应的赏罚。[2]

---

1 曹峰:《〈黄帝四经〉所见"执道者"与"名"的关系》,载《湖南大学学报》,2008年第3期。

2 曹峰:《〈黄帝四经〉所见"执道者"与"名"的关系》,载《湖南大学学报》,2008年第3期。

诸子百家有关"道""名""法"关系的论述很多，核心是阐述领导者执大道，静因无为，循名责实，随之以赏罚的道理。兹仅举数例：

是以圣人之治也，静身以待之，物至而名自治之。正名自治之，奇名自废。名正法备，则圣人无事。(《管子·白心》)

名自正也，事自定也。是以有道者自名而正之，随事而定之也。(《群书治要》所录《申子·大体》)

明王之治民也，事少而功立，身逸而国治，言寡而令行。事少而功多，守要也。身逸而国治，用贤也。言寡而令行，正名也。君人者，苟能正名，愚智尽情，执一以静，令名自正，令事自定。赏罚随名，民莫不敬。(《尸子·分》)

明主者，南面而正，清虚而静，令名自命，物自定，如鉴之应，如衡之称。(《贾谊新书·道术》)

由内圣之无为治道，至外王之名法，中华文化宛如巍巍智慧大厦，内圣外王，浑然一体。道家、名家、法家一以贯之，名家于其中承上启下。图示如下：

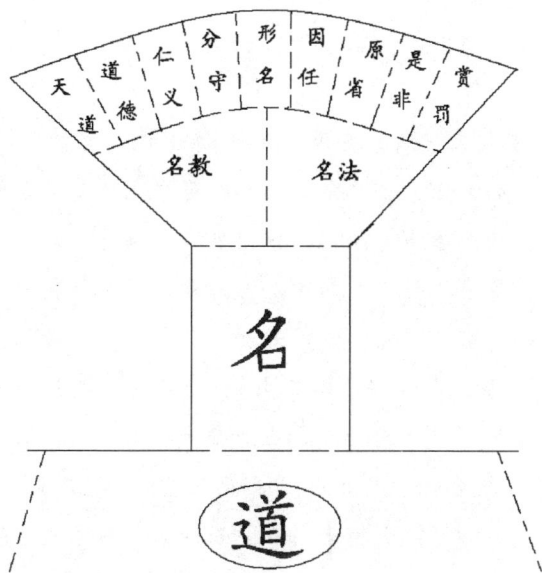

从整体上说，中华文化是以无为治道为根本，以名家为主干的。由名家又分出名教、名法两大支，前者即中国儒家宣扬的礼仪之学，后者即法家刑名法术之学。

中华文化的"道、名、法"轴心结构源远流长。在清华大学 2008 年 7 月入藏的战国竹简中，有一篇周文王对武王讲的遗训《保训》，其中提到出身民间的舜怎样求取中道，自我省察，和光同尘，不与百姓的愿望相违背，上面说："昔舜旧作小人，亲耕于历丘，恐求中，自稽厥志，不违于庶万姓之多欲。"又说舜证得中道后，能做到名实相副，"舜既得中，言不易实变名，身滋备惟允，翼翼不懈，用作三降之德。"[1]

清华简的记述与古籍《论语·尧曰篇第二十》中尧称舜真诚地保持中道，"允执其中"是一致的。另外《尧曰篇》中还有孔子对三代以来善政的概括："谨权量，审法度，修废官，四方之政行焉。兴灭国，继绝世，举逸民，天下之民归心焉。""谨权量，审法度"，看来中华文化从最初阶段就重道、重名、重法。

中华文化的上述特点，《庄子·天道》所言最详。作者认为"道、名、法"诸因素是达到天下大治的不二法门。上面说"古之语大道者，五变而形名可举，九变而赏罚可言也"，这九变依次是：天（道）—道德—仁义—分守—形名—因任—原省—是非—赏罚；《庄子·天道》强调大道的基础地位，认为只讲形名、赏罚，是"一曲之人"，只配作臣子。上面说：

> 是故古之明大道者，先明天而道德次之，道德已明而仁义次之，仁义已明而分守次之，分守已明而形名次之，形名已明而因任次之，因任已明而原省（原省，推究省察，指进行政绩考核——笔者注）次之，原省已明而是非次之，是非已明而赏罚次之，赏罚已明而愚知（知通智，下同——笔者注）处宜，贵贱履位，仁贤不肖袭情（袭情，各因其实——笔者注）。必分其能，必由其名。以此事上，以此畜下，以此治物，以此修身，知谋不用，必归其天。此之谓太平，治之至也。故书曰："有形有名。"形名者，古人有之，而非所以先也。古之语大道者，五变而形名可举，九变而赏罚可言也。骤而语形名，不知其本也；骤而语赏罚，不知其始也，倒道而

1 刘国忠：《走近清华简》，高等教育出版社，2011 年，第 128—129 页。

言，连道而说者，人之所治也，安能治人！骤而语形名赏罚，此有知治之具，非知治之道。可用于天下，不足以用天下，此之谓辩士，一曲之人也。礼法数度，形名比详（比详，意为考校审核——笔者注），古人有之，此下之所以事上，非上之所以畜下也。

大意是说，古时明大道之人，先明天道而把道德放在其次，道德既明则把仁义放在其次，仁义既明则把职分放在其次，职分既明则把名实放在其次，名实既明则把因职授事放在其次，因职授事既明则把推究省察放在其次，推究省察既明则把是非放在其次，是非既明则把赏罚放在其次，赏罚既明则愚笨的与聪明的都安排合宜，尊贵者与低贱者各就其位，仁厚贤达的和不成才的各就其位。按其才能加以区分，由其名而责其实。用这一套来服侍君主，畜养下民，治理万物，修养自身，就会不用智谋，复归于虚静无为之天道。这就叫作太平，是治道的极致。古书上说："有形有名。"形名之区分，古人就有，只是不放在首要地位。古代谈论大道的人，经历五个层次的推理，形名辨析可列举出来，九次推理，赏罚被讲说出来。上来就去讲说形名问题，是不知道它之所本；上来就讲述赏罚问题，是不知道它之所始。违背道去讲，抵触道去说，只能为人所治，怎么能治理别人。上来就忙讲说形名赏罚的人，他们只知治世的具体方法、手段，并不真正懂得治世之道。这样的人可用于为天下事奔波劳碌，不足让天下自己治理自己。这就是言辩之士，只有一孔之见的人。礼法规定，循名责实，古代就有。这是臣用以事奉君的，不是君用以畜养臣民的。

不难发现，儒家强调的道德、仁义，只是治国之术的中间环节，并不具有基础地位，甚至不在"五变"和"九变"之中。黄老经典《管子·正》篇中，讲到了匡正、治理百姓的"刑—政—法—德—道"，与《庄子·天道》九变之说相近。上面说："制断五刑，各当其名，罪人不怨，善人不惊，曰刑。正之服之、胜之饰之，必严其令，而民则之，曰政。如四时之不忒，如星辰之不变，如宵如昼，如阴如阳，如日月之明，曰法。爱之生之，养之成之，利民不德，天下亲之，曰德。无德无怨，无好无恶，万物崇一，阴阳同度，曰道……罪人当名曰刑，出令当时曰政，当故不改曰法，爱民无私曰德，会民所聚曰道。"

近代名学大家伍非百也注意到形名之学与道、法的关系，他在自己所辑《形名杂篇·法术第二》中多引法家言，其中引《韩非子》多条，并加按语："形名之学，其本出于大道，其末极于赏罚。故《庄子》序九变，大道第一，形名第五，赏罚第九。可知'形名'与'大道'及'赏罚'之关系。此文与《庄子·天道篇》相发明。管、商、申、韩，皆法术家，而喜言'形名'与'大道'，其消息可知也。"[1]

中华文化道、名、法一以贯之，结果却成了儒家文化？这一历史流变极为复杂，远远超出了本书论题之外。但其中一个关键因素不容忽视，那就是中华文化的主干名学在唐代以后几成绝学。四库馆臣已经按明代藏书家和目录学家黄虞稷（1626—1692年）《千顷堂书目》的体例，将《公孙龙子》《尹文子》《人物志》三书并入杂家，名家不复独立成家，足见当时之衰微。《四库全书总目提要·卷一百十七·杂家类一》说："后人株守旧文，于是墨家仅《墨子》《晏子》二书，名家仅《公孙龙子》《尹文子》《人物志》三书，纵横家仅《鬼谷子》一书，亦别立标题，自为支派，此拘泥门目之过也。黄虞稷《千顷堂书目》于寥寥不能成类者并入杂家。杂之义广，无所不包。"

在清初学者心中，名家与墨家、纵横家一样根本不值得独立，杂家真成"杂"家了！

故欲深入了解中国文化，非扶正其主干、复兴名学不可。

二、名学一、二、三、四

过去100多年来诸多学者孜孜以求的，就是将本土学术材料，祭上供西方学理肢解。最后中学尽失，所得仍为西学——这一学界欲盖弥彰的奥秘早为陈独秀所揭穿——尽管陈独秀也认为中国的学问只能作为历史材料来研究，但他少了些一般学人的虚伪。

1924年2月1日，陈独秀在《前锋》第3号上发表了《国学》一文，他评论胡适（字适之）、章士钊（字行严）研究名辩之学时说："如适之、行严辛辛苦苦的研究墨经与名学，所得仍为西洋的逻辑所有，真是何苦！"[2]

事实上，中国名学本与西方逻辑学互补，尽管二者学术品质迥异。

"百家务为治"，作为诸子百家之一的名家同样具有深刻的现实关怀。名

---

1 伍非百：《中国古名家言》，四川大学出版社，2009年，第800页。

2 任建树：《陈独秀著作选编》（第二卷），上海人民出版社，1993年，第604页。

学不仅是一种逻辑体系，更是一种社会治理体系，这是它与西方逻辑学和印度因明学极大的不同之处。

名分是名学的核心概念，指一个人在社会中的位置以及相应的社会责任，在伦理和政治生活中将名位与职责相参验，可以直接用于社会治理，这使名学成为儒家名教之学和法家名法之学的基础，而西方逻辑学显然缺乏这样实用性的社会治理功能。

《战国策·韩策二》很能说明名学的社会功用。据说韩国史疾出使楚国，楚王问他在研究哪方面的什么学问，史疾回答自己学列御寇传授的正名之学。

楚王感到不解，问史疾："正名可以用来治理国家吗？"史疾说："当然可以。"

楚王又问："楚国盗贼很多，用它可以防范盗贼吗？"史疾回答说："当然可以。"

楚王接着问："如何用正名来防盗？"正在这时，有只喜鹊飞来停在屋顶上，史疾问楚王："请问你们楚人把这种鸟叫什么？"

楚王说："叫喜鹊。"

史疾又问："叫它乌鸦行吗？"

楚王回答说："当然不行。"

史疾就说："现在大王的国家设有柱国、令尹、司马、典令等官职，任命官吏时，一定要求他们廉洁奉公，胜任其职。现在盗贼公然横行却不能加以禁止，就因为各个官员不能胜任其职，这就叫做'乌鸦不称其为乌鸦，喜鹊不称其为喜鹊啊！'"[1]

另外，通过中国名学研究，我们还能充分认为西方逻辑学的局限性。西方学术建立在对现实的抽象定义和系列假设基础之上，一旦沿着逻辑链条推演下去，常常发生如《韩非子·外储说左上第三十二》所谓的"文辩辞胜而反事之情"的现象。就是道理上行得通，却与现实不着边际——"理胜情"已经成为现代西方人文学术的痼疾，这在西方经济学中表现得尤为明显。

现代西方经济学通过数学工具的普遍应用高度数理化，逻辑形式上更加

1　原文：史疾为韩使楚，楚王问曰："客何方所循？"曰："治列子圉寇之言。"曰："何贵？"曰："贵正。"王曰："正亦可为国乎？"曰："可。"王曰："楚国多盗，正可以圉盗乎？"曰："可。"曰："以正圉盗，奈何？"顷间有鹊止于屋上者，曰："请问楚人谓此鸟何？"王曰："谓之鹊。"曰："谓之乌，可乎？"曰："不可。"曰："今王之国有柱国、令尹、司马、典令，其任官置吏，必曰廉洁胜任。今盗贼公行，而弗能禁也，此乌不为乌，鹊不为鹊也。"

完美，但它除了为华尔街贪婪的银行家提供骗人的金融产品之外，根本不能拿出应对现实经济多重危机的方案，这种现象在西方经济学界内部也引起了强烈的不满。中国人民大学贾根良教授接受《海派经济学》记者采访，谈到过去十多年风起云涌的"经济学改革国际运动"时提到了经济学回归现实，回归以问题为中心的新方向——要知道，"以问题为中心"正是《九章算术》为代表的中国学术范式的根本特点之一。贾教授指出：

> 西方主流经济学在西方国家控制的教学科研是以西方主流经济学的理论工具和数学工具为中心的，即根据工具选择所要考虑的经济现实类型，其结果是大量的经济现实被从教学科研中排除掉了，甚至是数学工具的教学和运用也与现实问题毫不相关，他们教授和分析的对象是一个虚构的世界。这实际是主流经济学教条主义的体现，是以教条为中心的。针对这种现状，法国经济学学生在引发改革运动的请愿书中大声疾呼：要摆脱虚构的世界，反对滥用数学。在后续讨论中，经济学改革国际运动主张要彻底颠倒这种工具和经济现实之间的关系，以问题为中心，即不顾教条的束缚，根据所需分析的经济现实问题来选择或发展工具，工具运用本身不是目的，与分析的问题相关的工具才有存在价值。这种问题中心论，就是要求经济学的教育与科研要以当前重大的、紧要的经济问题（如收入分配、贫困、失业、社会排斥、生态危机、能源危机、国际金融体系等）为导向，以现实相关性为中心，使理论实质重于技巧、内容重于形式，真实压倒虚构，从而恢复和加强经济学的经验基础，将经济学带回现实。[1]

最后，中国名学（特别是"伪名"和"鄙名"这样的理论）能够为本土学术提供牢靠的思维防火墙，同时建立起不同文明间交流的"学术海关"，避免出现逻辑概念的混乱，这一点是西方逻辑学难以胜任的。19 世纪末，面对西方的坚船利炮和中国军事科技的一时落后，在救亡图存的现实压力面前，中国学人将目光转向了西方。过去 100 年来，一波波囫囵吞枣式地引入西学，

1《"经济学改革国际运动"十周年：回顾与反思》，网址：http://blog.jiagenliang.mshw.org/post/153/1665。

导致了中国学术和中国社会名与实的严重混乱。具体表现为，我们引入的西方学术概念和理论（名）常常与现实情况格格不入，结果学人不仅不能很好地解释历史，也不能解释现实，何谈为国人提供可资利用的思想资源！

许多学人拿着百姓血汗钱所做的，就是相隔万里，为西方学术添砖加瓦，并以在西方学术刊物上发表文章为荣、为准。至于我们急需的，植根于中国现实土壤的思想学术，几乎可遇不可求，因为中国本土学术的千年古树已经被"西风"连根拔起，如果不是持续地吸收外部的学术养料，太多的学人将不知如何生存和写作。特别需要指出的是，中国学人在做这种断灭自己文化之根的工作时常怀有强烈的爱国心。日本人不是说中国没有逻辑学吗？胡适不是说"我们事事不如人"吗？我们就是要将中国的形式逻辑找出来，于是穷年累月，绞尽脑汁，终于写出了"墨家的形式逻辑"之类的文章或著作，奢谈"辞"就是西方逻辑学中的判断——名学就这样被西方学术堂而皇之地肢解了。这些人不理解，研究名学不能随意引入西方形式逻辑体系，否则传经引入诸多没有现实基础的"伪名"。"西学名立中学实从"，结果是中学的西学化，中国学术成为在中国土地上的西学——这不禁让人想到"曲线卖国"。如陈独秀所说的，胡适就走上了这条"近乎愚蠢"的学术道路。

陈独秀之后百年，中国人民大学哲学院曹峰教授仍痛感名学研究"以西释中"之害：

> "名家"研究从一开始就有方向性错误，表现为不顾"名家"所生存的思想史环境，将西方逻辑学概念、框架、方法简单地移植过来，有削足适履之嫌。二十世纪后在西方学术背景下形成的先秦名学研究，只重视逻辑意义上的、知识论意义上的"名"，有时甚至曲解伦理意义上的，政治意义上的"名"，将其当知识论、逻辑学材料来使用。自从将"名""辩"与西方逻辑学相比附后，只要谈到"名"，似乎就只能从逻辑的角度出发。[1]

曹峰教授没有提及的是：过去百年中国文化研究的基本理路就是比附西学，"以西释中"——整体上，21 世纪中国文化研究者成为中国文化的掘墓人！

总之，名学就是名学，西方逻辑学就是西方逻辑学。我们在研究方法上

---

1 曹峰：《中国古代"名"的政治思想研究》，上海古籍出版社，2017 年，第 9 页。

一定要摆脱西方逻辑学的框架，按照名学内在的逻辑去研究，关键是弄清楚名学的一宗、二辞、三物、四法，即小标题所说的"名学一、二、三、四"。

（一）名学的基本宗旨——正名

所谓"一宗"，就是名学的基本宗旨——正名。

名学的基本宗旨在正名，《墨子·小取篇》"以名举实"是也。《墨子·经说上》也说："所以谓，名也。所谓，实也。名实耦，合也。"

正名的具体方法为《公孙龙子·名实论第一》概括无遗。上面说："其正者，正其所实也；正其所实者，正其名也。其名正，则唯乎其彼此焉。"伍非百先生释曰："谓正之目的，在正其实。如何正实？在正其名。如何正名？在唯乎其谓。如何唯乎其谓？在唯乎其彼此。"[1]那么什么是"唯乎其彼此"呢？就是《公孙龙子·名实论第一》所说："彼彼当乎彼，则唯乎彼，其谓行彼。此此当乎此，则唯乎此，其谓行此。""彼彼止于彼，此此止于此，可。"

现存《公孙龙子》诸篇，都是围绕正名原则提出的论题，看似违反常识，实际上是在训练人们思维的精确性。如《白马篇》中的"白马非马"，就是要我们知道白马并不等同于马。庞朴先生解释说：

> 古人对马的毛色特别注重，如白马多用于盟誓和祭祀，其他毛色马则不能。公孙龙借此指出颜色对于马的重要性：颜色既能使黄、黑马不等于白马，那么白马的白色，也应使它不等于马。[2]

现代西方生物学将电子显微镜下的生物切片等同于生物体本身，现代西方医学将用于解剖的死人等同于人（中医不是这样，中医是讲名实的），尽管过去数百年来西方科学取得了巨大的进步，但上述还原论思想也产生了严重的问题，使人看到了还原论的局限性。[3]"死人非人"，这是现代科学工作者必须清楚的。

---

1 伍非百：《中国古名家言》，四川大学出版社，2009年，第525页。

2 庞朴：《中国的名家》，中国国际广播出版社，2010年，第71—72页。

3 参阅斯蒂芬·罗思曼：《还原论的局限：来自活细胞的训诫》，李创同、王策译，上海译文出版社，2006年。

学人已经习惯于将正名之"名"等同于西方逻辑学中的"概念",这是错误的。名是基于具体事实,而"概念"则是基于抽象的纯思维形式。在名学中,所有联系实的言说都是名,故《荀子·正名篇》说:"名也者,所以期累实也。"名是用来联系事实的;在社会治理中,名指名位,名分,社会责任,甚至"陈言"也是名。《韩非子·二柄第七》论循名责实说:"人臣者陈而言,君以其言授之事,专以其事责其功。功当其事,事当其言,则赏;功不当其事,事不当其言,则罚。"这里"陈言"就是名,"事功"就是实,名副其实,则赏,名不副实,则罚。

中国古代社会治理理论的精髓全在此。难怪《吕氏春秋·审分》说:"正名审分,是治之辔已。故按其实而审其名,以求其情;听其言而察其类,无使放悖。夫名多不当其实,而事多不当其用者,故人主不可以不审名分也。"

(二)名学的"立说轨范":谓、故

所谓"二辞",就是名学的"立说轨范":谓、故。

《墨子·经上》有"使,谓、故"一条,"(说)使。令谓。谓也,不必成、湿。故也,必待所为之成也。"

立说包括两个方面:谓辞和故辞,谓辞是表达所然的,故辞是表达所以然的,分别相对应于《墨经》中的"经"和"说"。庞朴先生解释说:"使,就是令(令谓),就是举出,提出(供争辩的命题)来。大别之有两类:谓和故……这里说的'不必成、湿',意思是,谓只是表达一种看法,一种意思,它未必能成立,也未必不成立('湿',关西方言,不成)。'故'却不然,它是立论的根据,必待的条件,不可缺少的后盾。这也就是说,谓是所然,故是所以然。"[1]

伍非百先生多方阐发名学这一"立说轨范"。他解释"使,谓、故"一条说:

> 此言使有谓、故二义。使,假设也,犹今言"立意",《大取》谓之"立辞"。《经下》云:"使,假义,说在使。"说曰:"使,令也。"令,亦假设。故曰:"使。令谓"令谓,犹云使之为言令也。

1 庞朴:《中国的名家》,中国国际广播出版社,2010年,第114—115页。

《墨经》无"辞"字，以"使""令"等字代之。"谓"，所然也，立说所表示之意义，当今因明之"宗"……"故"，所以然也，立说所依据之论证，当今因明之因喻等……此条言"说"所立之"辞"有谓、故二种。[1]

言"辞"有谓、故二种。一为所立者，二为所以立者。以因明例之。谓，当因明之宗。故，当因明之因。"宗"，为随所欲立，其能成立与否，可不必计。"因"，则非能立者不可，故云"必待所为之成"。"以说出故"者，谓说之能立，在举出所以说之"故"。《经》曰："说，所以明也""以明"即"出故"。[2]

需要指出的是，伍非百先生意识到中国名学的"谓、故"论式比佛学因明论式、西方形式逻辑三段论更为灵活、简约。他在解释《墨经》"说，所以明也"一条时说：

凡说必具二辞：一曰"谓"，说者所示之主张也。二曰"故"，说者所持之理由也。有"谓"止于可知，有"故"而后可信。说也者，以"故"明"谓"。故曰："说，所以明也"。

按：中国古代名辩家，立说体例，仅存于今而可以为法式者，如《经下》"……说在……"之文体是也。"说在"以上，为所示之"谓"；"说在"以下，为所持之"故"。此式大概创始于《墨辩》，而他宗亦间有用之者。如《韩非》之《内外储说》是也。此式之长，在能以简语立宗，而别为说于其后。约说之，则一语已足；详说之，则千万言而不滥。[3]

名学的"谓、故"论式直接影响了中国学术范式，它不是以定义和假设为逻辑起点，而是以问题为中心，多方说明之。这种学术范式不容易陷入经院化的泥潭，但在今天的中国学人看来，它不符合西方学术范式，所以不是学术，令人哀叹。

---

1 伍非百：《中国古名家言》，四川大学出版社，2009年，第77—79页。

2 伍非百：《中国古名家言》，四川大学出版社，2009年，第471页。

3 伍非百：《中国古名家言》，四川大学出版社，2009年，第67—68页。

（三）立辞三原则：故、理、类

所谓"三物"，即立辞的三条原则：故、理、类。

名学"立辞三物"出自《墨子·大取篇》，上面引《语经》言曰："三物必具，然后足以生。（夫辞）以故生，以理长，以类行也者。立辞而不明于其所生，妄也。今人非道无所行，唯有强股肱而不明于道，其困也，可立而待也。夫辞以类行者也，立辞而不明于其类，则必困矣。"

何谓"语经"。在古代汉语中，语和言是有区别的。汉人注经，直言曰言，论难曰语；发端为言，答难曰语；言己事为言，为人说为语。所以"语经"可以理解为论辩的基本原则。当代治墨大家谭戒甫（1887—1974年）也说："此言立辞必具三物，三物具足，不可缺减；由是辞足以生，而辩论庶几无过矣。"[1]

伍非百先生释"立辞三物"云：

> 所谓三物者，"故""理""类"也。无"故"，则其说无所根据；无"理"，则其说无所衍绎；无"类"，则其说无所推行。故曰"三物必具，然后足以生。以故生，以理长，以类行也者。"故，即《墨经》"大故""小故"之故（故分两类，《墨子·经说上》云："小故，有之不必然，无之不必然……大故，有之必然。"——笔者注）；与今言"前提"、言"因"者近是。理，条理、分理也；有分析与综合之意。类，谓同异之类也；与今言"喻"、言"例"、言"比类推理"者近是。《荀子·非二十二子篇》曰"持之有故，言之成理"，即举"故""理"二物以评立说之价值也。本篇云"其类在某"即举"类"以行说也。[2]

邢兆良先生《墨子评传》与西方逻辑学对比，解释"立辞三物"十分详尽。对于"故"，他认为墨子所说的思维过程并不是三段论式的，"故"也不等于三段论推理的小前提，因为在《墨经》中，"故"并非结论成立的部分理

---

1 谭戒甫：《墨辩发微》，中华书局，2005年，第450页。

2 伍非百：《中国古名家言》，四川大学出版社，2009年，第438—439页。

由和论据:"墨子所说的故是结论成立的充足理由,它是结论成立的全部前提的总和,是立辞的全部根据,而不是全部理由、根据、前提中的某一部分。"[1]邢先生认为"故"有两重涵义:

> 首先,它指的是客观事物的所以然之故,是事物、现象发生和存在的原因或条件,所谓"故,所得而后成也"。其次,它是指立辞的理由和根据。一个论题必须有充分的论据才能成立,一个推理过程的前提和结论必须有内在的逻辑联系。这种逻辑关系是前提所蕴涵、规定的,从前提到结论的推理过程是蕴涵关系的展开。所以说,辞以故生。[2]

对于"理",邢先生认为它也有两重含义,一是指客观事物、现象发生和存在的自身根据。二是指在逻辑推理、论证过程中所必须遵循的法则或规则。同时,"墨子说的理不是指三段论推理过程的大前提,而是指整个推理过程中所应遵循的逻辑规则"[3]。理,即是道,即是法,即是仪,所以《墨子·非命上》提出:"(言)必立仪,言而无仪,譬犹运钧之上而立朝夕者也。是非利害之辨,不可得而明知也。"言说没有准则,就好像在旋转的陶轮之上放立测量时间的仪器,这样不可能弄明白是非利害。接着墨子提出了著名的"三表法":"故言必有三表。何谓三表?子墨子言曰:有本之者,有原之者,有用之者。于何本之?上本之于古者圣王之事。于何原之?下原察百姓耳目之实。于何用之?发以为刑政,观其中国家百姓人民之利。此所谓言有三表也。"

三表法以历史经验为本,以现实情况为原,以社会实效为用,将社会科学建立在了可参验的基础之上——这是人类思想史上一个长期为人忽视的伟大进步!

对于"类",邢先生认为它是《墨子》逻辑体系的核心范畴,"类范畴为概念的确立,定义的划分及其相互联系提供了一个框架"[4],"类为判断的形式及不同判断之间的联系和区别提供了一个判别基础,人们只有根据这类事物

---

1 邢兆良:《墨子评传》,南京大学出版社,1993年,第334页。

2 邢兆良:《墨子评传》,南京大学出版社,1993年,第333—334页。

3 邢兆良:《墨子评传》,南京大学出版社,1993年,第335页。

4 邢兆良:《墨子评传》,南京大学出版社,1993年,第337页。

和他类事物之间的同和异，才能作出明确的判断"[1]，"类为推理能得以合于逻辑地进行提供了基本前提。如墨子所说的：'推类之难，说在类之大小。''异类不吡，说在量。'"[2]

墨子特别注重"察类"，比如他反对不合道义的侵略战争"攻"，但并不反对合于道义的正义战争"诛"，在墨子看来，二者属于完全不同的"类"。《墨子·非攻下》记载了那些好战之君对墨子的非议：你认为攻战为不义，难道不是有利的事情吗？从前大禹征讨有苗氏，汤讨伐桀，周武王讨伐纣，这些人都立为圣王，这是什么缘故呢？墨子回答说，这些人"未察吾言之类"，上述圣王的讨伐不叫作"攻"，而叫作"诛"。[3]"立辞三物"重故、重理、重类，有效防止了西方逻辑体系常常引发的玄辩陷阱。

《老子·第三十二章》云："始制有名，名亦既有，夫亦将知止，知止可以不殆。"西方建立在抽象定义和假设公理之上的逻辑体系常常"不知止"，更别说归于大道了，这是西方学术总是神学化、经院化的重要原因。在此意义上，名学正好补西方逻辑学之不足。

（四）出故四法：辟、侔、援、推

所谓"四法"，即出故四法：辟、侔、援、推

出故四法出自《墨子·小取篇》，上面解释说："辟（同譬）也者，举他物而以明之也。侔也者，比辞而俱行也。援也者，曰：子然，我奚独不可以然也？推也者，以其所不取之同于其所取者予之也。"

关于"辟、侔、援、推"与故的关系，伍非百先生指出：

> 凡一说之立，必有"谓""故"二辞。苟其人习于知言，或于对方所讨论问题有研究之素者，但一察其"故"，而其说之真伪立判，不待繁言而解。如是者，仅举"说在某某"，其立说已具。若其人不甚习辩术，且不谙所辩之事为何者，则必为之反复说明，期

---

1 邢兆良：《墨子评传》，南京大学出版社，1993年，第338页。

2 邢兆良：《墨子评传》，南京大学出版社，1993年，第338页。

3 原文：今逞（通"逮"——笔者注）夫好攻伐之君，又饰其说以非子墨子曰："以攻伐之为不义，非利物与？昔者禹征有苗，汤伐桀，武王伐纣，此皆立为圣王，是何故也？"子墨子曰："子未察吾言之类，未明其故者也。彼非所谓攻，谓诛也。"

其了解信任而后已。如是者，则辞无定式，于"说在某某"之外，更须加以辟、侔、援、推诸辞，为之疏通而证明之，如《经说》诸文是已。此《墨辩》立说之大概也。[1]

简而言之，"辟、侔、援、推"是对故的进一步阐发，是故的"附文"。

辟，举他物而以明之也。就是打比方，用一个熟知的事物打比方，作为故，来说明论题之所谓。这在古籍中大量存在。如孔子用众星拱北比喻德政。《论语·为政篇第二》载孔子言："为政以德，譬如北辰，居其所而众星共（共，同'拱'，环绕的意思——笔者注）之。"

侔，比辞而俱行也。侔，齐等也，事物间并列比较就是侔。有时取形式同一之辞，或增字，或减字，再看结论是否相同。比如《墨子·小取篇》有，"白马，马也；乘白马，乘马也。""臧，人也；爱臧，爱人也。"

援，子然，我奚独不可以然也。援，援引，这是直接引用对方的说法（子然），来证明自己的说法（我奚独不可以然）。史上著名的例子是惠子与庄子濠上之辩。《庄子·秋水》记载，庄子与惠子在濠河桥上游玩。庄子说："鯈鱼在河水中游得多么悠闲自得，这就是鱼儿的快乐呀。"惠子说："你又不是鱼，怎么知道鱼的快乐？"庄子说："你又不是我，怎么知道我不知道鱼儿的快乐？"[2]

推，以其所不取之同于其所取者予之也。推是推类，类推之意。例如说：凡人皆死，张三是人，所以张三有死。这里"人"是"所不取者"，张三是"所取者"，"死"是"所不取之同于其所取者"。

《墨子·小取篇》告诉我们，在运用"出故四法"时要十分谨慎。比如用辟时，"夫物有以同而不率遂同"，不能一同百同；用侔时，要恰如其分，"有所至而止"，比如"车，木也；乘车，非乘木也"；用援时，援引对方的"然"时相同，但要注意"所以然"是否相同，"其然也同，其所以然不必同"；用推时，"其取之也同，其所以取之不必同"；如果看不到出故四法的种种误因，就会离真实越来越远，谬误百出，上面说："是故辟、侔、援、推之辞，行而异，转而危，远而失，流而离本，则不可不审也，不可常用也。"

没有十全十美的逻辑体系，印度因明、西方逻辑、中国名辩各有其适

---

1 伍非百:《中国古名家言》，四川大学出版社，2009 年，第 452—453 页。

2 原文："庄子与惠子游于濠梁之上。庄子曰：'鯈鱼出游从容，是鱼之乐也。'惠子曰：'子非鱼，安知鱼之乐？'庄子曰：'子非我，安知我不知鱼之乐？'"

用性和不足之处。相对来说，名家对人类思维的局限性有着更为清醒的认识——"知止"，是中国名学的显著特点。

晓得了名学的基础知识，我们接下来需要讨论的问题是：在社会治理中如何具体应用名学？

三、名教——以名为教

（一）名教源于社会自然秩序

如上文图所示，在名学主干之上有名教和名法两支。

何谓名教？简单说，就是"以名为教"，以名分、社会责任为教化的礼教和礼义之道。在中国这样一个没有浓厚宗教传统的文化中，名教有着不可取代的地位。所谓"上士教之以道，中士训之以德，下士拘之以神"，若一个社会整体上不能用神道约束，则只能训之以德，故名教亦有礼教、德教之称。

中国社会科学院历史研究所张海燕在《魏晋玄学的名教与自然之辨》一文中写道：

> 名教的含义也近于"德教""王教""风教""儒教"。称为"礼教"，系侧重于礼仪有助教化；称"德教"是取其道德之义，称"王教"是由于王权介入教化，称"风教"是着眼于风俗与教化的联系，称"儒教"是因名教为儒家所标榜。至于称之为"名教"，则是强调以名为教。[1]

庞朴先生进一步指出："所谓'以名为教'，就是把适合某种需要的观念和规范立为名分，定为名目，号为名节，制为功名，以此来进行教化。"[2]

北齐文学家颜之推（531—约595年）在《颜氏家训·名实》中反驳了一些人认为人死如灯灭，不重名声的观点，谈到名教劝善戒恶的道德教化功能时说：

---

1 张海燕：《魏晋玄学的名教与自然之辨》，载《学人》第 11 辑，1997 年。

2 庞朴：《中国的名家》，中国国际广播出版社，2010 年，第 6 页。

名教是为了劝勉大家。劝勉人们树立好的名声，就可以指望他们有与名声相符的实际行动。况且劝勉人们向伯夷学习，成千上万的人就可以树立起清廉风气了；劝勉人们向季札学习，成千上万的人就可以树立起仁爱风气了；劝勉人们向柳下惠学习，成千上万的人就可以树立起忠贞风气了；劝勉人们向史鱼学习，成千上万的人就可以树立起正直风气了。所以圣人希望世上人才像鱼鳞凤翼一样众多又各有所长，不断出现，这难道不伟大吗？四海之内，百姓众庶，都爱慕名声，应该据此引导他们达到美好的境界。或许还可以这样说：祖先们的美好声誉，好像是子孙们的礼服和大厦，从古到今得到其庇荫的人够多了。广修善事，树名声，好像建筑房屋，栽种果树，活着时能得到其好处，死后可泽及后人。[1]

北宋范仲淹谈到名教的社会功能时也说：

我先王以名为教，使天下自劝。汤解网，文王葬枯骨，天下诸侯闻而归之，是三代人君已因名而重也。太公直钩以邀文王，夷齐饿死于西山，仲尼聘七十国以求行道，是圣贤之流，无不涉乎名也。孔子作《春秋》，即名教之书也。善者褒之，不善者贬之，使后世君臣爱令名而劝，畏恶名而慎矣。[2]

"名教"一词，较早出现在《管子·山至数》，上面引齐桓公言曰："昔者周人有天下，诸侯宾服，名教通于天下。"至魏晋，该词尤为流行。当时学人将名教与自然秩序协调起来，提出名教出于自然之情，本乎自然之性。比如东晋史学家袁宏（约328—约376年）说：

---

1 原文：或问曰："夫神灭形消，遗声余价，亦犹蝉壳蛇皮，兽迒鸟迹耳，何预于死者，而圣人以为名教乎？"对曰："劝也，劝其立名，则获其实。且劝一伯夷，而千万人立清风矣；劝一季札，而千万人立仁风矣；劝一柳下惠，而千万人立贞风矣；劝一史鱼，而千万人直风矣。故圣人欲其鱼鳞凤翼，杂沓参差，不绝于世，岂不弘哉？四海悠悠，皆慕名者，盖因其情而致其善耳。抑又论之，祖考之嘉名美誉，亦子孙之冕服墙宇也，自古及今，获其庇荫者亦众矣。夫修善立名者，亦犹筑室树果，生则获其利，死则遗其泽。"

2《范文正公集·近名论》。

夫君臣父子，名教之本也。然则名教之作，何为者也？盖准天地之性，求之自然之理，拟议以制其名，因循以弘其教，辩物成器，以通天下之务者也。是以高下莫尚于天地，故贵贱拟斯以辩物；尊卑莫大于父子，故君臣象兹以成器。天地，无穷之道；父子，不易之体。夫以无穷之天地，不易之父子，故尊卑永固而不逾，名教大定而不乱。置之六合，充塞宇宙，自今及古，其名不去者也。未有违夫天地之性，而可以序定人伦；失乎自然之理，而可以彰明治体者也。[1]

"夫君臣父子，名教之本也"，强调上下级和父子间的社会责任。《论语·颜渊篇第十二》记载，齐景公（公元前547—前490年在位）曾问孔子治理国家的方略，孔子认为名分的确定最为重要——做君主的要像君的样子，做臣子的要像臣的样子，做父亲的要像父亲的样子，做儿子的要像儿子的样子。否则，只能是社会大乱。用齐景公的话说，就算有粮食也吃不上了。原文为："齐景公问政于孔子。孔子对曰：'君君、臣臣、父父、子子。'公曰：'善哉！信如君不君，臣不臣，父不父，子不子，虽有粟，吾得而食诸？'"

今人将君臣、父子，以及后来三纲中的夫妇理解为"封建等级秩序"，这过于简单化；相反，它如实地反映了社会秩序中人际间复杂的互相依存关系，是一切文明社会的基础，所以更具有普世性。《管子》中的诠释更为清楚，《管子·匡第二十》引管仲言曰："为君不君，为臣不臣，乱之本也。"《管子·形势第二》中又说："君不君则臣不臣，父不父则子不子。上失其位则下逾其节。上下不和，令乃不行。"

《管子·形势解第六十四》是对《管子·形势第二》的解说，从中我们看到，三纲表示社会中平等互系的关系，目的是维系社会整体和谐。文中说：

为人君而不明君臣之义以正其臣，则臣不知于为臣之理以事其主矣。故曰："君不君则臣不臣。"为人父而不明父子之义以教其子而整齐之，则子不知为人子之道以事其父矣。故曰："父不父则子不子。"君臣亲，上下和，万民辑，故主有令则民行之，上有禁则民不犯。君臣不亲，上下不和，万民不辑，故令则不行，禁则不止。故曰："上下不和，令乃不行。"

1《后汉纪·卷二十六·献帝初平二年》。

西汉董仲舒用阴阳解释人伦的基础架构三纲，所言极为精当。董仲舒《春秋繁露·基义》开篇指出，"凡物必有合"，这里的"合"是相互配合，协调统一之意。文中说：

> 凡物必有合。合，必有上，必有下，必有左，必有右，必有前，必有后，必有表，必有里。有美必有恶，有顺必有逆，有喜必有怒，有寒必有暑，有昼必有夜，此皆其合也。阴者阳之合，妻者夫之合，子者父之合，臣者君之合。物莫无合，而合各有阴阳。阳兼于阴，阴兼于阳，夫兼于妻，妻兼于夫，父兼于子，子兼于父，君兼于臣，臣兼于君。君臣、父子、夫妇之义，皆取诸阴阳之道。

先秦儒家论名教，名位、职分与德目并重，这就是郭店楚简《六德》中的"六位""六职""六德"。六位即：夫、妇、父、子、君、臣；对应的六职是：夫之率人、妇之从人、父之教人、子之受人、君之使人、臣之事人；六德分别是：夫之智、妇之信、父之圣、子之仁、君之义、臣之忠——后世儒家将之简单地总结为三纲五常（"三纲"即"君为臣纲""父为子纲""夫为妻纲"；"五常"是指"仁、义、礼、智、信"），忽略了职分，这不仅模糊了名教的名学基础，也使礼教逐步退化为老生常谈的道德说教。

20多年前笔者在唐山老家从事教育工作时，遇到一个十分调皮的学生，父母对其疼爱有加，总认为自己的孩子没有什么大问题。每次笔者见到那位学生的父亲，要他好好管束孩子时，这位老实的父亲总是说："现在我养他，将来他养我，孩子树大自直。"后来笔者回老家，听说这位父亲自杀了。笔者大为吃惊，问其原因。原来其子将父亲做生意的钱偷走了，这位父亲怎么也想不明白，自己养活儿子，儿子怎还偷自己，最后干脆结束了自己的生命。

父之教人，乃天职。正名定分，按一个人在社会中的位置完成自己分内之事，在儒家同在法家一样具有基础地位。

君主时代结束了，君臣之伦不复存在，但上下级关系不会消失，上下之义仍要坚持，此为情之不可废者。近人齐树楷早在1923年就论证说：

> 君主民主，时代已更，不但改步改玉（指死者身份改变，安

葬礼数也应变更——笔者注），枝叶之名已变，即伦纪之数，纲常之教，人乃欲牵一而动之。君主去而以为君臣伦废，其他各伦，人之所以生者，几至根本皆摇。不知古圣人创制之源，有因乎势者，有因乎情者。势之不存，并举其因乎情者而易之，其不至治丝而棼（棼，音 fén，纷乱。治丝而棼指理丝不找头绪越理越乱，比喻解决问题的方法不正确，使问题更加复杂——笔者注）者，未之有也。[1]

不懂得先圣立教根本，治丝而棼，这是 20 世纪初新文化运动对待名教的方式，结果则是道德的普遍缺失。

（二）黄老之学极大发展了名教礼义之学

由于孔子在《论语·八佾篇第三》中曾说："管氏而知礼，孰不知礼？"长期以来人们将黄老核心经典《管子》名教思想忽视了。要知道，如同黄老之学集中国文化之大成一样，黄老之学也极大地发展了名教礼义之道。

理论上，《管子》将道、德、礼、义、法有机地统一了起来。首先，《管子·心术上第三十六》对五者下了定义："虚无无形谓之道，化育万物谓之德，君臣父子人间之事谓之义，登降揖让、贵贱有等、亲疏之体谓之礼，简物小未一道、杀僇禁诛谓之法。"这段话是说，虚无无形叫作道，化育万物叫作德，摆正君臣父子间的关系叫作义，尊卑揖让、贵贱有别以及亲疏间的体统叫作礼，繁简、大小的事务都使之遵守统一规范，并规定杀戮禁诛等叫作法。

接着，《管子·心术上第三十六》的作者指出了道、德、礼、义、法五者间复杂的辩证关系，文中说：

> 天之道，虚其无形。虚则不屈，无形则无所位牾，无所位牾，故遍流万物而不变。德者，道之舍。物得以生生，知得以职道之精。故德者得也。得也者，其谓所得以然也以。无为之谓道，舍之之谓德，故道之与德无间，故言之者不别也。间之理者，谓其所以

---

1 齐树楷：《中国名学考略》，四存学会出版部，1923 年，第 17 页。

舍也。义者，谓各处其宜也。礼者，因人之情，缘义之理，而为之节文者也。故礼者谓有理也。理也者，明分以谕义之意也。故礼出乎理，理出乎义，义因乎宜者也；法者所以同出，不得不然者也，故杀僇禁诛以一之也。故事督乎法，法出乎权，权出于道。

在《管子》看来，名教之德治与名法之法治皆归于清静大道，是一对阴阳辩证关系，以法生德，以德固法。谈到礼乐与清静本性的关系，《管子·内业第四十九》中说："凡人之生也，必以平正。所以失之，必以喜怒忧患。是故止怒莫若诗，去忧莫若乐，节乐莫若礼，守礼莫若敬，守敬莫若静。内静外敬，能反其性，性将大定。"谈到德法间的互相关系，《管子·任法第四十五》中说："所谓仁义礼乐者，皆出于法。此先圣之所以一民者也。"《管子·权修第三》也说："凡牧民者，使士无邪行，女无淫事。士无邪行，教也；女无淫事，训也。教训成俗而刑罚省，数也。"

礼、法皆为"一民"，"教训成俗而刑罚省"。为使上述名教与名法的关系表达得更清楚，图示如下：

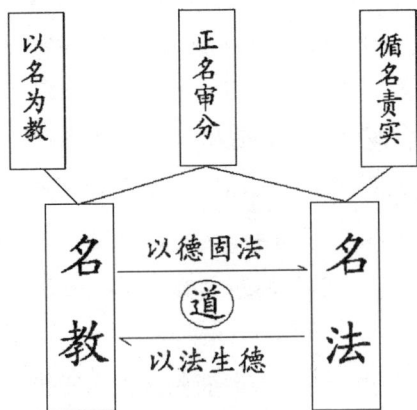

在名教的具体内容上，《管子》强调礼、义、廉、耻"四维"的核心地位，指出"守国之度，在饰（通'饬'）四维"，"四维不张，国乃灭亡"。《管子·牧民第一》谈到四维的社会意义时说：有礼，人们就不会超越规范；有义，就不会妄自求进；有廉，就不会掩饰过错；有耻，就不会趋从坏人。人们不越出规范，为君者的地位就安定；不妄自求进，人们就不巧谋欺诈；不掩饰过错，行为就自然端正；不趋从坏人，邪乱之事情就不会发生了。[1]

在《管子·五辅第十》中，作者将"德、义、礼、法、权"作为五种治国措施放在一起，并指出"义有七体""礼有八经"。将礼与义的内容细化了。

什么叫义的七体呢？用孝悌慈惠奉养亲属，用恭敬忠信事奉君上，用公正友爱推行礼节，用端正克制避免犯罪，用节约省用防备饥荒，用敦厚朴实戒备祸乱，用和睦协调防止敌寇。这七方面是义的本体。人民必须知义然后才能中正，中正然后和睦团结，和睦团结才能生活安定，生活安定然后办事才有威信，有威信才可以战争胜利、防务巩固。所以说：义是不可不行的。文中说：

> 七体者何？曰：孝悌慈惠，以养亲戚；恭敬忠信，以事君上；中正比宜，以行礼节；整齐撙诎（读作 zǔn qū，节制、谦逊——笔者注），以辟刑僇；纤啬省用，以备饥馑；敦懞纯固，以备祸乱；和协辑睦，以备寇戎。凡此七者，义之体也。夫民必知义然后中正，中正然后和调，和调乃能处安，处安然后动威，动威乃可以战胜而守固。故曰：义不可不行也。

什么是礼八经呢？上与下都有礼仪，贵与贱都有本分，长与幼都守次序，贫与富都守法度。这八方面是礼的纲领。所以，上与下没有礼仪就要乱，贵与贱不守本分就要争，长与幼没有等次就要叛离，贫与富不依法度就失其节制。上下乱，贵贱争，长幼叛离，贫富失其节制，国家不陷于混乱是没有听说过的。

因此，圣明君主总是整顿这八个方面以教导人民。八方面各得其宜：做君主的就公正而不偏私，做臣子的就忠信而不结党，做父母的以教化行其慈惠，做子女以严谨行其孝悌，做兄长的以教诲实现宽厚，做人弟的以恭敬实现和顺，做丈夫的以专一实现敦厚，做人妻的以贞节进行劝勉。能这样，就可以做到下不叛上，臣不杀君，贱不越贵，少不欺长，疏不间亲，新不间旧，小不越大，放荡不破毁正义。这八项是礼的常规。所以，人必知礼然后才能

---

1 原文：国有四维，一维绝则倾，二维绝则危，三维绝则覆，四维绝则灭。倾可正也，危可安也，覆可起也，灭不可复错也。何谓四维？一曰礼，二曰义，三曰廉，四曰耻。礼不逾节，义不自进，廉不蔽恶，耻不从枉。故不逾节则上位安，不自进则民无巧诈，不蔽恶则行自全，不从枉则邪事不生。

恭敬，恭敬然后才能尊让，尊让然后才能做到少长贵贱不相逾越，少长贵贱不相逾越，祸乱就不会产生了。因此说：礼不能不重视。文中说：

> 所谓八经者何？曰：上下有义，贵贱有分，长幼有等，贫富有度。凡此八者，礼之经也。故上下无义则乱，贵贱无分则争，长幼无等则倍，贫富无度则失。上下乱，贵贱争，长幼倍，贫富失，而国不乱者，未之尝闻也。是故圣王饬此八礼以导其民。八者各得其义，则为人君者，中正而无私。为人臣者，忠信而不党。为人父者，慈惠以教。为人子者，孝悌以肃。为人兄者，宽裕以诲。为人弟者，比顺以敬。为人夫者，敦蒙以固。为人妻者，劝勉以贞。夫然，则下不倍上，臣不杀君，贱不踰贵，少不陵长，远不闲亲，新不闲旧，小不加大，淫不破义，凡此八者，礼之经也。夫人必知礼然后恭敬，恭敬然后尊让，尊让然后少长贵贱不相踰越，少长贵贱不相踰越，故乱不生而患不作，故曰礼不可不谨也。

在名教的推行上，《管子》强调防微杜渐，从"谨小礼、行小义、修小廉、饰（通'饬'，下文同——笔者注）小耻"开始，这特别值得今人学习——名教当从小孩抓起，从小事做起。《管子·权修第三》雄辩地论证说：

> 凡牧民者，欲民之正也。欲民之正，则微邪不可不禁也。微邪者，大邪之所生也。微邪不禁，而求大邪之无伤国，不可得也。凡牧民者，欲民之有礼也。欲民之有礼，则小礼不可不谨也。小礼不谨于国，而求百姓之行大礼，不可得也。凡牧民者，欲民之有义也。欲民之有义，则小义不可不行。小义不行于国，而求百姓之行大义，不可得也。凡牧民者，欲民之有廉也。欲民之有廉，则小廉不可不修也。小廉不修于国，而求百姓之行大廉，不可得也。凡牧民者，欲民之有耻也。欲民之有耻，则小耻不可不饰也，小耻不饰于国，而求百姓之行大耻，不可得也。凡牧民者，欲民之谨小礼、行小义、修小廉、饰小耻、禁微邪，此厉民之道也。民之谨小礼、行小义、修小廉、饰小耻、禁微邪，治之本也。

现实生活中我们很难将名教与名法截然分开，因为只有明确统一法规制度，是非清楚，赏罚分明，才能更有力地保证礼、义、廉、耻的施行。诚如《管子·法禁第十四》所说：

> 圣王之身，治世之时，德行必有所是，道义必有所明。故士莫敢诡俗异礼，以自见于国；莫敢布惠缓行，修上下之交，以私亲于民；莫敢超等逾官，渔利苏功（意为浮报功绩——笔者注），以取顺于君。圣王之治民也，进则使无由得其所利，退则使无由避其所害，必使反乎安其位，乐其群，务其职，荣其名，而后止矣。故逾其官而离其群者必使有害，不能其事而失其职者必使有耻。是故圣王之教民也，以仁错之，以耻使之，修其能致其所成而止。

就是说，圣王治世，讲德行必须立下正确标准，讲道义也必须有个明确准则。所以士人们不敢公开张扬怪异的风俗和反常的礼节，不敢布施小惠、缓行公法修好上下以收揽民心，不敢越级僭职、谋取功利以讨好于国君。圣王的治理人民，向上爬的总是要使他无法得利，推卸责任的总是要使他无法逃避惩罚。使人们回到安其职位、乐其同人、尽忠职守、珍惜名声的轨道上来才行！所以，对于超越职权而脱离同事的人，应当使之受损；对于不胜任失职的，必须使之受辱。因此，圣王教育人民，用仁爱来保护，用廉耻来驱使，提高他们的能力使其有所成就。

名教与名法的关系是如此密切，那么，什么是名法呢？

四、名法——刑名法术

（一）名法，循名以责实

名法，即刑（形）名法术之学，为春秋战国时期风起云涌的法家所治者。法家与形名之学的关系，史家多有记载。

刘向《别录》云："邓析者，郑人，好刑名。"

刘向《新序》云："申子之书，言人主当执术无形，因循以督责臣下，其责深刻，故号曰'术'。商鞅所为书，曰'法'。皆曰'刑名'。"

《史记·商君列传》云："鞅少好刑名之学。"

《史记·老子韩非列传》云："韩非者，韩之诸公子也，喜刑名法术之学。"

伍非百指出："自邓析至韩非，史多称其好'刑名之学'。'刑名'即'形名'，亦即'名实'。申韩诸人，皆以法家而兼名家，通言谓之'形名法术'。析言之，则或称'形名'或称'法术'。"[1]

名家与法家不可分。历史上，中国本土法律的总则部分多被冠以"刑名"或"名例"，因为法律中刑罚罪名和定罪量刑的体例最为重要。清代律学大家沈之奇《大清律辑注》释"名例"云："李悝造法经，其六曰具法。汉曰具律，魏改为刑名，晋分为刑名、法例。沿至北齐，乃曰名例，隋唐以后因之，至今不改。其义例与唐律为准，分合损益，法益精密。名例为诸律之准则，故列于首。"

从形名法术之学，至后来"名法"并称，实属必然。孔子以后，百家之学兴起，"正名"之学主要流入名家和法家，并与道家相联系。"名法"并称，反映出名学对于政治法律的核心意义。史学家吕思勉（1884—1957年）先生精辟地论证道：

> 名法二字，古每连称，则法家与名家，关系亦极密也。盖古称兼该万事之原理曰道，道之见于一事一物者曰理，事物之为人所知者曰形，人之所以称之之辞曰名。以言论思想言之，名实相符则是，不相符则非。就事实言之，名实相应则治，不相应则乱。就世人之言论思想，察其名实是否相符，是为名家之学。持是术也，用诸政治，以综核名实，则为法家之学。此名法二家所由相通也，法因名立，名出于形，形原于理，理一于道，故名法之学，仍不能与道相背也。[2]

如果说名教与《庄子·天道》九变之说中的"天（道）—道德—仁义—分守"紧密联系，那么形名法术之学则与"形名—因任—原省—是非—赏罚"

1 伍非百：《中国古名家言》，四川大学出版社，2009年，第815页。
2 吕思勉：《先秦学术概论》，世界书局，1933年，第90页。

紧密联系。形名法术之学要求领导者以虚静之心，公正待物，以法为符（符，判断标准——笔者注），先"正名审分"，再"循名责实"，最后也如名教一样回归清静无为的大道。《管子·白心第三十八》云："名正法备，则圣人无事。"

名教以治身，名法以治国，内圣外王本来圆融无碍。《吕氏春秋·审分》一语道破："夫治身与治国，一理之术也。"《尹文子·大道上》甚至认为，治国也与我们修身一样，要百姓"无心""无欲"才行，实现方法是正名审分：

> 名义确定后，人们对事物就不会争夺；分属明确后，私欲就不会盛行。对事物不争夺，并不是人们没有争夺之心，而是因为名分确定之后，人们就无法实施争夺之心；私欲不能盛行，并不是人们没有私欲，而是因为分属明确，人们就无法实施自己的私欲。私心、私欲人人都有，却能使人们做到没有私心、没有私欲一样，是因为制止私心、私欲的方法得当。
>
> 田骈说："天下有志的人，没有谁肯老待在自己的家里，伺候自己的妻子儿女，他们必定要到各诸侯国的朝廷去游说，求得一官半职，这是受利禄的引诱所致。他们到各诸侯国朝廷游说的目的，都想成为卿大夫，而没有想成为诸侯国的君主，这是因为名分限定了他们。"
>
> 彭蒙说："野鸡和兔子在野地时，众人都会追逐，这是因为分属还没有确定。鸡和猪充满集市，没有人企图抢夺占为己有，这是因为分属已经确定。财物丰富之后而分属未定，即使仁人智士也会争夺；分属确定之后，贪得无厌者也不敢乱抢。"[1]

伍非百先生曾区分了"侵""旷"两种名分混乱的情况，值得我们参究。他说："君臣上下，各守其职，各尽其责，而不乱也。不尽其职而尽他人之职者谓之'侵'，不自尽其责者谓之'旷'。'旷'与'侵'皆失其'名分'，而

---

[1] 原文：名定则物不竞，分明则私不行。物不竞，非无心，由名定，故无所措其心。私不行，非无欲，由分明，故无所措其欲。然则心欲人人有之，而得同于无心无欲者，制之有道也。田骈曰："天下之士，莫肯处其门庭、臣其妻子，必游宦诸侯之朝者，利引之也。游于诸侯之朝，皆志为卿大夫而不拟于诸侯者，名限之也。"彭蒙曰："雄兔在野，众人逐之，分未定也；鸡豕满市，莫有志者，分定故也。物奢则仁智相屈，分定则贪鄙不争。"

致乱之道也。"[1] 需要强调的是："侵""旷"不仅是对被管理者说的，更是对管理者说的。因为管理者最容易"侵"，其后者是极其严重的。《老子·七十四章》警告说："常有司杀者杀，夫代司杀者杀，是谓代大匠斫。夫代大匠斫者，希有不伤其手矣。"名分不定之害，有甚于斫手者！

正名审分，法规明确社会责任之后，还要根据实效依法赏罚，"循名责实"。这要求君主清心公正待物。《韩非子·主道第五》开篇论证说：

> 道是万物的本原，是非的准则。因此英明的君主把握本原来了解万物的起源，研究准则来了解成败的起因。虚心冷静地对待一切，让名称自然命定，让事情自然确定。虚无了，才知道实在的真相；冷静了，才知道行动的准则。进言者自会形成主张，办事者自会形成效果，效果和主张验证相合，君主就无所事事，而事物真相呈现。所以说：君主不要显露他的欲望，君主显露他的欲望，臣下将自我粉饰；君主不要显露他的意图，君主显露他的意图，臣下将自我伪装。所以说：除去爱好，除去厌恶，臣下就表现实情；除去成见，除去智巧，臣下就自我警戒。[2]

而实现"无事"的关键就是依法赏罚，不为私欲所动——内圣外王，清静心及清静世界的建立，非如此不可！《韩非子·主道第五》论证说：

> 群臣陈述他们的主张，君主根据他们的主张授予他们职事，依照职事责求他们的功效。功效符合职事，职事符合主张，就赏；功效不符合职事，职事不符合主张，就罚。明君的原则，要求臣下说话算数。因此明君行赏，像及时雨那么温润，百姓都能受到他的恩惠；君主行罚，像雷霆那么可怕，就是神圣也不能解脱。所以明君不随便赏赐，不赦免惩罚。赏赐随便了，功臣就懈怠他的事业；惩

---

1 伍非百：《中国古名家言》，四川大学出版社，2009年，第815页。

2 原文：道者，万物之始，是非之纪也。是以明君守始以知万物之源，治纪以知善败之端。故虚静以待，令名自命也，令事自定也。虚则知实之情，静则知动者正。有言者自为名，有事者自为形，形名参同，君乃无事焉，归之其情。故曰：君无见（通"现"——笔者注）其所欲，君见其所欲，臣自将雕琢；君无见其意，君见其意，臣将自表异。故曰：去好去恶，臣乃见素；去旧去智，臣乃自备。

罚赦免了，奸臣就容易干坏事。因此确实有功，即使疏远卑贱的人也一定赏赐；确实有罪，即使亲近喜爱的人也一定惩罚。疏贱必赏，近爱必罚，疏远卑贱的人不会懈怠，而亲近的人就不会骄横了。[1]

《淮南子·要略》论其《主术训》一篇时，与《韩非子·主道第五》的主旨一致：

> 《主术》者，君人之事也。所以因作任督责，使群臣各尽其能也。明摄权操柄以制群下，提名责实，考之参伍，所以使人主秉数持要，不妄喜怒也。其数直施而正邪，外私而立公，使百官条通而辐辏，各务其业，人致其功。此主术之明也。

循名以责实，按实以定名，实现事由自然，莫出于己，不劳而自治的无为治理，这是中国古典政治学的精义所在。

君主时代已经远去了，但那个时代伟大厚重的领导艺术并没有过时，我们绝对不能如从前随意抛弃名教一样抛弃名法——事物的发展总有变者和不变者，大道是永恒的！

（二）大秦帝国的律法

为使读者能够深入理解刑名法术之学，我们以 20 世纪 70 年代出土的睡虎地秦律为例，用以说明一个伟大高效的组织是如何炼成的。

以下选取的这些法律条文多与经济管理有关。大秦帝国在 2000 多年前基本实现了标准化和数字化管理，其职责（包括中层管理者的连带责任）之明确，赏罚之严明，在今天读来，仍令人惊叹。

---

1 原文：故群臣陈其言，君以其主授其事，事以责其功。功当其事，事当其言，则赏；功不当其事，事不当其言，则诛。明君之道，臣不得陈言而不当。是故明君之行赏也，暖乎如时雨，百姓利其泽；其行罚也，畏乎如雷霆，神圣不能解也。故明君无偷赏，无赦罚。赏偷，则功臣堕其业；赦罚，则奸臣易为非。是故诚有功，则虽疏贱必赏；诚有过，则虽近爱必诛。疏贱必赏，近爱必诛，则疏贱者不怠，而近爱者不骄也。

律文一:

　　在每年四月、七月、十月、正月评比耕牛,满一年,在正月举行大考核。成绩优秀的,赏赐田啬夫酒一壶,干肉十条,免除饲牛者一次更役,赏赐牛长资劳三十天;成绩低劣的,申斥田啬夫,罚饲牛者资劳两个月。如果用牛耕田,牛的腰围减瘦了,每减瘦一寸要笞打主事者十下。[《睡虎地秦墓竹简·秦律十八种·厩苑律》:以四月、七月、十月、正月肤田牛。卒岁,以正月大课之,最,赐田啬夫壶酉(通"酒",下文括号内文字皆为通假字——笔者注)束脯,为旱(当为"皂"字——笔者注)者除一更,赐牛长日三旬;殿者,谇田啬夫,罚冗皂者二月。其以牛田,牛减絜,治(笞)主者寸十。]

律文二:

　　制作同一器物,其大小、长短和宽度必须相同。[《睡虎地秦墓竹简·秦律十八种·工律》:为器同物者,其小大、短长、广夹(狭)必等。]

律文三:

　　新工匠开始工作,第一年要求达到规定产额的一半,第二年所收产品数额应与过去作过工的人相等。工师好好教导,过去作过工的一年学成,新工匠两年学成。能提前学成的,向上级报告,上级将有所奖励。满期仍不能学成的,应记名并上报内史。[《睡虎地秦墓竹简·秦律十八种·均工》:新工初工事,一岁半红(功),其后岁赋红(功)与故等。工师善教之,故工一岁而成,新工二岁而成。能先期成学者谒上,上且有以赏之。盈期不成学者,籍书而上内史。]

律文四:

　　贮藏谷物官府中的佐、吏免职或调任时,官府的啬夫必须同离职者一起核验,向新任者交代。如果官府的啬夫免职时已经核验,再发现不足数,由新任者和留任的吏承担罪责。原任的吏不进行核验，新任的吏在职不满一年，由离职者和留任的吏承担罪责，新任的吏不承担；如已满一年，虽未核验，也由新任的吏和留任的吏承担罪责，离职者不承担，其余都依法处理。[《睡虎地秦墓竹简·秦律十八种·效》：实官佐、史被免、徙，官啬夫必与去者效代者。节（即）官啬夫免而效，不备，代者与居吏坐之。故吏弗效，新吏居之未盈岁，去者与居吏坐之，新吏弗坐；其盈岁，虽弗效，新吏与居吏坐之，去者弗坐，它如律。]

律文五：

考查时产品被评为下等，罚工师一甲，丞和曹长一盾，徒（一般工人——笔者注）络组二十根。三年连续被评为下等，罚工师二甲，丞和曹长一甲，徒络组五十根。（《睡虎地秦墓竹简·秦律杂抄》：省殿，赀工师一甲，丞及曹长一盾，徒络组廿给。省三岁比殿，赀工师二甲，丞、曹长一甲，徒络组五十给。）

律文六：

漆园评为下等，罚漆园的啬夫一甲，县令、丞及佐各一盾，徒络组各二十根。漆园三年连续被评为下等，罚漆园的啬夫二甲，并撤职永不叙用，县令、丞各罚一甲。[《睡虎地秦墓竹简·秦律杂抄》：园殿，赀啬夫一甲，令、丞及佐各一盾，徒络组各廿给。园三岁比殿，赀啬夫二甲而法（废），令、丞各一甲。]

律文七：

采矿两次评为下等，罚其啬夫一甲，佐一盾；三年连续评为下等；罚其啬夫二甲，并撤职永不叙用。评为下等而无亏欠的，则不加责罚。收取每年规定的产品，在尚未验收时就丢失了，以及不能足数的，罚其曹长一盾。太官、右府、左府、右采铁在考核中评为下等，均罚其啬夫一盾。[《睡虎地秦墓竹简·秦律杂抄》：采山重殿，赀啬夫一甲，佐一盾；三岁比殿，赀啬夫二甲而法（废）。殿而不负费，勿赀。赋岁红（功），未取省而亡之，及弗备，赀其曹长一盾。大（太）官、右府、左府、右采铁、左采铁课殿，赀啬夫一盾。]

律文八：

成年母牛十头，其中六头不生小牛，罚啬夫、佐各一盾。母羊十头，其中四头不生小羊，罚啬夫、佐各一盾。[《睡虎地秦墓竹简·秦律杂抄》：牛大牝十，其六毋（无）子，赀啬夫、佐各一盾。羊牝十，其四毋（无）子，赀啬夫、佐各一盾。]

律文九：

有人偷摘别人的桑叶，赃值不到一钱，如何论处？罚服徭役三十天。[《睡虎地秦墓竹简·法律答问》：或采人桑叶，臧（赃）不盈一钱，可（何）论？赀徭三旬。]

律文十：

有人在大道上杀伤人，在旁边的人不加援救，其距离在百步以内，应与在郊外同样论处，罚二甲。（《睡虎地秦墓竹简·法律答问》：有贼杀伤人冲术，偕旁人不援，百步中比野，当赀二甲。）

——大秦帝国以名法治国，偷摘别人的桑叶，赃值不到一钱也要重罚，防微杜渐，禁微邪，以厉廉耻。这与"律文十"，以法生德，对见义不为者严惩在名教精神上是一致的。

名教与名法，相须为用，相得益彰，铸就了中华文化的钢铁脊梁，也承载着中国文明的千年血脉——其中还有太多的精神财富，等待有志者去发掘、开拓……

名学十三篇

序·重建名学

中美思想观念领域的冲突已经到了十分严重的地步。

在 2024 年 2 月 25 日美国哥伦比亚广播公司（CBS）播出的一档新闻节目中，美国驻华大使伯恩斯（Nicholas Burns）将中美竞争的本质定义为一场思想文化的新冷战。他说："这是一场思想的竞争，一场思想的斗争……这里存在着一场关于谁的思想应该引领世界的争论。"[1]

反观中国学界，似乎已经将"以西释中"，即用西方学术思想解释现实当成了"常识"，西方学术垄断着近乎所有的人文讲坛。在这种情况下，我们如何与别人展开思想斗争呢？

事实上，早在 20 世纪初，面对西方学术和西方概念汩汩而来，齐树楷先生在其《中国名学考略》一书中就曾慨叹："近日政治风俗，受名不正之害，几于国不成国，人不能人。而讲学者尚矜空理，不知质事（质事，指事物的本质和内在的特性——笔者注）。"[2]

当代名实混乱已成痼疾，严重影响了我国的文化安全，以及世界人文学术、自然科学的发展——人文学术常常变为廉价的工具和自娱自乐的玩物；自然科学领域普遍接受的还原论容易导致理论假设与实验证据的混淆，即使在分子生物学这样尖端的自然科学领域也是一样。[3]

进入 20 世纪，西方亦曾有维特根斯坦（Ludwig Wittgenstein，1889—1951 年）那样的哲学家关注概念与现实世界的关系，但远远达不到中国名学的思辨水平；西方 20 世纪兴起的术语学则更侧重于科学技术层面——这是因

1《美国大使：美国人不想生活在中方主导的世界》，网址：https://www.dw.com/a-68377551。

2 齐树楷：《中国名学考略》，四存学会出版部，1923 年，第 2 页。

3［美］斯蒂芬·罗思曼：《还原论的局限：来自活细胞的训诫》，李创同、王策译，上海译文出版社，2006 年。

为科学技术客观上要求名实相副。

对名学的无知，使现代学术面临陷入烦琐经院哲学的危险——这可能与西方学术以欧几里得几何学为基本范式有关，它建立在抽象定义和一系列公理假设基础之上，一旦这些定义和假设走出现实的土壤，在逻辑牵引下就会离现实越来越远，直到最后名实相乖——我们以现代西方经济学为例来说明这一点。

第二次世界大战以后，经济学数理化成为不可遏止的潮流，数学工具的应用使经济学更像物理学，却没有物理学的实验基础。结果，西方经济学基本上成了一个好看的花瓶，在现实中并没有什么用，最主要的用途是欺骗第三世界国家的金融界精英和美国市场上的普通投资者。2007年次贷危机爆发后，世人对经济学家的批评之声日益高涨，甚至有人认为他们是导致此次经济危机的同谋，因为正是华尔街贪婪的银行家同经济学家一道用数理模型创造出了金融衍生品。在次贷危机发生后，经济学家提不出从根本上解决现实问题的理论工具，他们将问题一股脑地推给了政治家，而政治家所能做的就是头痛医头，脚痛医脚地对现实修修补补。

西方经济学正在变成一门远离现实，由纯理论推动的学科，正在成为经济学家的经济学，而非经世济民的工具。2010年7月，诺贝尔经济学奖得主、芝加哥大学法学院教授罗纳德·科斯（Ronald Coase）在芝加哥大学召集了"生产的工业结构"学术研讨会，这次会议的主要参加者有周其仁、韦森等十几位中国经济学家。当《财经》杂志记者问及为何单独挑中国经济学家参加此次会议时，科斯这样回答："欧美的经济学已经成为一门由理论推动的学科。我希望中国经济学家能够实证化，探索出自己的道路，为经济学做出他们的贡献。中国是一个大国，有很多伟大的经济学家。如果我们能劝说他们中的很小一部分加入我们，我们就能拥有一支大军。如果他们研究中国经济，并解释中国的产业生产结构是如何运行的，他们将能促进经济学的进步。"[1]

这里，科斯对西方经济学的失望溢于言表。不过，如果百岁的科斯先生知道中国经济学家只会在西方经济学的后面亦步亦趋，我想他甚至不会独自出资举办这样的研讨会。

西方经济学毕竟是西方生产生活经验的总结，从历史的角度看，对西方社会还有一定的现实和进步意义。可怕的是，近百年来，中国学界，特别是<u>包括经济学界在内的人文学者</u>，在不审查名实的情况下引入西方学术，导致

1《自由的"理念市场"至关重要》，载《财经》杂志，2010年第15期。

中国学术远离本土实际，整体上混乱不堪。更有甚者，一些学者臆造概念欺世盗名。

对于中国学术体系的现实困境，已有越来越多有识之士站了出来。在这样一个名实严重混乱的时代，他们可谓学术上的英雄。新加坡国立大学东亚研究所所长郑永年先生近乎愤怒地写道：

> 中国努力借用外在世界的尤其是西方的知识体系来认识自己，解释自己。借用他人的话语权来向他人推广自己，这是中国知识界所面临的一种困境。很多人已经意识到了这一点：经济学家意识到了西方的经济学解释不了中国的经济实践，社会学家意识到了西方社会学解释不了中国的社会实践，政治学者发现了西方政治学解释不了中国的政治实践。但是在实践上怎样呢？他们不是努力去发展中国自己的知识体系，而是继续使用西方的概念和理论。在中国这块土地上生存着无数的西方经济学家、西方社会学家、西方政治学家，但却没有自己的经济学家、社会学家和政治学家。结果呢？大家越说越糊涂，越解释越不清楚。[1]

（一）鄙名与伪名之灾

从名学角度看，上述问题根源于近代中国人文学术中大量鄙名和伪名，及其背后理论支撑体系的引入。

什么是鄙名？就是强加给一般事物的鄙陋恶名。

南北朝子书《刘子》（其作者是刘昼还是刘勰，学者们一直争论不休，莫衷一是）有《鄙名篇》，专论鄙名之害。上面说："是以古人制邑名子，必依善名名之，不善害于实矣……立名不善，身受其弊。"（《刘子·鄙名第十七》）

历史上最著名的鄙名当属今山东省新泰市石莱乡道泉峪村的"盗泉"，该村古时候也被称为"盗泉峪"。据《尸子》载，孔子曾路过这里，口渴了，也不饮用此泉的水，因为他厌恶该泉的名称。"（孔子）过于盗泉，渴矣而不饮，

1 郑永年：《中国为什么没有自己的知识体系？》，载 2011 年 9 月 20 日《联合早报》网络版，网址：http://www.zaobao.com/yl/yl110920_001.shtml。

恶其名也。"（《尸子·卷下》），当地人也厌恶其名，1924 年由本村乡绅刘德身和文人巩兆五将"盗"字改为道德的"道"字，"道泉峪"一名也沿用至今。

将鄙名加诸一眼泉水最多只会殃及一个小村庄，如果一个伟大的文明用太多的鄙名加以描述，结果将是灾难！今天学界正是按这种方式描述包括中华文明在内的东方文化的。

现代人文学术大约出现于 19 世纪，那时西方中心论如日中天，其理论核心是欧洲文明被想象为从希腊时代开始的进步过程，而东方则被想象为停滞不前的循环，只有通过西方"英雄救美人式"的拯救，东方文明才能走向进步，与西方一道走向更高级的文明形态。西方中心论为西方在经济政治上的侵略创造了巧妙的逻辑，是人类历史上为恶行正名最成功的意识形态工具之一。这种植根于西方学术基础的观念根深蒂固，影响到马克斯·韦伯这样伟大的学者，以至于进入 21 世纪的信息时代，中国的诸多学者依旧深陷其中，不能自拔！

英国谢菲尔德大学政治与国际关系学高级讲师约翰·霍布森（John M Hobson）在其《西方文明的东方起源》中，罗列了西方二元对立思维方式强加在东方文明身上的鄙名，他说：

> 在 1700 年至 1850 年之间，欧洲人的想象把世界分裂为，或者更确切地说，是迫使世界分裂为两个对立的阵营：即西方和东方（或是"西方世界和其他"）。在这一新的观念中，西方被想象成优越于东方，这种虚构的贬低东方的观念，被作为理性的西方观念的对立面而确立下来。确切地说，西方被想象成天然具有独一无二的美德：理性、勤勉、高效、节俭、具有牺牲精神、自由民主、诚实、成熟、先进、富有独创性、积极向上、独立自主、进步和充满活力。然后，东方就成为与西方相对的"他者"：非理性、武断、懒惰、低效、放纵、糜乱、专制、腐败、不成熟、落后、缺乏独创性、消极、具有依赖性和停滞不变。也就是说，西方被赋予的一系列先进的特性，在东方则不存在。[1]

整体上西方形象男性化，积极充满活力的，而东方的形象则是女性化，

---

1 ［英］约翰·霍布森：《西方文明的东方起源》，孙建党译，山东画报出版社，2009年，第 7—8 页。

消极无助停滞不前，这才有了东方学家所谓的亚洲"在消极地等待着波拿巴"之类描述。约翰·霍布森列出了诸多西方人强加在亚洲文明上的鄙名：

"西方与东方"的东方主义和父权制诠释

充满活力的西方	停滞不变的东方
善于创新、有独创性、积极向上	缺乏创新、愚昧、消极
理性	非理性
科学	迷信、固守传统
纪律严谨、有秩序、克己自制、理智、睿智	懒惰、混乱 / 无秩序、肆意、非理智、情绪化
思想活跃	肢体发达、诡谲、妖媚
家长般的、自主、运转机制良好	稚嫩、依赖性、运转机制不良
自由、民主、宽容、诚实	奴役、专制、偏狭、腐败
文明	未开化 / 野蛮
道德和经济进步	道德退化和经济停滞

来源：[英]约翰·霍布森著《西方文明的东方起源》，孙建党译，山东画报出版社，2009年，第8页。

上述鄙名从民族性格到政治文化，几乎无所不包，任何一个受过现代教育的人，都很难以逃脱这些鄙名的洗脑。结果，不单在西方狭隘的世界史表述中忽视了东方的关键作用，更重要的，它使学界无视中华文明的伟大价值。如孔子不愿接近盗泉一样，几乎很少有学者愿意沿中华文明的内在理路研究中国文化，他们研究中国文化的目的很大程度上是为证明这些鄙名的"政治正确"，或在这些鄙名"政治正确"的前提下从事研究。

如果抛弃强加给我们的诸多鄙名，我们也就打开了中华文明的大门——犹如古老神话中的宝库，其中蕴藏着人类精神世界最伟大的智慧。

除了鄙名，影响中华文明复兴的最大障碍是大量伪名的存在。

什么是伪名？就是不以事实为根据，有名无实的虚假名号。

东汉学者徐干（171—217年）《中论》论伪名的本质说："名者，所以名实也，实立而名从之，非名立而实从之也。故长形立而名之曰长，短形立而名之曰短，非长短之名先立，而长短之形从之也。"（《中论·考伪第十一》）

为何当今中国有大量伪名存在？主要原因是近百年来学人生硬比附西方而产生的概念误植。近年来学界普遍关注的是对西欧封建（feudal）和封建制度（feudalism）一词就是误植。

从西周甚至更早开始，中国就是一个政治上统一的国家，当时的封建诸侯只是有相当大自治权力的行政单位。自秦至今，中国实行郡县制，不存在西欧式的封建社会。武汉大学历史学院教授，博士生导师冯天瑜先生在《"封建"考论（第二版）》（中国社会科学出版社，2010 年）提要中，简述了"封建"一词演化的历史进程，对于我们理解当代中国学术中伪名的形成具有重要参考价值。他说：

> "封建"本义为"封土建国""封爵建藩"。封建制的基本内涵是世袭、分权的领主经济、贵族政治，古来汉字文化圈诸国大体在此义上使用"封建"一名，并展开"封建论"。中国秦汉至明清社会主流离封建渐远，实行地主经济基础上的君主集权官僚政治。欧洲中世纪制度 feudalism（封土封臣、采邑制）与中国的殷周封建制相近（当然也有区别，中国是"宗法封建"，西欧是"契约封建"），与日本中世及近世的公武二重制"酷似"，中国晚清、日本明治间遂以"封建"对译 feudal。清末民初中国采用这一在汉外对译间形成的新名。五四时期，陈独秀忽略中日、中欧历史差异，引入西欧及日本近代化进程中的"反封建"命题，形成"封建＝前近代＝落后"的语用范式。20 世纪 20 年代，共产国际文件以"半封建"指称现实中国。随后的中国社会史论战，把以专制集权和地主／自耕农经济为特征的秦汉至明清的两千余年纳入"封建时代"，以与西欧中世纪对应，"封建"概念泛化，既与本义脱钩，也同对译之英文术语 feudal 含义相左，且有悖于马克思、恩格斯的封建原论。在特定历史条件下，"五种社会形态"说框架内的泛化封建观普被国中。注目中国史自身特点的学者曾质疑泛化封建观，提出救正"封建"概念误植的方案，本书沿此轨迹，强调"名辩"的重要性，考论"封建"，并试拟"制名以指实"等历史分期命名标准，建议秦至清主要时段社会形态的名目，宜以"宗法地主专制社会"更替"封建社会"；秦至清两千余年可简称"皇权时代"。[1]

不难看出，造成"封建"这一伪名的根本原因是：西欧有"feudalism"之名与实，中国学人引入"feudalism"之名，就胡乱找"实"，即徐干所谓的

---

[1] 冯天瑜：《"封建"考论》第二版提要，武汉大学出版社，2007 年。

"名立而实从"，结果当然是名实的严重混乱。

冯先生的《"封建"考论》一书用力精深，问题是，秦至清行郡县制广为国人所接受，何必另外创造易与西方概念相混的新词，难道就是为冯先生所说的与国际接轨，"中外义通约"吗？且这些新词（"宗法地主专制社会"和"皇权时代"）皆为鄙名，根本不可能做到冯先生期望的"制名以指实"——按照他的说法："命名需准确反映该阶段社会形态的实际，概括该时段社会、经济、政治、文化的本质属性，达成'名'与'实'的统一、'概念'与'指称'的统一，此谓之'制名以指实'，这是命名的基本准则。"[1]

如"封建制度"这样的伪名在学界实在太多，其中大多是唯西方观念是从，用中国本有概念附会西方学术概念造成的。

中国学者由于西学的强大压力，无意识地应用鄙名与伪名还可以理解。不能容忍的是，一些学者浑水摸鱼，用凭空臆造概念的方法骗取公众，这实在缺乏学术道德。社会学家、剧作家黄纪苏先生曾给笔者讲过这样一件事：他编辑《中国社会科学》英文版期间，翻译一篇谈中国文学的稿子，里面有"世界新质生存母体关怀倾向"一词，他当时就蒙了，还以为作者是从英文译过来的，赶快去问作者，得到的答案是：作者也是抄来的，意思就是"新生活"；据黄先生讲，20世纪90年代以来在史学理论和文艺批评中这类"冒充西方"的现象比比皆是。

徐干曾经严厉地批判那些欺世盗名之徒说："夫为名者，使真伪相冒，是非易位，而民有所化（指民众受到影响——笔者注），此邦家之大灾也。杀人者一人之害也，安可相比也？"（《中论·考伪第十一》）

（二）名学的重建

由此可见，名学是健康学术和健康社会的起点。名学，这一伟大的知识体系是如何在中国产生和发展，如何中绝，今天我们又该如何重建名学呢？

《汉书·艺文志》是我国现存最早的目录学文献，是研究中国学术源流的基础。

《汉书·艺文志》收录名学七家，三十六篇。分别是：

《邓析》二篇。郑人，与子产并时。

1 冯天瑜：《"封建"考论》第二版，武汉大学出版社，2007年，第460—461页。

《尹文子》一篇。说齐宣王，先公孙龙。

《公孙龙子》十四篇。赵人。

《成公生》五篇。与黄公等同时。

《惠子》一篇。名施，与庄子并时。

《黄公》四篇。名疵，为秦博士，作歌诗，在秦时歌诗中。

《毛公》九篇。赵人，与公孙龙等并游平原君赵胜家。

谈到名家起源，《汉书·艺文志》指出："名家者流，盖出于礼官。古者名位不同，礼亦异数。孔子曰：'必也正名乎！名不正则言不顺，言不顺则事不成。'此其所长也。及警者（以诡辩之术互相诘难者——笔者注）为之，则苟钩釽析乱（离析正理的诡辩之言——笔者注）而已。"

名家出于西周王官学中的礼官符合历史现实。据追述西周政制的《周礼》，春官宗伯掌天下礼事，礼官辨别器物的名称和种类（名物）是其重要职责，在政治生活中的意义重大。

《周礼·春官宗伯第三·小宗伯》条述其职曰：小宗伯掌管有关五礼的禁令，以及所用牲和礼器的等差。辨别四亲庙和远祖庙神位的昭穆次序。辨别王、公、卿、大夫、士五等吉凶服装，掌管有关五等服装和车旗宫室的禁令。掌管区别三族，辨别他们的亲疏，其中嫡子都称门子，掌管有关门子的政令。选择六牲的毛色，辨别牲的名称和种类，而分颁给五官，用于祭祀。辨别六谷的名称种类及其用量，使六宫之人供奉于祭祀。辨别六彝的名称形制，以待行裸将礼时用。辨别六尊的名称和形制，以待祭祀和招待宾客用。[1]

春官中如司几筵、典瑞、司服、龟人，等等，明辨自己职权范围内的礼器是其首要职责，否则西周社会生活将无法正常运转。但我们不能认为只有礼官才重名位礼数，事实上西周是以礼的形式运作的严密法治社会，比如地官系统中的大司徒一职，就要"以天下土地之图，周知九州之地域广轮之数，辨其山、林、川、泽、丘、陵、坟、衍、原、隰之名物""以土宜之法，辨十有二土之名物"。这类要求"正名"的例子还很多。

西周职官中，值得指出的是掌管外交礼仪的大行人和小行人，他们实际是礼官，对于维护政治大一统极为重要。可能因为外交关系到用军事，所以大

---

1 原文:（小宗伯）掌五礼之禁令，与其用等。辨庙祧之昭穆，掌吉凶之五服、车旗、宫室之禁。掌三族之别，以辨亲疏。其正室皆谓之门子，掌其政令。毛六牲，辨其名物而颁之于五官，使共奉之；辨六彝之名物与其用，使六宫之人共奉之；辨六彝之名物，以待裸将；辨六尊之名物，以待祭祀宾客。

行人在秋官司寇系统中。《周礼·秋官司寇第五·大行人》条述其职，从中我们看到，行人一个重要职责就是"正"（统一）各种法律、文字、度量衡等：

> 大行人掌管有关大宾、大客的礼仪，使诸侯之间相亲睦……王用以安抚各国诸侯的办法包括：一年派使者普遍慰问一次；三年派使者普遍看望一次；五年派使者普遍探视一次；七年聚集诸侯国的译官，训练他们语言，协调他们的辞令；九年聚集诸侯国的乐师和史官，颁布给他们文字，让他们听习声音；十一年颁发符节的样式，统一度量单位，统一牢礼及其器物用度，修治法则；十二年王巡守天下，或在附近的诸侯国接见来朝的诸侯。凡诸侯因王事而来朝，辨别他们的朝位，规定他们的尊卑等级，协调他们的礼仪，由摈者相礼而朝见王。如果有大丧，就教导并协助诸侯行丧礼。如果有四方诸侯国因遭兵寇前来告急，就接受他们的见面礼，听他们叙述情况，向王报告。[1]

当代治墨学大家谭戒甫（1887—1974 年）先生认为，正是行人之职，开始以《诗》为辞令，至春秋战国大变之世，交际遂由《诗》转为辩，墨辩随之兴起。其在《墨辩发微》开篇写道：

> 春秋各国，交际频繁，行人奉使，折冲樽俎，大抵以《诗》三百篇为辞令之书，过或不及，群相讥议。如晋平公谓："歌诗必类"，赵文子谓："诗以言志"，而齐庐蒲癸亦有"赋诗断章，余取所求"之语，概随机引用，恰如志意，乃能致命不辱，则以一时风气使然。故孔子云："不学《诗》，无以言。"又曰："诵《诗》三百，使于四方，不能专对，虽多亦奚以为？"是以孔门七十子中，宰我、子贡长于言语，善为说辞，亦时代所需也。此已当春秋战国之交，社会一切剧变，阶级矛盾加深，交际间渐由《诗》而转为辩。谈说

---

1 原文：大行人掌大宾之礼，及大客之仪，以亲诸侯……王之所以抚邦国诸侯者，岁遍存，三岁遍覜，五岁遍省，七岁属象胥，谕言语，协辞命；九岁属瞽史，谕书名，听声音；十有一岁，达瑞节，同度量，成牢礼，同数器，修法则；十有二岁王巡守，殷国。凡诸侯之王事，辨其位，正其等，协其礼，宾而见之。若有大丧，则诏相诸侯之礼。若有四方之大事，则受其币，听其辞。

之士，已有"辩者"之目。《庄子》谓孔子曾举辩者之言以问老子，可以知其概矣。墨子之生，尚及孔子，时变日急，求善者寡，不强说人，人莫之知；故上自王公大人，次至匹夫徒步之士，莫不行说之以义。盖墨子雅善言谈，制器尚匠，宜究名理，因构范畴，同归知要，数逆精微，遂开华夏二千年前独到之辩学。[1]

墨辩（《墨经》）现存文献收录于《墨子》，即《经上》《经下》《经说上》《经说下》《大取》《小取》六篇专论，它们在名学发展史上具有重要地位。西晋学者鲁胜在《墨辩注·序》中就指出："墨子著书，作《辩经》以立名本，惠施、公孙龙祖述其学，以正别名显于世。"（《晋书·隐逸列传》）近人王琯从论辩方法方面详加考证，指出公孙龙、惠施之徒实属墨家辩证学派。[2] 并制图如下：

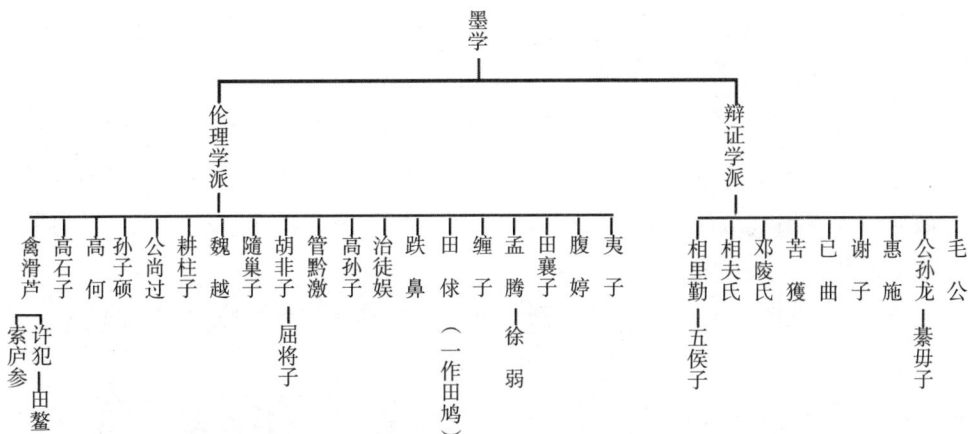

```
                              墨学
         ┌─────────────────────┴─────────────────────┐
       伦理学派                                      辩证学派
 ┌─┬─┬─┬─┬─┬─┬─┬─┬─┬─┬─┬─┬─┬─┬─┬─┬─┬─┐      ┌─┬─┬─┬─┬─┬─┬─┬─┐
 禽 高 高 孙 公 耕 魏 随 胡 管 高 治 跌 田 缠 孟 田 腹 夷      相 相 邓 苦 已 谢 惠 公 毛
 滑 石 何 子 尚 柱 越 巢 非 黔 孙 徒 鼻 俅 子 腾 襄 䵍 子      里 夫 陵 获 齿 子 施 孙 公
 厘 子    硕 过 子    子 子 激 子 娱    （     徐    子          勤 氏 氏             龙
                     屈             一     弱                 五                    綦
 索                  将             作                        侯                    毋
 庐                  子             田                        子                    子
 参                                 鸠
 许                                 ）
 犯
 由
 鳌
```

来源：王琯著《公孙龙子悬解》，中华书局，2010年，第20页。

名家与墨辩一派在理论上的亲缘关系已得到学界的普遍认同。谭业谦先生在《公孙龙子译注》前言中写道："本书意在对《公孙龙子》文义作一新的解释，同时也对《墨经》中明显与《公孙龙子》有关的篇章做一较新的解释。以《公孙龙子》之义证《墨经》之义，也以《墨经》之义证《公孙龙子》之义。从两书文义的符同证明两书可能同出一源，或部分地同出

---

1 谭戒甫：《墨辩发微》，中华书局，1987年，第1—2页。

2 王琯：《公孙龙子悬解》，中华书局，2010年，第16—21页。

一源。"[1]

综上所述，名学发端于西周礼官，形成为墨辩，成熟于名学。故有学者亦将名学称为名辩之学。

从先秦记载看，公孙龙等名家游说于王侯之门，盛极一时。秦汉以后，研读名家者已经很少。从唐末至明，名学几乎无人研究。是什么原因造成名学中绝呢？笔者认为主要由于以下几个原因：

一是名家理论有浓厚的思辨色彩，不好读懂，初读让人感到一团雾水。比如《公孙龙子·指物论》极短，才 300 多字，笔者手不释卷，参考诸多古今文献，读了几天才弄清楚大概理路，其难读若此！鲁胜在《墨辩注·序》中也指出："自邓析至秦时名家者，世有篇籍，率颇难知，后学莫复传习，于今五百余岁，遂亡绝。"另据《世说新语·文学第四》载，东晋谢安少年时曾向阮裕请教《公孙龙子·白马论》，后者将自己的相关文章给他看，谢安竟然不能读懂，由是阮裕感叹道："不仅能谈《白马论》的人难得，就是要求了解《白马论》的人也难得。"[2]

二是战国至西汉时期，黄老之学"采儒墨之善，撮名法之要"，集包括名学在内的百家之大成，集约化的学术削弱了名学的独立性。西汉中后期黄老之学逐步退出政治舞台，在大一统的政治环境下，墨、名、法皆不能得到很好的复兴。

三是包括儒家在内的诸子对名家的攻击。特别是儒家社会影响越来越大，宋以后取得独尊地位，使名学长期以来被讥为无益于国的小道。

《荀子·修身第二》上说："夫'坚白''同异''有厚无厚'之察，非不察也，然而君子不辩，止之也。"

《孔丛子·公孙龙第十一》说战国名家代表人物公孙龙其人"小辩而毁大道"。

南宋黄震《黄氏日钞·读诸子》称："公孙龙者，战国时肆无稽之辩，九流中所谓名家以正名为说者也。其略有四……其无稽如此，大率类儿童戏语，而乃祖吾夫子正名为言，呜呼！夫子之所谓正名者，果如是乎？"黄震不知，孔氏正名同于公孙氏正名，二者一脉相承。

---

1 谭业谦:《公孙龙子译注》前言，中华书局，2008 年。

2 原文：谢安年少时，请阮光禄道白马论，为论以示谢。于时谢不即解阮语，重相咨尽。阮乃叹曰："非但能言人不可得，正索解人亦不可得！"

明初，被太祖朱元璋誉为"开国文臣之首"的宋濂（1310—1381年）研读《公孙龙子》，怎么也读不通，就认为它无益于名实之辩，不如将其烧掉，他说："予尝取而读之，'白马非马'之喻，'坚白同异'之言，终不可解。后屡阅之。见其如捕龙蛇，奋迅腾骞，益不可措手。甚哉其辩也！然而名实愈不可正，何邪言弗醇也，天下未有言弗醇而能正，苟欲名实之正，亟火之。"（《诸子辩·公孙龙子》）

或许宋濂只是戏言，幸好残存的《公孙龙子》五篇没有被烧掉，否则后人很难理解名家真正的学术风采；《公孙龙子》从多方论名实关系，其示例当然要"耸动天下"，"冀时君有悟而正名实"（《四库全书总目提要》）。王琯谓其："持论雄赡，读之初觉诡异，而实不诡异也。"[1] 可谓持论公允！

19世纪末20世纪初，随着西学涌入，学者对名家的研究逐步兴盛起来，这一趋势持续至今。不幸的是，过去100年来，学人的研究多以西方逻辑学为标准，用名学生硬地比附西方逻辑学，其最显著的结果是减轻了西学强大冲击给国人造成的自卑心理，以便更顺利地引入西学，对名学本身的研究则是灾难性的。南开大学翟锦程教授指出："将先秦名学比附为西方逻辑并对之进行研究的方法，虽然对更新诸子学研究的观念和方法，广泛传播西方逻辑有着积极作用，但对深入研究和认识先秦名学本身却产生了一定的不利影响。"[2]

这种不利影响极其严重，甚至会使我们远离名学。翟锦程教授说：

> 作为西方传统逻辑来说，它的发展有着十分清晰的历史脉络，而且也具有相对稳定和固定的理论体系。从亚里士多德开始一直到西方近代前期，西方传统逻辑形成了以概念论、判断论、推理论和证明论为主体的理论体系。如果我们按照这样的体系去梳理先秦名学，必然会对先秦名学复杂的历史发展过程，多元化的理论形态和丰富的思想内容有所割裂，在很大程度上，会将先秦名学特有的和固有的相关内容搁置起来，而使之定位于西方传统逻辑的框架之中，让人们看到的只是中国学术思想中的西方传统逻辑的形影，而非先秦名学本身。[3]

1 王琯：《公孙龙子悬解》，中华书局，2010年4月，第8页。

2 翟锦程：《先秦名学研究》，天津古籍出版社，2005年，第213页。

3 翟锦程：《先秦名学研究》，天津古籍出版社，2005年，第214—215页。

过去百年历史证明，以中学比附西学的"全盘西化"学术路线，已经变成一场文化灾难。中国本土学术有其产生的历史背景及内在理路，以西学为标准研究中国本土学术只会是——离西学愈近，离中学愈远！

必须结束用西学野蛮肢解中学的历史，复兴有机的、活生生的中国学术！

《汉书·艺文志》收录的名学七家中，我们今天能看到的只有三家。即《邓析子》《尹文子》和《公孙龙子》。

《邓析子》为伪书近乎成为定论。西汉刘向看过《邓析子》，他在《〈邓析子〉叙录》中写道："邓析者，郑人也。好刑名，操两可之说，设无穷之辞……其论《无厚》者，言之异同，与公孙龙同类。"公孙龙所称"无厚"，相当于说现代数学中的"面"，而今本《邓析书》大多从政治伦理上立论，其中《无厚篇》"无厚"为"无有私惠"之意，与邓析子本意相去甚远；有关《邓析子》一书的全面分析，感兴趣的读者可参阅徐忠良先生的《新译邓析子》导读。[1]

话说回来，即使现存《邓析子》为伪作，它仍有一定的参考价值。比如其论形名云："循名责实，实之极也。按实定名，名之极也。参以相平，转而相成，故得之形名。"（《邓析子·转辞篇》）；再比如其论辩术云："所谓大辩者，别天下之行，具天下之物。选善退恶，时措其宜，而功立德至矣。小辩则不然。别言异道，以言相射，以行相伐，使民不知其要。无他故焉，故浅知也。"（《邓析子·无厚篇》）

《尹文子》分为《大道上》《大道下》两篇。明初宋濂当是最早怀疑其真实性的学者，在《诸子辩·尹文子》中，他因该书言刑名而断言其叛孔子之道（"世岂有专言刑名而不叛道者哉？"），同时认为全书为伪托之作。20世纪二三十年代，"辨伪"之风兴起，唐钺、罗根泽判定《尹文子》为"伪书"，他们在论述中常常只会"大胆假设"，缺乏"小心求证"。台湾大学哲学系教授王晓波经过详细考证，指出《尹文子》与刘向校书时对《尹文子》的叙述完全吻合，该书绝非伪书。他总结说："验诸今本《尹文子》全书内容，正合乎刘向要约而精准的记叙，刘向实不我欺也。唯由于当年'辨伪'之风，又缺乏正确的科学方法，致使《尹文子》研究被耽误了数十年，而少人问津，

---

1 徐忠良：《新译邓析子》导读，（台北）三民书局，1997年。

亦不无憾也。"[1]

《公孙龙子》十四篇，宋时亡八篇，今只存六篇。[2]《公孙龙子·迹府》一篇显然为后人所加，其他五篇，《白马论》《指物论》《通变论》《坚白论》《名实论》当是公孙龙所作，从中我们得以窥见名学代表人物公孙龙子的学术精华所在。

除了《尹文子》中主要与名学相关的内容一篇、《公孙龙子》五篇，我们还从先秦至南北朝子书有关名学的专论整理出七篇，共计十三篇，名曰《名学十三篇》，以期让读者认识中国名学的真精神，并将之应用于社会实践之中。

---

[1] 王晓波：《自道以至名，自名以至法——尹文子的哲学与思想研究》，载台湾大学《哲学论评》第三十期，2005年。

[2] 庞朴先生认为现存《公孙龙子》为一完整体系，本来就是六篇，"十四"为"六"字之误；参阅庞朴：《中国的名家》，中国国际广播出版社，2010年，第68—70页。

名学十三篇·名实论第一

题解：

本篇为《公孙龙子·名实论》全文。

《说文解字》释"名"云："名，自命也，从口，从夕。夕者，冥也。冥不相见，故以口自名。"夜晚人与人不能看清楚，故互称己名。

《说文解字》释"实"云："实，富也，从宀，从贯。贯，货贝也。"清代段玉裁注："以货物充于屋下，是为实。""实"显然有物充满空间之意。

公孙龙运用中国本土学术概念论述名与实的关系，它与西方逻辑学简直风马牛不相及。大家知道，西方传统逻辑学包括同一律、矛盾律、排中律、充足理由律四个基本规律，其中同一律是逻辑思维的基本规律，可以用公式 A=A 来表示，用名学来说就是"马是马"，这正确，又未免肤浅。而名学不满足于这一点，讲白马不等于马，"白马非马"，这种思辨境界应该说比西方传统逻辑学更为高度发展。所以过去 100 年来许多学者想用西方逻辑学解读中国名学的真义，可谓升山采珠，缘木求鱼！

《公孙龙子·名实论》是名家的理论核心，其重要性不言而喻。近代学者王琯论本篇云：

> 《墨子·经说上》："所以谓，名也，所谓，实也。"释"名实"之义最富。"名"为名词，所以代表事实，故曰"所以谓"，"实"为事实，所以承当此名之本体，故曰"所谓"。通篇大旨即在正名正实，二者使求相符，明定界说，科律最严。《经说》曰："名实耦，合也。"公孙造论，殆同此旨，盖不特全书关键，正名家精神之所寄也。[1]

---

1 王琯：《公孙龙子悬解》，中华书局，2010 年，第 87 页。

名学理论核心在《墨经》写作时代已经成熟。因为《经下》及相对应的《经下说》中已经对《名实论》的主要内容做了阐述。上面说:"(经)彼彼此此与彼此同,说在异。(说)彼,正名者彼此。彼此可:彼彼止于彼,此此止于此;彼此不可:彼且此也;彼此亦可:彼此止于彼此,若是而彼此也,则彼亦且此也。"

雷一东女士解释说:

> 把彼物命名为"彼",此物命名为"此"与"彼物、此物"是同一的,因为不同的实物有不同的名字——正确的命名应该分清"彼"和"此"。彼此可以这样用:用"彼"来命名彼物时只限于彼物,用"此"来命名此物时只限于此物;彼此不可以这样用:用同一个名字既命名彼物又命名此物;彼此也可以这样用:"彼""此"两个名字只用来命名彼物或此物,在这种情况下说到"彼""此"时,彼物也就是此物了。[1]

古人写书常常把总论或总序放在末尾,道藏本将《名实论》列为第六,这里我们将之提前,总领名学十三篇。本篇主旨又全在第一句中"物""实""位""正"四字,要在正名(位)责实。具体内容即文章最后一段的"审其名实,慎其所谓"。北宋谢希深注云:"公孙龙之作论也,假物为辩,以敷(敷,论述——笔者注)王道之至大者也。夫王道之所谓大者,莫大于正名实也。仲尼曰:唯名与器,不可以假人。然则名号器实,圣人之所重慎之者也。名者,名于事物以施教者也。实者,实于事物以成教者也。失名非物也,而物无名,则无以自通矣。物非名也,而名无物,则无以自明矣。是以名因实而立,实由名以通,故名当于实,则名教大行,实功大举,王道所以配天而大者也。是以古之明王,审其名实而慎其施行者也。"

名教(礼教)、名法(刑名法术)构成中国文化的主体——名实对于社会治理的意义大矣!

---

1 雷一东:《墨经校解》,齐鲁书社,2010年,第347页。

《公孙龙子·名实论》原文：

天地与其所产焉，物[1]也。物以物其所物[2]而不过[3]焉，实也[4]。实以实其所实，而不旷[5]焉，位[6]也。出其所位非位[7]，位其所位焉，正也[8]。

以其所正，正其所不正；不以其所不正，疑其所正[9]。其正者，正其所实也；正其所实者，正其名也[10]。

其名正，则唯乎其彼此焉[11]。谓彼而彼不唯乎彼，则彼谓不行[12]。谓此而此不唯乎此，则此谓不行。其以当不当也，不当而乱也[13]。

故彼彼当乎彼[14]，则唯乎彼，其谓行彼[15]。此此当乎此，则唯乎此，其谓行此，其以当而当也。以当而当，正也[16]。故彼彼止于彼[17]，此此止于此，可[18]。彼此而彼且此[19]，此彼而此且彼[20]，不可[21]。

夫名，实谓也[22]。知此之非也，知此之不在此也，则不谓也。知彼之非彼也，知彼之不在彼也，则不谓也[23]。

至矣哉[24]，古之明王！审其名实，慎其所谓[25]。至矣哉，古之明王！

注释：

〔1〕物：泛指天下万物；旧注（指北宋谢希深注，下同；谢氏注多能阐发《公孙龙子》一书的政治、社会学意义，难能可贵，为后世学者多所不及——笔者注）."天地之形及天地之所生者，皆谓之物也。"《荀子·正名篇》有："故万物虽众，有时而欲遍举之，故谓之物。物也者，大共名也。"

〔2〕物以物其所物：前一个"物"指"物"这个名称；第二个"物"是动词，意为命物，引申为指称；第三个"物"是所命之物。

〔3〕过：过差。

〔4〕实：含"不过"之意；旧注："取材以修廊庙，制以车服器械，求贤以实，侍御仆从，中外职分，皆无过差，各当其物，故谓之实也。"

〔5〕旷：空虚不实。

〔6〕位：名位；旧注："实者，充实器用之小大，众万之卑高，器得其材，人堪其材，庶政无阙，尊卑有序，故曰位也。"

〔7〕此句旧注："离位使官，器用过制，或僭于上，或滥于下，皆非其位。"

〔8〕此句旧注："取材之与制器，莅事之与制赏，有尊卑，各亦异数，靖共（靖共，当为安恭之意——笔者注）其位而不借滥，故谓正也。"

〔9〕疑其所正：疑，质疑；旧注："以正正于不正，则不正者皆正，以不正乱于正，则众皆疑之。"

〔10〕正其所实者，正其名也：旧注："仲尼曰，必也正名乎。故正其实，正矣。其实正，则众正皆正矣。"

〔11〕则唯乎其彼此焉：唯，古应答之词；彼此，此，这个，彼，那个；旧注："唯，应辞也。正其名者，谓施名当于彼此之实，故即名求实，而后彼此皆应其名。"

〔12〕谓彼而彼不唯乎彼，则彼谓不行：谓，这里有称号、指示（教命）之意；不行，行不通；旧注："谓者，教命也。发号施命而召于彼，而彼不应者，分不当于彼，故教命不得行也。"

〔13〕其以当不当也，不当而乱也：当，相当，符合。旧注："教命不当而自以为当者，弥不当也，故曰其以当不当也。以其命之不当，故群物不应，逆其命矣。以不当，应物之不应命，而势位以威之，则天下皆以不当为当，所以又乱之矣。"

〔14〕彼彼当乎彼：彼名称呼彼物并且符合彼物。

〔15〕行彼：彼名可以适用彼物。

〔16〕此句旧注："施命于彼此，而当彼此之名实，故皆应而命行，若夫以当，则天下自正。"

〔17〕彼彼止于彼：止，停止，这里引申为仅当之意；全句意为以彼名指称彼物且仅当称呼彼物。

〔18〕此句旧注："彼名止于彼实，而此名止于此实，彼此名实不相滥，故曰可。"

〔19〕彼此而彼且此：用彼名指称此事物，既指称彼，又指称此。

〔20〕此彼而此且彼：意与注〔19〕同。

〔21〕此句旧注："或以彼名滥于此实，而谓彼且与此相类。或以此名滥于彼实，而谓此且与彼相同，故皆不可。"

〔22〕夫名，实谓也：名是实的指称。

〔23〕此句旧注："夫名所以命实也，故众政之与实，赏刑名当其实，乃善也。假令知此之大功，非此人之功也。知此之小功，不足在此之可赏也，则皆不命赏矣。假令知彼之大罪，非彼人之罪也，知彼之小罪，不足在彼之可罚也，则皆不命罚矣。"

〔24〕至矣哉：头等重要的大事啊！

〔25〕审其名实，慎其所谓：详尽考察名实，慎重地给事物命名。

《公孙龙子·名实论》释义：

天地及天地间产生的万类，名为物。指称天下万物不发生过差，各当其物，这就是物的实。实对于所指称的物来说无过差，有序，不空虚不实，就是（名）位。离开本来的名位就是非位，符合其名位，就是正。

应当以正确的名位校正不正确的名位，不应当用不正确的名位怀疑正确的名位。这里的正是按它所指称的实去校正，校正了，就是正了名。

名正了，那么彼名就当施于彼实，此名就当施于此实。名施于彼，而彼实不相应，彼名就是行不通的。名施于此，而此实不相应，此名就是行不通的。所谓名实符合实际并不符合，不符合必然导致混乱。

所以彼名称呼彼物并且符合彼物，就是相应于彼物，这叫作彼名可以适用彼物。此名称呼此物并且符合此物，就是相应于此物，这叫作此名可以适用此物。这是因为名符合于实。也因为名符合于实，所以天下万物自得其位。

所以以彼名指称彼物且仅称呼彼物，以此名指称此物且仅称呼此物，彼此名实不相滥，这是正确的。用彼名指称此事物，既指称彼，又指称此。用此名指称彼事物，既指称此，又指称彼。这是不正确的。

名是实的指称。知此物的实并不是此物的名所指称的，知此名指谓的此实不存在于此事物，则此名就不指称此事物了；知彼物的实并不是彼物的名所指称的，知彼名指谓的彼实不存在于彼事物，则彼名就不指称彼事物了。

古代圣王无不关切名实这样的头等大事，详尽考察名实，慎重地给事物命名。太伟大了，古代圣王！

名学纵横：

为名学正名

21世纪蒙昧主义的总根源，仍是19世纪西方殖民主义时代形成的西方中心论。

西方中心论的最大误区在于：将特殊的西欧资本主义国家文化普世化，认为它是高级的、代表未来发展方向，因而具有放之四海皆准的普遍性。其他非西方族群的文化则是低级的、传统的、落后的，等待西方（殖民者）去解放和拯救。早期的西方殖民者还曾认真讨论，那些远离欧亚大陆的众多非基督教人种是否也存在灵魂，是不是人类。

这种普遍主义直到20世纪中期，随着各国民族解放运动的兴起才慢慢退去。东京大学名誉教授池田知久先生在为曹峰《中国古代"名"的政治思想研究》所作的序言中写道：

> 现代世界直到20世纪中期为止，文化及历史的普遍主义都是极为正常的一般的观念——即西方的文化与历史为人类提供了具有普遍意义的标准，即便在中国，西方的标准也无疑是合适的，因此，中国人也坚信必须依据西方的观念来研究自身的文化与历史。以历史观为例，"古代以前的亚细亚社会结构→古代的奴隶制社→中古的农奴制社→近代资本主义社会→之后的社会主义社会"等图式，作为世界史普遍的发展原则曾被广泛讨论，我们都记忆犹新。这仅是一个个别的例子而已，在文化与历史的许多领域，这种普遍主义都根深蒂固。然而进入20世纪后半期，文化与历史上的价值多元主义、地区个别主义开始正式登场，前面提及的普遍主义势力渐渐消退。[1]

---

1 曹峰：《中国古代"名"的政治思想研究》，上海古籍出版社，2017年。

因为当代人文社会科学形成了 19 世纪普遍主义盛行的西方，其概念体系和研究方法锁定了人类人文社会科学的发展路径，导致时至今日，我们仍生活在西方普遍主义的阴影之下。以历史学为例，过去几十年来，中外学者大谈摆脱西欧中心论，但仍难以摆脱西方以自由主义现代性为核心的历史观。美国约翰·霍普金斯大学历史学教授菲利普·D.柯丁清楚地表达了这种学术窘境：

> 我尝试从"非欧洲中心论"的角度来研究人类历史，但也遇到了一个重要的难题。任何一位社会学家都困在了自己所处文化与时代所编织的网络中。即使他们试图把研究建立在本族中心论的基础上，但历史不得不使用我们这个时代西方文化共同的社会科学概念解释并用西语进行阐述。[1]

对于非西方世界，西方普遍主义的结果是学术研究的过度西方化。对于中国这样一个迥异于西方文化的国家，过度西方化尽乎是一种灾难。一刀砍断绵延发展四五千年的中国人文学术，将西方学术范式生硬地套入，中国本土学术成了西方学术的研究对象，结果丰富了西方学术，肢解了本土学术——太多国人的意义世界尽失，只能用西方概念表述历史和现实，从生活方式到政治经济，迷信野蛮的丛林竞争法则。以大压小，以强欺弱，真到了顾炎武所说的仁义堵塞、率兽食人，"亡天下"的地步。

经过反帝反殖民主义运动独立国家的诸多学者，一方面试图摆脱欧洲中心论，另一方面又不能将本土文化资源现代化，以适应时代发展需要。结果狭隘的民族主义、民族排外主义、各类阴谋论思潮风起云涌，这些是与欧洲中心主义一样极端的思潮，值得我们特别警惕。

具体到名学领域，受西方形式逻辑传入的刺激，中国学人开始用名学比附西方逻辑学，结论大体是形式逻辑在中国古代同样存在，甚至还早于西方。至于中国名学迥异于西方逻辑学的方面，如其伦理及政治价值，则被"自然而然"地忽略了。曹峰教授写道：

---

1 [美] 菲利普·D.柯丁：《世界历史上的跨文化贸易》前言，山东画报出版社，2009 年。

把中国古代思想本来有机相关的问题割裂开来，"削足适履"式地去适应西方的学科分类。自从将"名""辩"与西方逻辑学相比附后，只要谈到"名"，似乎就只能从逻辑的角度出发。这样使很多看上去与逻辑学无关的"名"的资料被轻视，被闲置，甚至被曲解。特别是那些伦理意义上的、政治意义上的"名"，虽然是中国古代"名"思想中不可割裂的、有机的、重要的成分，却因为西方逻辑学研究的思路而得不到正视，得不到客观的研究。[1]

事实上，早在 1966 年，徐复观先生就指出我们本无西式逻辑，中国人不重视纯粹思辨的推理形式，更重视具象与实践。中国名学与西方逻辑学学术品格大不同。他说：

> 自从严复以"名学"一词作为西方逻辑学的译名以后，便容易引起许多的附会。实则两者的性格并不相同。逻辑是要抽掉经验的具体实事，以发现纯思维的推理形式。而我国名学则是要扣紧经验的具体事实，或扣紧意旨的价值要求，以求人的言行一致。逻辑所追求的是思维的世界，而名学所追求的是行为的世界。两者在起步的地方有其关联，例如语言表达的正确，及在经验事实的认定中，必须有若干推理的作用。但发展下去，便各人走各人的路了。中国文化中所以未曾出现形式逻辑，这不关系于文化发展的程度，而关系于文化的性格及其所追求的方向，即是它主要是追求行为的、实践的方向。[2]

是结束以西方逻辑学之履削名学之足的时刻了！为名学正名——这是我们研究中国古典逻辑学的起点。

1 曹峰：《中国古代"名"的政治思想研究》，上海古籍出版社，2017 年，第 19 页。
2 徐复观：《公孙龙子讲疏》，（台北）学生书局，1966 年，第 7—8 页。

名学十三篇·白马论第二

题解：

本篇为《公孙龙子·白马论》全文。

白马论在公孙龙思想体系中的地位不同一般，是公孙龙的代表性论点。《公孙龙子·迹府篇》引公孙龙答孔穿语："龙之所以为名者，乃以白马之论尔。今使龙去之，则无以教焉。"

《公孙龙子·迹府篇》专讲公孙龙事迹，开篇点明了白马非马的真义。上面说："公孙龙，六国时辩士也。疾名实之散乱，因资材之所长，为守白之论。谓白马为非马也。白马为非马者，言白所以名色，言马所以名形也。色非形，形非色也。夫言色则形不当与，言形则色不宜从。今合以为物，非也。如求白马于厩中，无有，而有骊色（骊色，杂色——笔者注）之马，然不可以应有白马也。不可以应有白马，则所求之马亡矣，亡则白马竟非马。欲推是辩，以正名实，而化天下焉。"谢希深注云："马体不殊，黄白乃异，彼此相推，是非混一，故以斯辩而正名实。"

受西方形式逻辑判断结构"主词＋联系词＋宾词"的影响，当代学者在解释"白马非马"时，极易将"非"字理解为"不是"之意。事实上白马与马只是相异的概念，而非二元对立的概念。"白马非马"中的"非"字是不等同于、异于之意——这一点已故中山大学林铭钧教授在《"白马非马"的逻辑思想再探讨》一文中曾详加论述[1]。

《公孙龙子·白马论》原文：

白马非[1]马，可乎？

曰：可[2]。

---

1 原文载《学术研究》1982年第5期，感兴趣的读者可以参阅。

曰：何哉？

曰：马者所以命形[3]也，白者所以命色[4]也，命色者，非命形也，故曰白马非马[5]。

曰：有白马不可谓无马也。不可谓无马者，非马也[6]？有白马，为有马、白之非马，何也[7]？

曰：求马，黄黑马皆可致[8]。求白马，黄黑马不可致[9]。使白马乃马也，是所求一[10]也；所求一者，白者不异马也[11]。所求不异，如黄黑马有可有不可，何也？可与不可，其相非明。故黄黑马一也，而可以应有马，而不可以应有白马。是白马之非马，审矣[12]。

曰：以马之有色为非马，天下非有无色之马也，天下无马，可乎[13]？

曰：马固[14]有色，故有白马。使马无色，有马如已[15]耳，安取白马？故白者非马也[16]。白马者，马与[17]白也。马与白马也，故曰白马非马也[18]。

曰：马未与[19]白为马，白未与马为白。合马与白，复名白马。是相与以不相与为名，未可。故曰，白马非马未可[20]。

曰：以有白马为有马，谓有白马为有黄马，可乎？

曰：未可。[21]

曰：以有马为异[22]有黄马，是异黄马于马也。异黄马于马，是以黄马为非马[23]。以黄马为非马，而以白马为有马，此飞者入池，而棺椁异处[24]，此天下之悖言乱辞也[25]。

曰有白马不可谓无马者，离[26]白之谓也。不离者，有白马不可谓有马也。故所以为有马者，独以马为有马耳，非以白马为有马。故其为有马也，不可以谓马马[27]也[28]。

曰白者不定[29]所白，忘之[30]而可也[31]。白马者，言白定所白也。定所白者，非白也[32]。马者，无去取[33]于色，故黄黑皆所以应[34]。白马者，有去取于色，黄黑马皆所以色去[35]，故唯白马独可以应耳。[36]无去者，非有去也，故曰白马非马[37]。

注释:

〔1〕非:关于此字的解释,陈宪猷先生在《公孙龙子求真》一书中论述最
　　详。鉴于此字在整个名学中,乃至对于理解中国人的思维方式都极为
　　重要,我们不妨将陈文录在这里,以免除读者的翻检之功。

"白马非马"之"非"字,《说文》段注云:"韦也,韦者相背
也",并指出"韦"与违离之"违"不同,故说:"非,以相背为义,
不以离为义"。

又"靠"字注云:"相韦也。……相韦者,相背也,故从非。今
俗谓相依曰'靠',古人谓相背曰'靠',其义一也。"按,相背曰
靠者,即背靠背之意,故又有依存义。可见"非"字本义与"靠"
字相同,是以背相靠而互相依存之意,也就是指两者有不同,但又
不绝对违离,而仍有互相依存,靠近的关系,正如段氏所云:"(鸟
飞)翅垂则有相背之象,故曰'非'。"两翅同为鸟之一部分,但
翅不同于鸟;彼翅异于此翅,两翅相背而又相依,此"非"之本义
也。这正符合公孙龙"白马非马"中"非"字之义。

而这一训解,在先秦名学中多用之。如《庄子·田子方》载:
"孔子见老聃,老聃新沐,方将被发而干,慹然似'非'人。"下文
接着说老聃自称这是"得至美而游乎至乐"的得道的境界,谓之
"至人",而孔子对此也大加赞许。可见"至人"也是人,而"非
人"即"至人"即异于寻常的人,与"人"为一类,是"人"中之
得道者。"非人"绝无"不是人"之意;此"非"字用的正是相依
而又相背这个本义。

又《资治通鉴·周纪·郝王十五年》载:"平原君使(邹衍)与
公孙龙论白马非马之说"。胡三省注云:"此亦庄子所谓狗非犬之
说"。而关于"狗非犬"胡氏则引成玄英之疏以释之。《庄子·天
下》"狗非犬"句,成疏曰:"狗、犬同实异名。名实合,则彼所谓
狗,此所谓犬也,名实离,则彼所谓狗,异于犬也。墨子曰:狗,
犬也,然异于犬也。"成疏所谓"同实异名",指的正是自其同者视
之狗犬无分;就其异者论之,则狗、犬有别。后期墨家所谓"杀盗
非杀人"者,说的亦是:盗与人,从其同者言之,都是人;但细说

之，则盗有异于人，这就从逻辑上区分了"盗"的本质。值得注意的是，胡氏引成疏，恰好证明了在先秦，邹衍、公孙龙、庄子、墨家的名辩著作中，均毫不例外地把"非"理解为"异于"，且用于区分"共名"与"别名"，而非单纯的否定词。所谓"异于"者，正是相依而又相背之义。

再看公孙龙"白马论"这个论题也是如此。它讨论的是概念同异的问题。所谓"白马非马"是说"白马"这个概念依存、靠近于"马"这个概念，但这两个概念又不尽相合，用通俗的话来说，就是公孙龙认为，这两个概念还是互相依存、靠近的，只是异而不同，而不是然之与否。我们再考之名学古籍，对"白马非马"的论题本身，亦一向作同异解。如《庄子·秋水》云："公孙龙……合同异、离坚白，然不然，可不可"。所谓"合同异"即指《白马论》。《迹府》云："夫仲尼异楚人之所谓人，而非龙异白马之所谓马，悖"。

本篇"白马非马"句，谢希深曰："故举白马，以混同异"。王启湘案："离白言马，则同；合白言马，则异。异不可为同，故曰白马非马"。可见，自《庄子》以来，皆以同异之辩来解释《白马论》，古义未失。所谓"非"即"异"者，以今语译之，即"不同于"或"不等于"之意；而不是两者绝对相反之意。《指物论》中"指非指"之"非"亦多同此解。[1]

〔2〕此句旧注："夫阐微言，明王道，莫不立宾主，致往复，假一物以为万化之宗，寄言论而齐彼我之谬，故举白马以混同异。"

〔3〕命形：指称马的形体。

〔4〕命色：指称马的毛色。

〔5〕此句旧注："马形者，喻万物之形，皆材用也。马色者，况万物种类，各有亲疏也。以养万物，则天下归存，亲疏以待人，则海内叛。譬如离色命马，众马斯应，守白求马，唯得白马。故命形而守一白色者，非命众马也。"

〔6〕非马也：当读作："非马邪？"，古时"也"、"邪"、"耶"通用。旧注：

---

1 陈宪猷：《公孙龙子求真》，中华书局，1990年，第15—17页。

"既有白马，不可谓之无马，则白马岂非马乎？"

〔7〕此句旧注："白与马连而白非马，何故？"

〔8〕致：至，引申为满足要求。

〔9〕此句旧注："凡物亲者少，疏者多，故离白求马，黄黑皆至，以白命马，众色咸去，怀柔之道，亦犹此也。"

〔10〕一：相同，没有变化。

〔11〕此句旧注："设使白马乃为有马者，但是一马耳，其材不异众马也。犹君之所私者，但是一人耳，其贤不异众人也。人心不常于一君，亦犹马形不专于一色，故君之爱己则附之，君之疏己则叛之，何可私其亲党而疏于天下乎。"

〔12〕此句旧注："如黄黑马亦各一马，不异马也而不可以应众马，不可以应白马者，何哉？白非黄，黄非白，五色相非，分明矣。君既私以待人，人亦私以叛君，宁肯应君命乎？故守白命马者，非能致众马，审矣。"

〔13〕此句旧注：以马有色为非马者，天下马皆有色，岂无马乎？犹人皆有亲疏，不可谓无人也。

〔14〕固：本来。

〔15〕如已：而已，如、而古通用。

〔16〕此句旧注：马皆有色，故有白马耳。若使马原无色，而独有马而已者，则马耳，安取白马乎？如人者，必因种类而生，故有华夷之别，若使原无氏族，而独有人者，安取亲疏乎？故白者，自是白，非马者也。

〔17〕与：连词，和。

〔18〕此句旧注：白既非马，则白与马二物矣，合二物以共体，则不可偏谓之马。故以马而喻白，则白马为非马也。

〔19〕与：动词，结合。

〔20〕此句旧注：此宾述主义而难之也。马自与马为类，白自与白为类，故曰相与也。马不与白为马，白不与马为白，故曰不相与也。合马与白，复名白马。乃是强用白色以为马名，其义未可。故以白马为非马者，未可也。上之未可主义，下之未可宾难也。

〔21〕此句旧注：主责宾曰，定以白马为有马者，则白马可得为黄马乎？宾曰未可也。

〔22〕异：《说文解字》释"异"云："异，分也。"段玉裁注："分之则有彼此

之异。"

〔23〕此句旧注：既以白马为有马，而黄马不得为白马，则黄马为非马明。执者未尝不失矣。

〔24〕飞者入池，而棺椁异处：这是形象地比喻言说自相矛盾。王琯注云："飞者本应上翔，而乃下潜入池；棺椁本应相依，而乃异地分处，此所谓悖言乱辞也。"

〔25〕此句旧注：黄、白、色也。众马，形也。而强以色为形，飞者入池之谓也。黄马白马同为马也，而取白弃黄，棺椁异处之谓也。凡棺椁之相待，犹唇齿之相依，唇亡齿寒，不可异处也。夫四夷守外，诸夏待内，内外相依，天下安矣。若乃私诸夏而疏夷狄，则夷狄叛矣。勒兵伐远，人不堪命，则诸夏乱矣。内离外叛，棺椁异所，则君之所私者，不能独辅君矣。故弃黄取白，悖乱之甚矣。

〔26〕离：离弃。

〔27〕马马：如现代汉语之"人人"，有任何一马的意思。

〔28〕谢希深注以为"客难"之意，但更似论主的总结性论述。此句旧注：宾曰离白是马，有马不离实为非马，但以马形、马色坚相连属，便是二马共体，不可谓之马马，故连称白马也。

〔29〕定：限定。

〔30〕忘之：忽略，不计。

〔31〕此句旧注：万物通有白色，故曰不定所白，白既不定在马，马亦不专于白，故忘色以求马，众马皆应矣。忘私以亲人，天下皆亲矣。

〔32〕此句旧注：定白在马者，乃马之白也。安得自为白乎？

〔33〕去取：选择之意。

〔34〕此句旧注：直云马者，是于众色，无所去取也。无取，故马无不应，无去，故色无不在。是以圣人，澹然忘怀，而以虚统物，故物无不洽，而理无不极。

〔35〕去：排除之意。

〔36〕此句旧注：去黄取白，则众马各守其色，自殊而去，故唯白马独应矣。王者党其所私而疏天下，则天下各守其疏，自殊而叛矣。天下俱叛，谁当应君命哉？其唯所私乎？所私独应命，物适足增祸，不能静，乱也。

〔37〕此句旧注：不取于白者，是不去黄也，不去于色，则色之与马，非有

能去。故曰无去者，非有去也。凡黄白之在马，犹亲疏之在人，私亲而皆疏，则疏者叛矣。疏有离叛，则亲不能独存矣。故曰白马非马。是以圣人，虚心洞照，理无不统，怀六合于胸中，而灵鉴有余；烛万象于方寸，而其神弥静。故能处亲而无亲，在疏而无疏，虽不取于亲疏，亦不舍于亲疏，所以四海同亲，万国共贯也。

《公孙龙子·白马论》释义：

客：说白马不等同于马，可以吗？

主：可以。

客：为什么说可以呢？

主：马这个名是用来指称马形体的，白这个名是用来指称马毛色的。指称马的毛色不是指称马的形体，所以说白马不等同于马。

客：有白马在这里不能说没有马，不能说没有马，难道不是马吗？有白马在，说白与马相连后就说非马，这是什么道理？

主：如果有人求取马，则黄马、黑马都可以满足。如果这人只求取白马，则黄马、黑马不可以满足。假如白马是马，那么所求取的对象相同，所求取的对象相同，白马与马就没有区别。既然所求取的东西相同，黄马、黑马有时可以满足，有时不可以满足，为什么是这样呢？可以与不可以，二者明明是相反的。黄马、黑马没有变化，可以满足马的求取，却不可以满足白马的需要。所以说，白马不等同于马是十分清楚的。

客：以为有毛色的马就不等同于马，天底下没有无毛色的马，说天下没有马，可以吗？

主：马本是有毛色的，所以才有白马。假如马都没有毛色，那就只有马而已，哪里还会有白马呢？所以说白马并不等同于马。所谓的白马，既有指称毛色的白又有指称形体的马。一个是马，一个是白马，所以说白马不等同于马。

宾：马没有与白相结合自称为马，白未与马相结合自称为白。将马与白放在一起，称为白马，是强用白色以为马的名称，这是不可以的。所以说称白马不等于马是不可以的。

主：你以为有白马就是有马，说有白马就是有黄马，可以吗？

宾：不可以。

主：你认为有马异于有黄马，是将黄马异于马。将黄马异于马，是认为黄马不等同于马。你认为黄马不等同于马，而又认为白马为是马，这是如说飞鸟入于池中，棺椁分处两个地方一样，这是天下自相矛盾，极不合理的言论。

说有白马不可以指称没有马，这是从离弃白这个角度来说的。不离弃白，有白马就不可以指称说有马。原先认为有马的原因，是专以马来说的，而不是以白马来说的。所以说有马，不可以指称任何一个有毛色的马。

将白色并不限定于所白之物，忽略白的存在是可以的。而说白马，是限定了白，限定白在马，是马的白，不自为白。对于马，如果不选择毛色，所以黄马、黑白都可以满足需要。白马，是选择了毛色，黄马和黑马都因毛色被排除了，所以只有白马可以应征。不排除毛色，是因为不能排除毛色，所以说白马不等同于马。

名学纵横：

西方自然科学需要补上名学这一课

过去几百年来，科学以自然女神的信使自居，它常常靠权威垄断一切，蔑视一切。

美国科学史家、科学哲学家托马斯·库恩（Thomas Samuel Kuhn，1922—1996年）在其代表作《科学革命的结构》一书中（*The Structure of Scientific Revolutions*，1962年），阐述了科学范式的存在及其特征，在理论上将科学推下了自然的神坛。

库恩指出，科学理论不像一般人所理解的那样是能被经验证实或证伪的个别命题的集合，而是由许多相互联系、彼此影响的命题和原理组成的系统整体，库恩将之作范式。范式是某一科学共同体在长期探索、教育和训练中形成的共同信念，这种信念规定了他们共同的理论观点和研究思路，为他们提供了考察问题和解决问题的共同方法，从而形成该学科的一种共同传统，并为其发展确定了共同方向。

请注意，科学范式不仅被证据和推理所支撑，而且还被各种个人偏好、偏见、政治因素等人为因素左右。也就是说，科学范式代表着某一科学共同体所共同持有的关于自然的价值判断，而这一价值判断并非只来自实验证据。库恩认识到，科学范式会变成阻碍科学进步的力量，有时新的实验证据无论多么令人信服，也很难让科学家改变自己的思想定式。

哈佛大学医学院细胞生物学教授斯蒂芬·罗思曼（Stephen Rothman）似乎比一般人更能理解科学范式的本质，他在《还原论的局限——来自活细胞的训诫》（*Lessons from the living cell : The limits of reductionism*，2001 年）一书前言中写道：

> 就其最广泛的意义来看，而且无论为善还是为恶，科学总被认为是一种收集和解释关于自然事实的理性的、无偏见的、客观的工具，由此，它提供一种关于自然属性明晰而严密的认识，并最终试图以此控制它们……对科学的上述理解，只是一种思维理想化的结果。当刚刚步入科学领域的研究生第一次学着开展并解释他们自己的实验时，便马上会直接面对科学的真实世界。他们会发现，科学事实中是可塑而又不确定的，而且并非总是无可争议的；在很多情形下，与其说科学对事实的解释是在运用着严密的理性逻辑，毋宁说是在提供着某种意见。[1]

如该书书名所显示的那样，斯蒂芬·罗思曼博士是从对西方学术的痼疾——还原论的批判开始的——政治学中，西方学术将社会还原为具有充分判断力的理性选民；经济学中，西方学术将社会还原为能够理性决策的经济人。大量研究表明，现实中所谓的理性选民和理性经济人根本不存在。

自然科学还原论认为整体没有超越其构成部分的特性。诚如笛卡尔所强调的那样，如果一件事物过于复杂，以至一下子难以解决，那么就可以将它分解成一些足够小的问题，分别加以分析，然后再将它们组合在一起，就能获得对复杂事物的完整、准确的认识。笛卡尔忘了，"白马非马"，白马不等于马，"部分之整体（和）非整体"。

---

1 ［美］斯蒂芬·罗思曼：《还原论的局限：来自活细胞的训诫》，李创同、王策译，上海译文出版社，2006 年，第 1—2 页。

今天我们知道，还原论研究思路常常导致错误的结果。研究显示，某些细胞因子在生物体外能显示与生物体内相反的特性。一个著名的例子是：IL-2 是一种免疫细胞活化后产生的细胞因子，纯化的 IL-2 在体外可以刺激 T 细胞生长，故也被称为 T 细胞生长因子。科学家利用基因敲除技术去除小鼠基因组中的 IL-2 基因后，小鼠因此丧失了产生 IL-2 的能力。按还原论的逻辑，这种小鼠 T 细胞的数量与功能将大大下降。但结果完全相反，IL-2 基因敲除的小鼠表现为 T 淋巴细胞大量增殖，淋巴结肿大，并表现出明显的自身免疫病症状。显而易见，IL-2 在体内具有促进 T 细胞死亡的功能，而在体外则会刺激 T 细胞生长。

罗思曼博士特别提出了"强微观还原论"这一概念，他指出：

> 这种强形式的微观还原论所强调的是，我们能根据事物的潜在结构——它们的基本组成部分——的全面知识，来达至对所有现象的理解。的确，以此观点看来，强微观还原论才是我们获得精确认识的唯一途径。它意味着，所有关于较大客体的事情，都能够归因于它们的组成部分。换言之，客观事物的整体及其任何方面，完全是由它的基本组成部分为构成原因的，或由这一基本组成部分所引发的。[1]

书中，罗思曼博士举了一个由强微观还原论而产生严重问题的案例，关于蛋白质分子传输的囊泡理论。如罗思曼博士指出的，这个今天在细胞生物学中居基础地位的理论，"其实是一种自明原理与猜测、假说与理论、偏见与信仰、方法与证据交织在一起的奇异混合物"[2]。

囊泡理论是将名与实混淆后产生的，罗思曼博士称之为"本末倒置"的归纳法，即认为功能可以从结构中推演出来，囊泡理论也因此被认为解剖学证据证明为真，事实上在电子显微镜下解剖学提供的只是静态的几何图形，与大自然动态的真实事件完全是两回事。因为"白马非马""死人非人""切

1［美］斯蒂芬·罗思曼：《还原论的局限：来自活细胞的训诫》，李创同、王策译，上海译文出版社，2006 年，第 136 页。

2［美］斯蒂芬·罗思曼：《还原论的局限：来自活细胞的训诫》，李创同、王策译，上海译文出版社，2006 年，第 120 页。

片的细胞非细胞"，西方医学和生物学建立在解剖刀下的死人（细胞）基础之上，中医则建立在活生生的人的基础之上。从这个意义上说，中医方法在逻辑上更加可靠、精准。

罗思曼进一步解释道：

> 科研论文的作者往往把读者引导到电子显微镜的静态几何图形之中，却大谈着正在动态发生的事件。就事实而论，那些研究者根本不知道确否出现过任何事件——而且毫无疑问：在电子显微镜照片拍摄之时，什么都不曾发生。人们甚至不能得出结论说：如果事情发生了，那么它们将看上去就是这么回事。囊泡理论的动态本质在很大程度上仍然表现为一种人工赝像。亦即，那不过是科学家以动态性的功能性术语解释静态性结构证据的一种假说而已……我一直在论证："本末倒置"的归纳法，是科学研究中强微观还原论的原则，它不可避免地导致假说与证据的混淆。[1]

尽管已经有太多的实验证据支持罗思曼博士的蛋白质分子膜传输理论，然而在科学界，没有任何量化证据的囊泡理论却仍居支配性的范式地位。

这里，人类的伟大想象力——理论、假设和模型与关于自然现实证据的界限模糊了，剩下的只有权威。在《还原论的局限：来自活细胞的训诫》一书的结尾，罗思曼博士强调了强微观还原论原则的负面作用：

> 强微观还原论原则不仅对于描述生命是不充分的，并且严重地限制了和约束着在其旗帜下所从事的科学研究活动，从而为我们的知识取向提供着虚假的意义。对此，我在前面已经解释过它们是如何发生的：演绎性验证被某种弱归纳法的推理取代了。由此一来，假说和证据便变得难以区分，甚至往往可以互换。当这种情况发生时，无论我们多么希望避免去承认它，结果是除了依赖权威获得智慧之外，我们几乎没有任何选择的余地。当理论模型与自然现象之间的区别消失时，某种受到偏爱的解释便能够变成伪装成事实的种

---

1 ［美］斯蒂芬·罗思曼：《还原论的局限：来自活细胞的训诫》，李创同、王策译，上海译文出版社，2006年，第149页。

种见解。[1]

这种对"实"的轻视，是西方思维、逻辑的内在惯性造成的。忽视整体，在整体系统的本质信息缺席的情况下，"本末倒置"的归纳法似乎已经成了生物化学家的逻辑基础。罗思曼博士指出，这些人每天都在做这样的工作，观察具有未知功能的蛋白质结构，并从结构中推断出它的功能来。在这些科学家的眼中，"死人非人"是不需要考虑的。

因此，我们有足够的理由说，西方自然科学需要补上中国名学这一课。

---

1 ［美］斯蒂芬·罗思曼：《还原论的局限：来自活细胞的训诫》，李创同、王策译，上海译文出版社，2006 年，第 237 页。

名学十三篇·指物论第三

题解：

本篇为《公孙龙子·指物论》全文。

《指物论》应是《公孙龙子》最难理解的一篇。其原因在于，"指"这个概念包括两重意思，一是指称之意，《尔雅·释言》云："指，示也。"二是所指之意，不加"所"字而等于有"所"字的语例在中国古代汉语中是很多的，比如《孟子·离娄下》："孟子曰：'人有不为也，而后可以有为。'"孟子这句话就是说，人要有所不为，然后才能有所作为。

全文主旨是探讨指与物的关系，即指称与万物的关系。其中心命题就是第一句话："物莫非指，而指非指。"意即天下万物没有不被指称的，而指称并不等同于所指（之物）。正如陈宪猷所言，这里的"非"字与"白马非马"中的"非"字意同，为不等于之意。[1] 全篇对"物莫非指，而指非指"这个命题进行了反复论证，层次分明，论辩有力。

日常生活中，人们将指称等同于所指的错误很多——从社会公德一直到政治生活；符号和口号不等于现实，指非指。

研究名学最忌比附西方逻辑学或印度因明学。王琯曾指出：

> 谢希深曰："相指者，相是非也。"通篇以此释文，去题万里。胡适之以"指"作物体之表德解，如形色等（见所著《惠施公孙龙之哲学》及《中国哲学史大纲》第八篇第五章。）核于全篇语意，亦多未合。章太炎释"指"为识，释"物"为境（见所著《齐物论释》），摭引相宗之义，比附其旨，反更幽眇。窃意疏解古籍，适如其原分而止。深者固不能浅尝，浅者亦不必深绎，求其忠实而已。

---

[1] 陈宪猷：《公孙龙子求真》，中华书局，1990年，第17页。

今按"指"字，当作常义之"指定"解，即指而谓之，如某也山，某也水，其被指之山水，标题所谓"物"者是也。[1]

比附，无论是比附佛学还是比附西学，常导向错误的结论，我们必须警惕这一点。

《公孙龙子·指物论》原文：

物莫非指，而指[1]非指[2]。天下无指，物无可以谓物[3]。非指者[4]天下，而物可谓指乎[5]？指也者，天下之所无也。物也者，天下之所有也。以天下之所有，为天下之所无，未可[6]。

天下无指，而物不可谓指也[7]。不可谓指者[8]，非指也[9]。非指[10]者，物莫非指也[11]。天下无指，而物不可谓指者，非有非指也[12]。非有非指者，物莫非指也。物莫非指者，而指非指也[13]。

天下无指者，生于物之各有名[14]，不为指也[15]。不为指而谓之指，是无[16]不为指[17]。以有不为指之无不为指，未可[18]。

且指者，天下之所无[19]。天下无指者，物不可谓无指也。不可谓无指者，非有非指也[20]。非有非指者，物莫非指[21]。

指非非指也，指与[22]物非指也[23]。使天下无物指，谁径谓[24]非指？天下无物，谁径谓指[25]？天下有指，无物指，谁径谓非指？径谓无物非指[26]？

且夫[27]指固[28]自为非指，奚待于物，而乃与为指[29]？

注释：

〔1〕指：指称。

〔2〕指：所指，引申为所指之物。全句旧注云："物我殊能，莫非相指。故曰：物莫非指。相指者，相是非也，彼此相推，是非混一归于无指，故曰：而指非指。"谢氏此注为王琯所非。从物我角度释文，再引申其意，他似乎受了《庄子·齐物论》的影响。

〔3〕此句旧注：指皆谓是非也，所以物非指者，凡物之情，必相是非，天下若无是非之物，则无一物而可谓之物，是以有物即相是非，故物莫

1 王琯：《公孙龙子悬解》，中华书局，2010年，第48页。

可指也。

〔4〕非指者：不为所指称的事物。

〔5〕此句旧注：物莫非指，而又谓之非指者，天下齐焉，而物其可谓之指乎？物物皆忘相指，故指皆非指也。

〔6〕此句旧注：天下无一日而无物，无一物而非适，故强以物为指者，未可也。

〔7〕此句旧注：所以天下无是非者，物各适其适，不可谓之是非，故无是非也。

〔8〕句前省略了"物"字。

〔9〕句前省略了"指"字。此句旧注：譬如水火殊性，各适其用，既无是非，安得谓之是非乎？

〔10〕非指：承上句，为"指非指"略称。

〔11〕此句旧注：即夫非指之物，莫不妄相指也。

〔12〕此句旧注：物不可谓指者，无是非也。岂唯无是非乎？亦无无是非也，故曰：非有非指。

〔13〕此句旧注：天下无无是非，故万物莫不相是非，故曰非有非指者，物莫非指也。无是非亦无无是非，两忘之。故终日是非而无是非，故曰物莫非指者，而指非指也。

〔14〕各有名：即各个事物之名。

〔15〕此句旧注：物有其实，而各有名。谓若王良善御，隶首善计。彼物各自为用，譬之耳目，废一不可，故不为是非也。

〔16〕无：原作"兼"，从俞樾说改。

〔17〕此句旧注：物皆不为指，而或谓之指者，是彼此之物兼相是非，而是非莫定，故不为指也。

〔18〕此句旧注：之适也，有不为指，谓物也。无不为指，谓指也。以物适指，故未可也。

〔19〕无：原作"兼"，从俞樾说改。此句旧注：或一物而有是非二名，或彼此更相为指，皆谓之兼也。

〔20〕此句旧注：是非之名生于物相指，故曰物不可谓无指，即此万物无指而又无无指，故曰非有非指也。

〔21〕此句旧注：谓无是非者，生于物莫无指也。是以圣人求人于是非之内，

乃得无是非之人也。

〔22〕与：介词，以，因。

〔23〕此句旧注：夫物之指者，非无指也。指既不能与物为指，故非指也。

〔24〕径谓：遂称为。

〔25〕此句旧注：设使天下无物无指，则寂然矣，谁为指为非指乎？谁谓指为指乎？

〔26〕此句旧注：设使有指而无物可施指者。谁谓有指为非指乎？谁谓有无物故非指乎？明本无指也。

〔27〕且夫：语气词，可译为况且。

〔28〕固：本来。

〔29〕此句旧注：反覆相推，则指自为无指，何能与物为指乎？明万物万殊，各自为物，各有所宜，无是非也。是以圣人幽默恬淡，忘是忘非，不弃一能，不遗一物也。

《公孙龙子·指物论》释义：

　　天下万物没有不被指称的，而指称并不等同于所指（之物）。如果天下没有指称，万物就不可以称为物了。不为所指称的事物遍天下，万物可以称作指称吗？指称是天下所无的，万物是天下存在的。以天下所有的说成是天下所没有的，这是不可以的。

　　天下没有指称，而万物不可以称为指称。万物不可以称为指称，所以指称不等同于所指的万物。指称不等同于所指的万物，而万物没有不被指称的。天下不存在指称，而万物没有不被指称的，不是存在不被指称的万物。不存在不被指称的万物，万物没有不被指称的。万物没有不被指称的，所以指称不等同于所指的万物。

　　天下不存在指称，是由于天下万事万物都有自己的名称，是不需要指称存在的。物不需要指称而存在，却称之为指称，是天下万物没有不被指称的。以有不被指称的等同于没有不被指称的，这是不可以的。

　　况且指称，是天下不存在的。天下没有指称，而万物不可以说不被指称。不可以说不被指称，是不存在不被指称的事物。不存在不被指称的事物，就是说天下万物没有不被指称的。

指称不是非指称，指称是因为物才不等同于所指的。假使天下没有事物的指称，谁能说不等于所指称的呢？假使天下没有事物，谁能说指称呢？假使天下有指称，而没有事物可以指称，谁能说不等于所指称的呢？谁又能说没有事物不是被指称的呢？

况且指称本来就不是所指称的，何必等到指称了事物，才为指称呢？

名学纵横：

名学是对西方形式逻辑的超越

自 15 世纪文艺复兴以来，特别是 17 世纪末启蒙运动以来，西方对理性（合乎逻辑推理）的推崇，成为知识界不可撼动的主流——理性几乎成了科学、正确、合理的代名词。

过去 100 年来，理性也会受到西方某些学派（如弗洛伊德学派和认知科学）的挑战，但世人对理性的推崇显而易见。它已不仅是西方文化现象，随着资本主义在全球范围内节节胜利，理性崇拜近乎成为全球性的了。

事实上，西方体现推理正确性的形式逻辑（传统逻辑）也有严重缺陷——从中国古典逻辑学名学的角度，我们能清楚看到这一点。

西方逻辑学内在缺陷产生的深层原因是：西方思维方式的整体特点是抽象的、二分（二元对立）的和静态的，它从现实中生硬剥离了时间之维，简化了现实世界的多样性，推理主要是从概念到概念。而中国人思维方式的整体特点是意象的、整体的和动态的，时一空在中国人宇宙观中是整体性的，推理注重名与实的统一。进而言之，西方人的逻辑体系是从抽象概念到抽象概念，而名学不仅包括概念（名），还包括实。在此意义上，名学是对西方形式逻辑的超越。

为何这样说呢？首先，名学包含了形式逻辑的三大规律。

名学同西方逻辑学一样，认为思维过程不能违背同一律、矛盾律、排中律。我们以名学的开山之作《墨子》一书中的《墨经》来说明。

一般来说，同一律指同一个思维过程中，每一思想与其自身是同一的。

《墨经·经说下》强调，正名就要分"彼此"：彼彼仍限止于彼，此此仍限止于此。彼此像这样则不可以正名：彼将为此，此亦可为彼。所以正名要彼此限止于彼此。[1]

《公孙龙子·名实论》有更清晰的表述："其名正，则唯乎其彼此焉。谓彼而彼不唯乎彼，则彼谓不行；谓此而此不唯乎此，则此谓不行。其以当不当也。不当而当，乱也。"

一般来说，矛盾律指同一思维过程中，两个互相否定的思想不能同真，必有一假。

《墨经·经上》强调：二人竞辩。以争"彼"故。辩的一方获胜，是由于合理的原因——如甲说"这是牛"，乙说"这不是牛"。凡争彼的必定成辩。这是不能两胜的，不两胜必有一方不合理。不合理的如说"是犬"。[2]

一般来说，排中律指同一个思维过程中，两个相互矛盾的思想不能同假，必有一真。

《墨经·经下》有：说辩而无胜必然是不合理的，这可根据辩的定义说明。不是同就是异。同：甲说"这是狗"，乙说"这是犬"。异：甲说"这是牛"，本是"牛"而乙说"这是马"。凡不可获胜的都不成辩。比如甲说"此为是"；乙说"此为非"，合理的获胜。[3]

首先，形式逻辑的三大规律都是在阐述名学基本理念的过程中揭示的，可见墨家和名家对这些规律的重视。

其次，名学超越了形式逻辑的三大规律。

如果我们从中国的思维方式看形式逻辑的三大规律，就会发现其严重缺陷。

若加上时间一维，则形式逻辑的基础同一律根本就不存在。同一个张三（这个人），少年的张三不同于中年的张三，今天的张三也不同于明天的张三。

先贤对时—空关系的认识是超时代的，他们早就注意到时间和空间不是二物，是相互依存，不可分割的。《墨经·经说下》中提出了"宇徙，久"的

---

1 原文：正名者"彼此"。彼此可：彼彼止于彼，此此止于此。彼此不可：彼且此也，此亦可彼。彼此止于彼此。

2 原文："辩，争彼也。辩胜，当也。"其"说"云："或谓之牛，或谓之非牛。是争彼也，是不俱胜，不俱胜必或不当。不当若犬。"

3 原文："谓辩无胜必不当，说在辩。"其"说"云："所谓非同也，则异也。同则或谓之狗，其或谓之犬也。异则或谓之牛，其或谓之马也。俱无胜，是不辩。辩也者，或谓之是，或谓之非，当者胜也。"

观点，运动是由原来的空间移到另一个空间。就像太阳从东方移到西方，经历了旦暮的时间。可知空间的移动累积为时间。[1] 而西方，大体在爱因斯坦（1879—1955 年）之前，多将空间和时间看成分开的现象。[2]

若从整体上看待事物，则矛盾始终同时存在——世间万物福祸相生、利弊相随。阴阳对立双方总是在同一过程中互根互系，互相转化。诚如《老子·第二章》所说："天下皆知美之为美，斯恶已。皆知善之为善，斯不善已。故有无相生，难易相成，长短相形，高下相倾，音声相和，前后相随。"

若抛弃简单的抽象思维，排中律就会显示出局限性。因为世界本来丰富多彩，极少非黑即白的事物。只有在高度抽象的前提下，非彼即此的排中律才成立，而中国先贤则强调"执两用中"。《礼记·中庸》引孔子言曰："舜其大知（通'智'——笔者注）也与……执其两端，用其中于民，其斯以为舜乎？"这里的中，有得大智慧，不偏执一端，合宜之义。

我们是时候放弃对西方逻辑学不恰当地推崇了！西方逻辑学是西方文化的产物，它既不是普世的逻辑体系，也不是高级的逻辑体系。即使在严谨的自然科学领域，它也会将个别特点混同于整体性质，将抽象推理混同于客观规律，将静态现象混同于动态过程，这在医学、分子生物学、环境科学领域尤其明显，更不用说基本不能用可控制实验验证的"社会科学"了——目前，西方经济学、政治学几乎演变为少数专家垄断的数学游戏。

比较起来，名学比西方形式逻辑学更加完备。因为它不仅包含了西方形式逻辑的基本规律，还将名实相副放在了人类思维的核心位置。

---

1 原文：徒而有处，宇。宇南北，在旦又在暮。宇徒，久。

2 王讚源主编：《墨经正读》，上海科学技术文献出版社，2011 年，第 89—90 页。

名学十三篇·坚白论第四

题解:

本篇为《公孙龙子·坚白论》全文。

同白马论一样,坚白论是公孙龙的著名论题之一。司马迁写《史记》时曾两次提到它,一是在《史记·孟子荀卿列传》中:"而赵亦有公孙龙为坚白同异之辩。"二是在《史记·平原君虞卿列传》中:"公孙龙善为坚白之辩。"这样重复记载,足见公孙龙坚白论的学说在史上很有名。

全篇围绕前面四句话展开:"'坚白石,三,可乎?'曰:'不可。'曰:'二,可乎?'曰:'可。'"在此,公孙龙一反常识,指出坚、白、石一析为三不可,因为感官所感之实只有白石与坚石,不能坚、白、石三者共称。

王琯论本篇云:

> 一石之中涵坚与白,自常识视之,坚也,白也,合而成石,初无疑意。公孙则言白与石可合,以目察石,而能得白也。坚与石可合,手抚石而能得坚也。坚白石三者不可合,因目得其白,不得其坚,手得其坚,不得其白。目察手抚,前属视觉,后属触觉,共为二事,混而成一,则失其真。复次,以目察石,以手抚石,最初但有简单之感觉,不知为白为坚,继由神经传达于脑,经一度之默证,其得于目者始发生白之观念,得于手者发生坚之观念。此二观念复加联合,方能构成坚白相涵之全石。其事微忽迅速,常人之识,盖于坚白二念联成之后,浑言其全。公孙之论,系于坚白二念未合之初,析言其微。推本还原,义自了然。[1]

---

1 王琯:《公孙龙子悬解》,中华书局,2010年,第73页。

公孙龙祖述墨学，不过论者多以为在坚白这一论题上，二者相反，公孙龙主"离坚白"，而墨家主"盈坚白"。事实上正是因为公孙龙认为"坚白，不相外也"，坚、白皆为石的内在特点，"自藏"于石，才反对坚、白、石三者共举，而同意坚与白相离，"坚与石"或者"白与石"两两共举。

《坚白论》原文是："（客）曰：'天下无白，不可以视石；天下无坚，不可以谓石。坚、白、石不相外，藏，三可乎？'（主）曰：'有自藏也，非藏而藏也。'"

《墨子·经上》更抽象，只言"坚白"，而不言"石"。上面说："（经）坚白，不相外也。（说）坚，异处，不相盈，相非，是相外也。"雷一东解释说："坚和白不互相排斥——不能共处，不互相包容，互相对抗，就是互相排斥。"[1]另外《经说上》还有"坚白之撄相尽"一语，也说坚和白能完全重合。

事实上公孙龙与《墨经》在关键问题的表述上有时近乎一致，何来二者互相背离之说。请看《墨子·经下》："（经）于一，有知焉，有不知焉，说在存。（说）于石，一也，坚白，二也，而在石。故有知焉，有不知焉，可。"

此段《公孙龙子·坚白论》作："（主）曰：'于石，一也；坚白，二也，而在于石。故有知焉，有不知焉，见与不见相与藏。藏故，孰谓之不离？'"

"坚白论"促使我们对所谓中西结合的"伪学术"保持充分的警惕。比如有中国伦理，也有西方伦理，它们不能随意结合，凭空称作"中—西伦理"。有学者动不动就将自由、平等、博爱和仁、义、礼、智、信放在一起，高谈阔论，欺世盗名。这就如同可以称"坚石"或"白石""坚白石"三者共举则不可。

今天，在人文学术的各个领域，在学贯中西的遮羞布下，"中西结合"这类骗人的把戏实在太多了，以至于成为学人普遍的研究方法——对于名实不副已经习以为常的中国学界来说，此篇有如当头棒喝。

《公孙龙子·坚白论》原文：

曰："坚、白、石，三，可乎？"

曰："不可。"

曰："二，可乎？"

曰："可。"

---

1 雷一东:《墨经校解》，齐鲁书社，2010 年，第 126 页。

曰："何哉？"

曰："无坚得白，其举[1]也二；无白得坚，其举也二。[2]"

曰："得其所白，不可谓无白；得其所坚，不可谓无坚。而之石也，之于然[3]也，非三也[4]？"

曰："视不得其所坚，而得其所白者，无坚也；拊[5]不得其所白，而得其所坚者，无白也[6]。"

曰："天下无白，不可以视石；天下无坚，不可以谓石。坚、白、石不相外[7]，藏三，可乎[8]？"

曰："有自藏[9]也，非藏而藏也[10]。"

曰："其白也，其坚也，而石必得以相盈，其自藏奈何[11]？"

曰："得其白，得其坚，见与不见离[12]。不见离，一二不相盈，故离。离也者，藏也[13]。"

曰："石之白，石之坚，见与不见二与[14]三，若广修[15]而相盈也，其非举乎[16]？"

曰："物白焉，不定[17]其所白；物坚焉，不定其所坚。不定者兼，恶乎其石也[18]？"

曰："循[19]石，非彼无石；非石，无所取乎白，石不相离者，固乎然，其无已[20]。"

曰："于石，一也；坚白，二也，而在于石。故有知焉，有不知焉；有见焉，有不见焉。故知与不知相与离，见与不见相与藏[21]。藏故，孰谓之不离[22]？"

曰："目不能坚，手不能白。不可谓无坚，不可谓无白。其异任[23]也，其无以代[24]也。坚白域[25]于石，恶乎离[26]？"

曰："坚未与石为坚，而物兼[27]。未与物为坚，而坚必坚。其不坚石、物而坚。天下未有若坚，而坚藏[28]。白固不能自白，恶能白石物乎？若白者必白，则不白物而白焉。黄黑与之然。石其无有，恶取坚白石乎？故离也。离也者，因是[29]。力与知，果不若因是[30]。

且犹白，以[31]目、以火见，而火不见。则火与目不见而神见。神不见，而见离[32]。坚以手，而手以捶，是捶与手知而不知。而神与不知[33]。神乎，是之谓离焉。离也者天下故独而正。[34]"

注释：

〔1〕举：称，言。

〔2〕此句旧注："坚也、白也、石也，三物合体而不谓之三者，人目视石，但见石之白，而不见其坚，是举所见石与白二物，故曰无坚得白，其举也二矣；人手触石，但知石之坚，而不知其白，是举石与坚二物，故曰无白得坚，其举也二。"

〔3〕之于然：之所以然。

〔4〕此句旧注："'之石'犹此石，坚白共体，不可谓之无坚白，既得其坚白不曰，非三而何？"

〔5〕拊：用手摸。

〔6〕此句旧注："坚非目之所见，故曰无坚，白非手之所知，故曰无白也。"

〔7〕不相外：即下文的相盈，不互相排斥。

〔8〕此句旧注："白者色也，寄一色则众色可知，天下无有众色之物而必因色乃色，故曰天下无白不可以视石也。坚者质也，寄一质则刚柔等质例皆可知，万物之质不同，而各称其所受，天下未有无质之物，而物必因质乃固。故曰天下无坚不可以谓石也。石者形也，举石之形，则众物之形例皆可知；天下未有无形之物，而物必因形乃聚。然则色形质者，相成于一体之中不离也，故曰坚白石不相外也。而人目之所见，手之所触，但得其二不能兼三，人自不能兼三，不可谓之无三，故曰藏三。可乎？言不可也？"

〔9〕自藏：这里暗指人的感官就是这样，只能看到白而"看不到"坚，只能摸到坚而"摸不到"白。这是自然而然的，并非三者互相包藏。

〔10〕此句旧注："目能见物而不见坚，则坚藏矣。手能知物而不知白，则白藏矣。此皆不知所然，自然而藏，故曰自藏也。彼皆自藏，非有物藏之之义，非实触，但得其二，实藏也。"

〔11〕此句旧注："盈、满也。其白必满于坚石之中，其坚亦满于白石之中，而石亦满于坚白之中，故曰必得以相盈也。二物相盈必一矣，奈何谓之自藏也。"

〔12〕离：离实际上与藏是一事物的正反两面。视石得白，则坚离于白，但同时白又藏于石；摸石得坚，则白离于坚，但同时坚又藏于石。

石、坚、白因此不能互相包容。

〔13〕此句旧注："夫物各有名，而名各有实，故得白名者，自有白之实，得坚名者，亦有坚之实也。然视石者，见白之实，不见坚之实，不见坚之实，则坚离于白矣。故曰见与不见，谓之离则知之，与不知亦离矣。于石一也，坚与白二也，此三名有实则不相盈也。名不相盈，则素离矣。素离而不见，故谓之藏。《吕氏春秋》曰：公孙龙与鲁孔穿对辞于赵平原家，藏三耳，盖以此篇为辩。"

〔14〕与：应为"与一"的省略，这里的"一"指石。

〔15〕广修：物体的宽度和长度。

〔16〕此句旧注："修、长也。白虽自有实，然是石之白也，坚虽自有实，然是石之坚也。故坚白二物，与石为三，见与不见共为体。其坚白广修，皆与石均而相满，岂非举三名而合于一实。"

〔17〕不定：不能认定。

〔18〕此句旧注："万物通有白，是不定白于石也，夫坚白岂唯不定于石乎？亦兼不定于万物矣，万物且犹不能定，安能独于与石同体乎？"

〔19〕循：追溯，这里引申为拿（石）来说。

〔20〕此句旧注："宾难主云：因循于石，知万物亦与坚同体，故曰循石也。彼谓坚也，非坚则无石矣。言必赖于坚以成名也，非有于石则无取于白矣。言必赖于石然后以见白也，此三物者，相因乃一体。故吾曰：坚白不相离也，坚白与石犹不相离，则万物之与坚，固然不相离，其无已矣。"

〔21〕藏：指"自藏"而言。

〔22〕此句旧注："以手拊石，知坚不知白，故知与不知，相与离也。以目视石，见白不见坚，故见与不见，相与藏也。坚藏于目，而目不见坚，谁谓坚不藏乎？白离于手，不知于白，谁谓白不离乎？"

〔23〕任：功能。

〔24〕代：代替。

〔25〕域：局限于。

〔26〕此句旧注："目能视，手能操。目之与手所在各异，故曰其异任也。目自不能见于坚，不可以手代目之见坚，手自不能知于白，亦不可以目代手之知白，故曰其无以代也。坚白相域不相离，安得谓之离不相离。"

〔27〕兼：同，这里引申为坚并不单独是石的"坚"。

〔28〕此句旧注："坚者不独坚于石，而亦坚于万物，故曰未与石为坚，而物兼也。亦不与万物为坚，而固当自为坚，故曰未与物为坚，而坚必坚也。天下未有若此独立之坚而可见然，亦不可谓之为无坚，故曰而坚藏也。"

〔29〕因是：因此之故。

〔30〕此句旧注："世无独立之坚乎，亦无孤立之白矣。故曰白故不能自白，白既不能自白，安能自白于石与物，故曰恶能自物乎？若使白者必能自白，则亦不待白于物而自白矣，岂坚白乎？黄黑等色亦皆然也，若石与物必待于色然后可见也，色既不能自为其色，则石亦不能自显其色矣。天下未有无色而可见之物，故曰石其无有矣，石既无矣，坚白安所托哉。故曰恶取坚白石，反覆相见，则坚白之与万物莫不皆离矣。夫离者，岂有物使之离乎？莫不因是天然而自离矣，故曰因是也；果谓果决也，若，如也。夫不因天然之自离而欲运力与知而离于坚白者，果决不得矣，故不如因是天然之自离也。"

〔31〕以：用。

〔32〕此句旧注："神谓精神也，人谓目能见物，而目以因火见，是目不能见，由火乃得见也，然火非见白之物，则目与火俱不见矣。然则见者谁乎？精神见矣，夫精神之见物也，必因火以目乃得见矣。火目犹且不能为见，安能与神而见乎？则神亦不能见矣，推寻见者，竟不得其实，则不知见者谁也。故曰见而离。"

〔33〕此句伍非百先生在《中国古名家言》中补正为："坚以手知，而手以捶知，而捶不知。是捶与手不知而神知，神不知而知离。"

〔34〕此句旧注："手捶与精神不得其知，则其所知者，弥复不知矣。所知而不知，神其何为哉。夫神者，生生之主而心之精爽也。然而耳目殊能，百骸异通，千变万化，神斯主焉。而但因耳目之所能，任百骸之自通，不能使耳见而目闻，足操而手步，又于一物之上，见白不得坚，知坚不得白，而况六合之广，万物之多乎。故曰神乎！神乎！其无知矣。神而不知，而知离也。推此以寻天下，则何物而非离乎？故物物斯离，不相杂也，各各趋变，不相须也。不相须故不假彼以成此，不相离故不持此以乱彼，是以圣人即物而冥，即事而静。故天下安存，即物而冥，故物皆得性，物皆得性，则彼我同亲，天下安存，

则名实不浮也。"

《公孙龙子·坚白论》释义：

客："将坚、白、石分为三项可以吗？"

主："不可以。"

客："分析为二项呢？可以吗？"

主："可以。"

客："为什么是这样呢？"

主："感觉不到坚能看到白，称为白石是二项；看不到白感觉到坚，称为坚石也是二项。"

客："看到石的白不能说没有白，摸到石的坚不能说没有坚。一块石有坚又有白，不是三项是什么？"

主："眼睛看石时不能'看'到坚，只能看到白，所以没有坚；手摸石时不能'摸'到白，只能摸到坚，所以没有白。"

客："天下没有白色，就看不到石头了，天下没有坚质，就不可以称为石头了。坚、白、石三项不互相排斥，三者互相包藏，不是能析为三项吗？"

主："石有坚、白，只能感到坚或白，石自然就是这样，不是三者互相包藏。"

客："石的白，石的坚，都充满于石中，怎么能说'自藏'呢？"

主："感知到白，感知到坚，看得见与看不见的互相分离，看不见的被离弃，坚白石不能互相包容，所以才相分离。相分离，是因为坚、白自藏于石。"

客："石的白色和石的坚质，看得见与看不见的为二，与石一合在一起是三。如物体的宽度和长度互相包容一样，这样说不行吗？"

主："看一个事物是白的，并不能认定它是什么东西的白；摸到一个事物是坚的，并不能确定它是什么事物的坚。两者都不能认定，何况仅仅对石而言呢？"

客："就拿石来说吧，虽然没有坚白就无石可言，但没有石也就谈不上白了。所以说坚白石不相分离，本来就是这样的，永远是这样。"

主："石，是一；而在石中的坚、白却是'二'。这样，便有摸得着的，有摸不着的；有看得见的，有看不见的。因而，摸得着的（如坚石）便与摸不着的（如白）互相分离，看得见的（如白石）便与看不见的（如坚）互相隐藏着（自藏）。既然有互相隐藏，怎能说它们之间不可分离呢？因为'藏'就是不见，不见的与可见的自然有区别而可被分离了。"

客："眼睛不能感知到坚，手不能感知到白，但不能因此说没有坚，也不能因此说没有白，这是因为感官的功能不同，不能互相代替啊。坚白同时局限于石中，怎么会互相分离呢？"

主："坚不但在石中有坚，而且在一切有坚性的事物中存在着。坚也不是因为有坚性的万物而为坚，是自身就具备坚性。坚不因石和万物为坚，但世界上也不存在独立可见的坚，所以说坚隐藏着。白本来就不能自己显示白，怎能使石或物显示白呢？假如白能自己显示白，则不必通过物显示白了，黄黑这样的颜色也是一样。如果连石也没有，哪里会有坚白石三者呢？所以说坚、白与万物是分离的。说坚、白与万物是分离，就是因此之故。与其说靠智力离坚白，不如说自然就是这样。

"这就如同白，是通过眼睛看到的，眼睛通过火光才能看到，而火光看不到。那么火和目都看不见白，而心神（意识）能看到白。心神见物，也要通过眼睛和火光，若连心神也看不见物，那么见是分离存在的。坚是通过手感觉到的，手通过捶击才感觉到，而捶击本身不知道。那么捶击与手都不知而心神知道坚。心神知道坚，要通过捶击和手。若心神也不知道，那么知也是分离存在的。心神所感，本身就是独立分离的。也正是因为分离的原因，所以天下万物得以各自安存，名实不乱。"

名学纵横：

名学与西方逻辑学学术特点迥异

过去 100 年来，诸多学人已经习惯于以西方逻辑学概念研究名学，结果名学成了"二等逻辑学",用更加冠冕堂皇的学术语言说是"朴素的逻辑学"。

事实上,中国名学与西方逻辑学角度不同,各具有迥异的学术特点。

二者相比较,名学更适用于处理复杂的系统,比如社会系统、生物系统等。名学将名位与职责相参验,可以直接用于社会治理,这使名学成为儒家名教之学和法家名法之学的基础,而西方逻辑学显然没有这样实用性的社会治理功能。

《战国策·韩策二》一则故事很能说明名学的社会功用。史疾为韩国出使楚国,楚王问他在研究哪方面的学问,史疾回答说自己学列御寇的正名之学。楚王感到不解,问史疾:"正名可以用来治理国家吗?"史疾说:"当然可以。"楚王又问:"楚国盗贼很多,用它可以防范盗贼吗?"回答说:"当然可以。"楚王接着问:"那么如何用正名来防盗?"

正在这时,有只喜鹊飞来停在屋顶上,史疾问楚王:"请问你们楚国人把这种鸟叫什么?"楚王说:"叫喜鹊。"史疾又问:"叫它乌鸦行吗?"楚王回答说:"当然不行。"史疾就说:"现在大王的国家设有柱国、令尹、司马、典令等官职,任命官吏时,一定要求他们廉洁奉公,能胜任其职。现在盗贼公然横行却不能加以禁止,就因为各个官员不能胜任其职,这就叫作'乌鸦不称其为乌鸦,喜鹊不称其为喜鹊啊!'"[1]

另外,名学能让我们充分认识西方逻辑学的局限性。西方学术建立在对现实的抽象定义和系列假设基础之上,一旦沿着逻辑链条推演下去,常常发生《韩非子·外储说左上第三十二》所谓的"文辩辞胜而反事之情"的现象。就是道理上行得通,却与现实不着边际——"理胜情"已成为现代西方人文学术的痼疾,这在西方经济学中表现得尤为明显。

现代西方经济学数学工具的应用已经高度复杂化,逻辑形式上也更加完美,但它除了为华尔街贪婪的银行家提供骗人的金融产品之外,根本不能拿出应对现实经济多重危机的方案,这在西方经济学界内部引起了强烈不满。中国人民大学贾根良教授在接受《海派经济学》记者采访时,谈到经济学回归现实,回归以问题为中心的新方向——要知道,"以问题为中心"正是以

---

[1] 原文:"史疾为韩使楚,楚王问曰:'客何方所循?'曰:'治列子圉寇之言。'曰:'何贵?'曰:'贵正。'王曰:'正亦可为国乎?'曰:'可。'王曰:'楚国多盗,正可以圉盗乎?'曰:'可。'曰:'以正圉盗,奈何?'顷间有鹊止于屋上者,曰:'请问楚人谓此鸟何?'王曰:'谓之鹊。'曰:'谓之乌,可乎?'曰:'不可。'曰:'今王之国有柱国、令尹、司马、典令,其任官置吏,必曰廉洁胜任。今盗贼公行,而弗能禁也,此乌不为乌,鹊不为鹊也。'"

《九章算术》为代表的中国学术范式的根本特点之一。贾根良指出：

> 西方主流经济学在西方国家控制的教学科研是以西方主流经济
> 学的理论工具和数学工具为中心的，即根据工具选择所要考虑的经
> 济现实类型，其结果是大量的经济现实被从教学科研中排除掉了，
> 甚至是数学工具的教学和运用也与现实问题毫不相关，他们教授和
> 分析的对象是一个虚构的世界。这实际是主流经济学教条主义的体
> 现，是以教条为中心的。针对这种现状，法国经济学学生在引发改
> 革运动的请愿书中大声疾呼：要摆脱虚构的世界，反对滥用数学。
> 在后续讨论中，经济学改革国际运动主张要彻底颠倒这种工具和经
> 济现实之间的关系，以问题为中心，即不顾教条的束缚，根据所需
> 分析的经济现实问题来选择或发展工具，工具运用本身不是目的，
> 与分析的问题相关的工具才有存在价值。这种问题中心论，就是要
> 求经济学的教育与科研要以当前重大的、紧要的经济问题（如收入
> 分配、贫困、失业、社会排斥、生态危机、能源危机、国际金融体
> 系等）为导向，以现实相关性为中心，使理论实质重于技巧、内容
> 重于形式，真实压倒虚构，从而恢复和加强经济学的经验基础，将
> 经济学带回现实。[1]

最后，中国名学（特别是"伪名"和"鄙名"这样的理论）能够为本土学术体系提供牢靠的思维防火墙，建立起不同文明间交流的"学术海关"，避免出现逻辑概念的混乱，这一点是西方逻辑学难以胜任的。

过去100年来，一波波西学被囫囵吞枣地引入，导致了中国学术和中国社会名与实的严重混乱。具体表现为，我们引入的西方学术概念和理论（名）常常与现实格格不入，结果学人不仅不能很好地解释历史，也不能解释现实，何谈为国人提供可资利用的思想资源。

许多学人拿着中国百姓血汗钱所做的，就是如何相隔万里为西方学术添砖加瓦，并以在西方学术刊物上发表文章为荣、为准。至于我们急需的，植根于现实土壤的思想学术，简直成了可遇而不可求的东西，因为中国本土学

---

1 《"经济学改革国际运动"十周年：回顾与反思》，网址：http://blog.jiagenliang. mshw.org/post/153/1665。

术的千年古树已经被"西风"连根拔起,如果不是持续地吸收外部的学术养料,太多学人将不知如何生存和写作。特别需要指出的是,他们在做断自己文化之根的工作时常常怀有强烈的爱国心。日本人不是说中国没有逻辑学吗?胡适博士不是说"我们事事不如人"吗?我们就要将中国的形式逻辑找出来,于是穷年累月,绞尽脑汁,终于写出了"墨家的形式逻辑"之类的文章或著作,奢谈"辞"就是西方逻辑学中的判断——中国名辩之学就这样被西方学术堂而皇之地肢解了!这些人不理解,研究名辩之学不能随意引入西方形式逻辑体系,否则诸多没有现实基础的"伪名"会被引入,西学名立,中学实从,结果就是中学的西学化,中国学术异化为中国土地上的西学。

总之,名学就是名学,西方逻辑学就是西方逻辑学。二者区别明显,我们在研究方法上一定要摆脱西方逻辑学的框架,按照名学本身内在的逻辑去研究它。那种以中学比附西方的研究方法,不会有研究成果,只会成学术祸害——无论这些所谓的"研究成果"能够拿到多少学术荣誉,得到多少"权威机构"的认可,都是这样。

名学十三篇·通变论第五

题解：

本篇为《公孙龙子·通变论》全文。

其中心论题是"二无一"，围绕此一中心，假物取譬，以"二无右""二无左""羊合牛非马""牛合羊非鸡""青以白非黄""白以青非碧"等具体问题多方论证，认为名变实（类）亦随之变。伍非百先生所谓："夫名以谓实，实变则名与之俱变"[1]。

伍非百先生在《公孙龙子发微》中释此篇云：

> 通变者，通名实之变也。其意与《名实论》相互发明。《名实论》曰："谓彼而彼不唯乎彼，则彼谓不行。谓此而此不唯乎此，则此谓不行。"盖言此之谓行乎此，彼之谓行乎彼。既已谓之彼，不得反复之此。既已谓之此，不得复谓之彼也。大致以"实"变则"名"与之俱变，不得复以"故实"与"今实"同一加减。譬如"二"之为名，指两"一"之合而言，既谓之"二"，不复谓之"一"也。他日分二得一，但当言其一，又不得以曾经为二之一体，而冒二之名也。[2]

谭戒甫先生认为：

> （本论）首揭"二无一"三字为全篇脉络，立意在证明上篇"白马非马"之一辞，以冀以形名之学而益坚其壁垒者也。盖所谓

1 伍非百：《中国古名家言》，四川大学出版社，2009年，第532页。

2 伍非百：《中国古名家言》，四川大学出版社，2009年，第548页。

通变者，假分形色为二，即一专以形证，一专以色证也。以形证者如云："羊合牛非马，牛合羊非鸡"；以色证者如云"青以白非黄，白以青非碧"……言白色与马形原为二事，不得谓为一事。故《白马论》以"有白马为非有马"，即此二无一之义。[1]

伍氏认为此篇"意与《名实论》相互发明"，谭氏认为"立意在证明上篇'白马非马'之一辞"，事实上《公孙龙子》一书核心在正名，在多方锻炼世人思维的正确精密，以上五篇在这个主题下都是相通的。

作者详细阐述了狂举（错误的举例或提法）的危害，及正举（正确的举例或提法）的重要性，要我们在名变中注重类，以类进行证明或反驳（取予），否则会导致逻辑混乱。《墨经·经下》云："狂举不可以知异，说在有不可。"《经说下》解释说："牛与马虽异，以牛有齿、马有尾，说牛之非马也，不可。是俱有，不偏有偏无有。曰牛与马不类，用牛有角、马无角，以是为类之不同也。若不举牛有角、马无角，以是为类之不同也，是狂举也，犹牛有齿、马有尾。"

比如我们不能因为一个人（或国家制度）的贫富就断言这个人（或国家制度）的好坏，因为二者尽管相关，但属于十分不同的类。这类狂举"不可以知异"，只会导致思想上的混乱和盲目；五四时期，胡适由中国"物质机械上不如人"，就随意推演出中国政治制度不如人，道德不如人，知识不如人，文学不如人，音乐不如人，艺术不如人，身体不如人……乃至事事不如人，逻辑简直荒唐！

《公孙龙子·通变论》原文：

曰："二有一乎[1]？"

曰："二无一[2]。"

曰："二有右乎？"

曰："二无右。"

曰："二有左乎？"

曰："二无左[3]。"

曰："右可谓二乎？"

---

1 谭戒甫：《公孙龙子形名发微》，中华书局，2008 年，第 31—32 页。

曰："不可〔4〕。"

曰："左可谓二乎？"

曰："不可。"

曰："左与右可谓二乎？"

曰："可〔5〕。"

曰："谓变非不变，可乎？"

曰："可〔6〕。"

曰："右有与，可谓变乎？"

曰："可〔7〕。"

曰："变奚〔8〕？"

曰："右〔9〕。"

曰："右苟变，安可谓右？"

曰："苟不变，安可谓变〔10〕？"

曰："二苟无左又无右，二者左与右奈何？"

曰："羊合牛非马〔11〕，牛合羊非鸡〔12〕。"

曰："何哉？"

曰："羊与牛唯〔13〕异，羊有齿，牛无齿，而羊牛之非羊也，之非牛也，未可。是不俱有，而或类焉。〔14〕羊有角、牛有角。牛之而羊也、羊之而牛也，未可。是俱有，而类之不同也〔15〕。羊牛有角，马无角；马有尾，羊牛无尾。故曰：羊合牛非马也。非马者，无马也。无马者，羊不二，牛不二，而羊牛二。是而羊，而牛，非马，可也。若举而以是，犹类之不同。若左右，犹是举〔16〕。牛羊有毛，鸡有羽。谓鸡足，一。数足，二。二而一，故三。谓牛羊足，一。数足，四。四而一，故五。牛、羊足五，鸡足三。故曰：牛合羊非鸡。非有以非鸡也〔17〕。与马以鸡，宁马。材不材〔18〕，其无以类，审矣。举是乱名，是谓狂举。"〔19〕

曰："他辩〔20〕。"

曰："青以白非黄，白以青非碧。"

曰："何哉？"

曰："青白不相与，而相与反对也。不相邻而相邻，不害其方也〔21〕。不害其方者，反而对，各当其所，若左右不骊〔22〕。故一于青不可，一于白不可。恶乎其有黄矣哉？黄其正矣，是正举也。其有君臣之于国焉，故强寿矣〔23〕。而且青骊乎白，而白不胜也。白足之胜矣，而不胜，是木贼金也。木贼金者碧，碧则非正举矣〔24〕。青白不相与而相与，不相胜，则两明也。争而明，其色碧也〔25〕。与其碧，宁黄。黄其马也。其与类乎？〔26〕碧其鸡也，其与暴〔27〕乎〔28〕！暴则君臣争而两明也。两明者，昏不明，非正举也〔29〕。非正举者，名实无当，骊色章焉，故曰：两明也。两明而道丧，其无有以正焉〔30〕。"

注释：

〔1〕此中"二"代指二物或二事。

〔2〕此句旧注："如白与马为二物，不可合一以为二。"

〔3〕此句旧注："左右合一位也，不可合二以为右，亦不可合二以为左，明二必无为一之道也。"

〔4〕此句旧注："不可分右以为二，亦不可分左以为二，明一无为二之道也。"

〔5〕此句旧注："左右异位，故可谓二。"

〔6〕此句旧注："一不可谓二，二亦不可谓一必矣。物有迁变之道，则不可谓之不变也。"

〔7〕此句旧注："右有与，谓右移于左，则是物一而变为异类，如鲲化为鹏，忠变为逆，存亡靡定，祸福不居，皆是一物化为他类，故举右以明一，百变而不改一。"

〔8〕此句旧注："鲲鹏二物，只以变为二矣，何得不谓一变为二乎？"

〔9〕此句旧注："鲲化为鹏，一物化为一物，如右移于左，终是向者之右。"

〔10〕此句旧注："右移于左，安可仍谓之右，知其一物，安可谓之变乎？明二可一，而一可二也。"

〔11〕此句旧注："假令羊居左，牛居右，共成一物，不可偏谓之羊，亦不可偏谓之牛，既无所名，不可合谓之马，谓二物不可为一明矣。"

〔12〕此句旧注："变为他物，如右易位，故以牛左羊左，亦非牛非羊又非鸡也。"

〔13〕唯：通"虽"。

〔14〕此句旧注："牛之无齿，不为不足。羊之有齿，而比于牛为有余矣。以羊之有余而谓之非羊者未可，然羊之有齿不为有余，则牛之无齿而比

于羊固不足矣。以牛之不足而谓之非牛者亦未可也，是皆禀之天然，各足于其分而俱适矣。故牛自类牛而为牛，羊自类羊而为羊也。"

〔15〕此句旧注："'之而' 犹 '之为' 也，以羊牛俱有角，因谓牛为羊，又谓羊为牛者，未可。其所以俱有角者，天然也。而羊牛类异，不可相谓也。"

〔16〕此句旧注："马与牛羊若此之悬，故非马也，岂唯非马乎？又羊牛之中无马矣，羊一也，不可以谓二矣。牛二也，不可以为三矣。则一羊一牛并之为二，可是羊牛不得谓之马，若以羊牛为马，则二可以为三，故无马而后可也。所以举是羊牛者，假斯类之不可以定左右之分也。左右之分定，则上下之位明矣。"

〔17〕此句旧注："上云羊合牛，今曰牛合羊者，变文以见左右移位，以明君臣易职而变乱生焉。人之言曰羊有足，牛有足，鸡有足，而不数其足，则以各一足而已。然而历数其足，则牛羊各四而鸡二，并前所谓一足，则牛羊各五足矣。夫如是则牛羊与鸡异矣，故曰非鸡也，非牛羊者，鸡以为非鸡，而牛羊之中无鸡，故非鸡也。"

〔18〕材不材：马为国用之材，鸡为不材之禽。

〔19〕此句旧注："马以譬正，鸡以喻乱，故等马与鸡，宁取于马，以马有国用之材，而鸡不材，其为非类审矣。故人君举是不材而与有材者，并位以乱名，实谓之狂举。"

〔20〕他辩：客要求主提出其他事例。

〔21〕此句旧注："前以羊牛辩左右共成一体，而羊牛各碍于一物不相盈。故又责以他物为辩也，夫青不与白为青，而白不与青为白，故曰不相与。青者木之色，其方在东。白者金之色，其方在西。东西相反而相对也，东自极于东，西自极于西，故曰不相邻也。东西未始不相接不相害，故曰相邻不害其方也。"

〔22〕骊：附丽，并列。

〔23〕此句旧注："青白各静其所居不相害，故不可合一而谓之青，不可合一而谓之白。夫以青白相辩犹不一，于青白安得有黄矣哉。然青白之中虽无于黄，天下固不可谓无黄也，黄正色也，天下固有黄矣。夫云尔者，白以喻君，青以喻臣，黄以喻国，故君臣各正其所举，则国强而君寿矣。"

〔24〕此句旧注："白、君道也，青、臣道也，青骊于白，谓权臣擅命，杂君

道也。君道杂则君不胜矣，故曰而白不胜也。君之制臣，犹金之胜木，其来久矣。而白不胜为青所骊，是木贼金而臣掩君之谓也。青染于白，其色碧也，臣而掩君其道乱也。君道之所以乱，由君不正举也。"

〔25〕此句旧注："夫青白不相与之物也，今相与杂而不相胜也，不相胜者，谓青染于白而白不全灭，是青不胜白之谓也。洁白之质而为青所染，是白不胜青之谓也，谓之青而白犹不灭，谓之白而为青所染，是白不胜青之谓也，谓之青而白犹不灭，谓之白而为青所染，两色并章，故曰两明也者，青白争而明也者，青争白明俗谓其色碧也。"

〔26〕此句旧注："等黄于碧，宁取于黄者，黄中正之色也，马国用之材也，夫中正之德，国用之材，其亦类矣，故宁取于黄以类于马，马喻中正也。"

〔27〕暴：侵害。

〔28〕此句旧注："碧不正之色，鸡不材之禽，故相与为类。暴之青而白色，碧之材白，犹不胜乱。"

〔29〕此句旧注："政之所以暴乱者，君臣争明也，君臣争明，则上下昏乱，政令不明，不能正其所举也。"

〔30〕此句旧注："名者，命实者也。实者，应名者也。夫两仪之大，万物之多，君父之尊，臣子之贱，百官庶府，卑高等列，器用资实，各有定名，圣人司之，正举而不失，则地平天成，尊卑以序，无为而业广，不言而教行。若夫名乖于实，则实不应名，上慢下暴，百度昏错，故曰骊色章焉。骊色之章，则君臣争明，内离外叛，正道丧者，名实不当也。名实之不当，则无以反，正道之丧也。"

《公孙龙子·通变论》释义：

客："二事物合一可以为其中之一吗？"

主："二事物合一不可以其中之一。"

客："左右合一可以为右吗？"

主："左右合一不可以为右。"

客："左右合一可以为左吗？"

主："左右合一不可以为左。"

客："左可以说是二事物吗？"

主："不可以。"

客："左与右可以说是二事物吗？"

主："可以。"

客："认为变并不是不变，可以吗？"

主："可以。"

客："右变了，可以说变吗？"

主："可以。"

客："什么变了？"

主："右。"

客："右既然变了，怎么可以叫作右？"

主："右如果没有变，怎么可以说它变呢？"

客："二事物合一既然无左又无右，二为何包括左与右呢？"

主："羊同牛（即羊牛）不是马，牛同羊（即牛羊）也不是鸡。"

客："这说明什么呢？"

主："羊与牛虽然也不同，羊有齿，牛没有齿，因此说羊牛不是羊，也不是牛，是不可以的。牛羊并不都有齿，据此不足以决定二者是异类。羊、牛都有角，说牛同于羊，羊同于牛，也是不可以的，二者都有角，据此也不能判断他们是同类。羊、牛都有角，马没角；马有尾巴，羊、牛都没有尾巴，所以说，羊同牛不等于马，不等于马，是说这一相同点的事物中没有马。没有马，羊也不是二类事物，牛也不是二类事物，而牛羊是包括二事物的。根据角尾有无判断他们是羊，或是牛，不是马，这是可以的。上述列举牛、羊、马之同异，是类不同啊。如同列举左、右两个相异类的事物。牛羊有皮毛，鸡有羽毛。极而言之，如果说鸡有足，细数一下是两只，（一类）足加上数目两个共为三；如果说牛羊有足，细数一下是四只，加在一起是五，牛羊足有五、鸡足有三，所以说牛同羊不是鸡，这是没有理由的。关于非马的判断是正举，关于非鸡的判断是乱举，所以宁要"羊合牛非马"的正举。马为国用之材，鸡为不材之禽，这是清楚的。如果材与不材并位乱名，就称之为狂举。"

客："请用其他事例说明。"

主："青与白不同于黄，白与青不等于碧。"

客："为什么是这样呢？"

主："青与白不相掺杂，他们的颜色互相反对。属东方的青与属西方的白不相邻，如果相邻，它们仍然是相反。方向相反，互相对立，各居一方，如同左与右一样不相混乱。所以说青和白不能同于青，也不能同于白，更不能同于属中央的黄。黄是正色，是正举。这就如同君主和臣子在国家中名实相副，就会国家强大君主长寿。如果青附着于白，那么白不能掩青。属金的白足以胜属木的青。如果白不能胜青，这是木行的青侵害金行的白，青侵害白，就成为碧色，这碧色不是正色。青和白不相掺杂，如果相掺杂，不互相淹没就会两者都显现，争着显示自己，这样的色就是碧。与其举"白以青非碧"，不如举"青以白非黄"。黄如同上面的马一样，是正举其类。碧如同上面的鸡，会产生侵害混乱。侵害就会君主与臣下两相争权，两相争权，就会名实混乱，都不是正举。不是正举，是因为名实不相符，两相显现。所以说两相显现大道就会远去，没有办法再回归正道。"

名学纵横：

名学贯通形上之道与形下之法

郑观应《盛世危言·道器》云："西人不知大道，囿于一偏。"

超越主客、包罗万有的大道智慧是中华文化的根本。郑观应解释说："昔轩辕访道于广成，孔子问礼于老氏，虞廷十六字之心传，圣门一贯之密旨，自天子以至于庶人，壹是皆以修身为本。"（《盛世危言·道器》）

大道也是东西方学术的基本分野。归于大道，中国学术才能由博返约，不识大道，西方学术越发碎片化。《易·系辞》曰："形而上者谓之道，形而下者谓之器。"自然科学在西方属于器，是术；宗教才是西方的道，智慧之源。郑观应将探索外部世界的西方科学称为器用之学，他说："夫博者何？西人之所骛格致诸门，如一切汽学、光学、化学、数学、重学、天学、地学、电学，而皆不能无所依据，器者是也。约者何？一语已足以包性命之原，通天人之故，道者是也。"（《盛世危言·道器》）

今大道沉沦，被贬为西式大学中的哲学、宗教、思想这些西方人能够理解的概念，真令人扼腕长叹！

道是一种按照事物的真实状态和客观规律应对世界千变万化的智慧境界，它要求我们不做物质的奴隶，日常生活中坚守自己的职分，这才是真正的静定，才能成就安乐智慧。卫国国君认为道很难修习，还是具体的治国方法（术）好学，孔子的孙子子思反驳说，按道行事的安逸而不会困窘，以权术治国则辛苦而难以成功。古代守道的君子，生死利害都无法影响他的志向行为。因为他们明白死生的道理，通晓利害变化的规律，即使用天下换他腿上的一根毫毛，也不会改变他的意志。所以和圣人在一起，穷者会忘记贫贱，王公大臣会捐弃富贵。《孔丛子·抗志第十》记载："卫君曰：'夫道大而难明，非吾所能也，今欲学术，何如？'子思曰：'君无然也。体道者逸而不穷，任术者劳而无功。古之笃道君子，生不足以喜之，利何足以动之？死不足以禁之，害何足以惧之？故明于死生之分，通于利害之变，虽以天下易其胫（胫，小腿——笔者注）毛，无所概（概，改变——笔者注）于志矣。是以与圣人居，使穷士忘其贫贱，使王公简（简，捐弃——笔者注）其富贵。君无然也。'"

"形而下者谓之器"，而"称器有名"，形名之学（名学）由是生焉。《尹文子·大道上》开篇即说："大道无形，称器有名。名也者，正形者也。形正由名，则名不可差。"

近人谭戒甫释形名云：

> 其实，形名二字的含义，若利用现代的语文作解释，是容易清楚的。因为凡物必有形，再由形给它一个名，就叫"形名"。由是得知：形名家只认有物的"形"，不认有物的"实"。他以为"形"即是物的标识，"名"即是形的表达；物有此形，即有此名。若人由名求物，由物求形，是易见的。若必由名而求物实，那个实究竟是什么东西，很难说的；即或能说，而所说的究竟能够达到什么程度，还是很难的。[1]

先贤的心目中，万物源于道，道是事物的根本，这使中国哲学不必再求另外一个"实"——西方哲人不断探求的超越事物表象的抽象本质，而是将思想重心放在形名关系之上——它深深影响了中国文化的特质，防止了心、物之类二元对立思维方式导致的玄辩。

---

1 谭戒甫：《公孙龙子形名发微》，中华书局，2008年，第1—2页。

刘向《别录》说尹文子之学归本于庄老，"其书自道以至名，自名以至法"，《庄子·天道》说"古之语大道者，五变而形名可举，九变而赏罚可言也"，这九变依次是：天（道）—道德—仁义—分守—形名—因任—原省—是非—赏罚。

在中国大道文化中，名学承上而启下，贯通形上之道与形下之法。唐以后名学成为绝学，中国文化体系的断裂成为不可避免的现实。19 世纪末 20 世纪初，在西方逻辑学的刺激下，中国本土知识分子开始重新关注名学。不幸的是，过去 100 多年来，主流学界大体是用西方逻辑学任意宰割名学，这种错误的学术方向不仅没有恢复名学在中国文化中的轴心地位，还使它有再度沦为绝学的危险。

形名用之于社会治理，最重要的学派就是法家，刑（形）名法术是复归清静无为治道的不二法门。唐初魏徵等人辑的《群书治要》引《申子·大体》云："君设其本，臣操其末；君治其要，臣行其详；君操其柄，臣事其常。为人臣者，操契以责其名。名者，天地之纲，圣人之符。张天地之纲，用圣人之符，则万物之情无所逃之矣。故善为主者，倚于愚，立于不盈，设于不敢，藏于无事，窜端匿疏（'疏'疑'迹'——笔者注），示天下无为。"

在具体操作中如何审合形名呢？关键是要做到"为人臣者陈而言，君以其言授之事，专以其事责其功。功当其事，事当其言，则赏；功不当其事，事不当其言，则罚"（《韩非子·二柄第七》），这里的"陈言"就是名，"事功"就是实，名副其实，则赏，名不副实，则罚。中国古典政治学的精华，全在于此。

儒家自宋代逐步取得独尊地位后，法家就为正统学者所唾弃。宋苏轼《东坡志林·卷五》言司马迁写《史记》二大罪，皆与法家相关。

一是其先黄老，后《六经》，退处士，进奸雄。这里的黄老道为法家所本。

二是论商鞅、桑弘羊之功也。在苏子心中："二子之名在天下者，如蛆蝇粪秽也，言之则污口舌，书之则污简牍。"

近代以来，世人才想起商鞅、桑弘羊，然而在搞"评法批儒"运动中，使法家再度成为"政治错误"，尽管还不至于"言之则污口舌，书之则污简牍"，然而言之者少，书之者少，批之者多，骂之者多——中国古典政治经济学的精华被埋没至 21 世纪的信息时代。

中国文化的主干——大道沉沦，名学几绝，法家遭谤；中华文化不绝如缕，存亡继绝，尚赖吾辈——同志努力！

名学十三篇·大取篇第六

题解：

本篇为《墨子·大取篇》全文。

"大取"的意义，清代学者毕沅云："篇中言利之中取大，即大取之义也。意言圣人厚葬，固所以利亲，盛乐固所以利子，而节葬、非乐则利尤大也，墨者固取此。"孙诒让对这一说法不以为然，在《墨子间诂》中他说："毕说非也。此与下篇亦墨经之余论，其名大取、小取者，与取譬之取同。小取篇云'以类取，以类予'，即其义。篇中凡言臧者，皆指臧获而言。毕并以葬亲为释，故此亦有厚葬、节葬之说，并谬。此篇文多不相属，盖皆简札错乱，今亦无以正之也。"

伍非百根据古人著书体例指出，名篇或以义命，或以事命，或取首句首字。他认为，此篇实为以义名篇，"《大取》言兼爱之道，以墨家之辩术，证成墨家之教义，所重在道，故曰《大取》。《小取》明辩说之术，以《辩经》之要旨，组成说辩之论文，所重在术。其所取者小，故曰《小取》。"[1]

从内容上说伍氏甚是。本篇多方阐发墨家的兼爱立场，后面引出立辞的三个原则，意在进一步阐述兼爱思想。因为紧接着《大取篇》最后一段举类十有三事，第一事论名辩之学，其他皆论爱利之意。这十三事没有说明，语意难解。清人苏时学（1814—1874年）云："此下言其类者十有三，语意殊不可晓，疑皆有说以证明之。如《韩非·储说》所云者，而今已不可考矣。"

"立辞三物"详见《导言篇》，这里不再赘述。

本篇校改、释义参考了中国人民大学哲学系孙中原教授的《〈墨经〉分类译注》（收入孙中原：《中国逻辑研究》，商务印书馆，2006年）。

---

1 伍非百：《中国古名家言》，四川大学出版社，2009年，第414页。

《墨子·大取篇》原文：

天之爱人也，博于圣人之爱人也；其利人也，厚于圣人之利人也。大人[1]之爱人也，博于小人之爱人也；其利人也，厚于小人之利人也。以臧[2]为其亲也而爱之，爱其亲也；以臧为其亲也而利之，非利其亲也。以乐为利其子而为其子欲之，爱其子也；以乐为利其子而为其子求之，非利其子也。

于所体[3]之中而权轻重之谓权。权非为是也，亦非为非也。权，正也。断指以存腕，利之中取大，害之中取小也。害之中取小也，非取害也，取利也。其所取者，人之所执也。遇盗人，而断指以免身，利也。其遇盗人，害也。断指与断腕，利于天下相若，无择也。死生利若一，无择也。杀一人以存天下，非"杀人"以利天下也；杀己以存天下，是杀己以利天下。于事为之中而权轻重之谓求，求为之，非也。求"为义"非为义也。利之中取大，非不得已也；害之中取小，不得已也。于所未有而取焉，是利之中取大也；于所既有而弃焉，是害之中取小也。

为暴人语天之为是耶？而性为暴人语天之为非也。诸陈执[4]既有所为而我为之，陈执之所为因吾所为也；若陈执未有所为而我为之陈执，陈执因吾所为也。暴人为我，为天之与人非为是也，而性不可正而正之。

"义可厚，厚之；义可薄，薄之"：之谓伦列[5]。"德行、君上、老长、亲戚"：此皆所厚也，为长厚不为幼薄。"亲厚，厚；亲薄，薄。亲至薄不至"：义厚亲不称行而顾行[6]。

为天下厚禹，为禹也。为天下厚爱禹，乃为禹之爱人也。厚禹之为加于天下，而厚禹不加于天下，若恶盗之为加于天下，而恶盗不加于天下。爱人不外己，己在所爱之中。己在所爱，爱加于己。伦列之爱己，爱人也。圣人恶疾病，不恶危难。正体[7]不动，欲人之利也，且恶人之害也。圣人不为其室藏之，故善于藏。圣人不得为子之事。圣人之法死忘亲，为天下也。厚亲分也，以死忘之，体急兴利。有厚薄而毋伦列之兴利，为己。

"白马非马焉""执驹焉说求之无母"说非也。"杀犬之非犬"[8]非也。臧之爱己，非为爱己之人也，爱人不外己。爱无厚薄，誉己非贤也。义，利；不义，害。友有于秦马，友有于马也，知来者之马也。凡学爱人，爱众世与爱寡世相若，兼爱之又相若。爱上世与爱后世，一若今之世人也。人之鬼，非人也；兄之鬼，兄也。天下之利权。"圣人有爱而无利"，儒者之言也，乃客之言也。天下无人，子墨子之言也犹在。

不得已而欲之，非欲之也；专杀臧，非杀臧也；专杀盗，非杀盗也。小圆之圆与大圆之圆同。不至尺之"不至"也，与不至锺之"不至"异。其"不至"同者，远近之谓也。

是璜[9]也，是玉也。意楹[10]，非意木也，意是楹之木也。意指之人也，非意人也。意获也，乃意禽也。

志功[11]为辩。志功不可以相从也。利人也，为其人也；"富人"，非为其人也；有为也以富人，富人也。治人有为鬼焉。为赏誉利一人，非为赏誉利人也，亦不至于无贵于人。知亲之一利，未为孝也，亦不至于知不为己之利于亲也。知是世之有盗也，尽爱是世；知是室之有盗也，不尽恶是室也。知其一人之盗也，不尽恶是二人；虽其一人之盗，苟不知其所在，尽恶其非也。诸圣人所先"为人"。

名，实名；实不必名。苟是石也白，败是石也，尽与白同；是石也虽大，不与大同，是有使谓焉也。诸非以举量数命者，败之尽是也。以形貌命者，必知是之某也，焉知某也；不可以形貌命者，虽不知是之某也，知某可也。诸以居运命者，苟人于其中者皆是也，去之因非也。诸以居运命者，若乡、里、齐、荆者皆是。诸以形貌命者，若山、丘、室、庙者皆是也。

知与意[12]异。重同[13]，俱同[14]，连同[15]，同类之同，同名之同，丘同，附同，是之同，然之同，同根之同；有非之异，有不然之异。有其异也，为其同也；为其同也异。一曰"乃是而然"，二曰"乃是而不然"，三曰"迁"，四曰"强"。

子[16]深其深，浅其浅，益其益，损其损；次察由、比因、优指[17]；复次察声端名，因情复名。正欲恶者，人有以其情得焉；诸所遭执而欲恶生者，人不必以其情得焉。

圣人之抚育也，仁而有利爱。利爱生于虑。昔者之虑也，非今日之虑也。昔者之爱人也，非今之爱人也。爱获之爱人也，生于虑获之利。虑获之利，非虑臧之利也，而爱臧之爱人也，乃爱获之爱人也。去其爱，而天下利，弗能不去也。昔之知穑[18]，非今日之知穑也。贵为天子，其利人不厚于匹夫，非贵也。二子事亲，或遇熟或遇凶，其事亲也相若，非彼其行益也，外势无能厚吾利亲者。藉臧也死，而天下害，吾持养臧也万倍，吾爱臧也不加厚。

长人之与短人也同，其貌同者也，故同。指之人也与首之人也异，人之体非一貌者也，故异。将剑与挺剑异。"剑"以形貌命者也，其形不一，故异。杨木之木与桃木之木也同。故一人指，非一人也；是一人之指，乃是一人也。方之一面，非方也；方木之面，方木也。

语经，语经也。三物[19]必具，然后足以生。夫辞以故生，以理长，以类行者也。立辞而不明于其所生，妄也。今人非道无所行，虽有强股肱，而不明于道，其困也，可立而待也。夫辞以类行者也，立辞而不明于其类，则必困矣。

故浸淫之辞[20]，其类在鼓栗。圣人也为天下也，其类在于追迷。或寿或卒，其利天下也相若，其类在誉名。一日而百万生，爱不加厚，其类在恶害。爱二世有厚薄，而爱二世相若，其类在蛇纹。爱之相若，择而杀其一人，其类在坑下之鼠。小仁与大仁行厚相若，其类在田。凡兴利，除害也，其类在漏壅。厚亲不称行而顾行，其类在江上井。"不为己"之可学也，其类在猎走。爱人非为誉也，其类在逆旅。爱人之亲，若爱其亲，其类在官疟。兼爱相若，一爱相若，一爱相若，其类在死也[21]。

注释：

〔1〕大人：统治者，君子，与下文"小人"相对。

〔2〕臧：古代对奴婢的贱称。

〔3〕体：行也。

〔4〕陈执：旧习气。

〔5〕伦列：谓等差。

〔6〕此句张纯一释云："言于义止厚于至亲，不足称为德行；德行当充其类，

厚加于天下。"

〔7〕正体:端正、保护身体。

〔8〕以上三段引言,孙中原教授皆从清人说做了校改。原作"非白马焉""执驹焉说求之舞""渔大之舞大"。

〔9〕璜:半璧。

〔10〕意楹:楹,堂屋前的柱子,意楹,想到柱子。

〔11〕志功:动机与效果。

〔12〕知与意:知,知识,感知;意:意见,臆测。

〔13〕重同:《经说上》:"二名一实,重同也。"

〔14〕俱同:《经说上》:"俱处于室,合同也。"

〔15〕连同:《经说上》:"不外于兼,体同也。"

〔16〕子:你。

〔17〕优指:指,归指;优指,审察做事的效果。

〔18〕稽:节俭,节用。

〔19〕三物:指立辞三物故、理、类。

〔20〕浸淫之辞:迷人夸张的言辞,诡辩之词。

〔21〕其类在死也:也,"蛇"字之误;有学者认为此指《贾子新书·春秋篇》记载的楚国令尹孙叔敖杀双头蛇的典故。孙氏小时外出,见双头蛇,恐蛇复祸害他人,将其杀埋。

《墨子·大取篇》释义:

天爱人比圣人爱人广博,天利人比圣人利人优厚。大人爱人比小人爱人广博,大人利人比小人利人优厚。把臧误认为自己的父亲而爱他,是爱父亲的表现;把臧误认为自己的父亲而利他,并不是真正有利于父亲。以为音乐对儿子有利,而为儿子想得到音乐,是爱儿子的表现;以为音乐对儿子有利,而为儿子千方百计地寻求,并不是真正有利于儿子。

亲历的事情中,权衡利害的轻重大小叫作"权"。"权"不等于"是",也不等于"非"。"权"是提供一个衡量利害大小——即是非的标准。在不得已的情况下,宁肯断掉一个指头,也要争取保存手腕。在利中是取大的,在害中是取小的。所谓"害中取小",在一定意义上可以说不是"取害"，而是"取利"。

这里所谓"取"，指人所执持采取。遇到强盗，被迫断掉一个指头以保住生命，就保住生命这一点来说是利，就遇到强盗被迫断掉一个指头来说是害。断掉一个指头与断掉手腕，如果对天下所带来的利益是相等的，那么就无所选择，不予计较。甚至于死生，如果对天下所带来的利益是相等的，也无所选择，不予计较。杀一个危害天下的坏人以保存天下，不等于"犯杀人罪"以有利于天下；在必要的时候，牺牲自己的生命以保存天下，却可以叫作"牺牲自己的生命以有利于天下"。

在事情和行为中，权衡与求取利害的轻重大小叫作"求"。做某件事情，仅仅是为了博得做这件事情的美好名声，不等于毫无私心地、堂堂正正地做某件事情，例如仅仅是为了博得做义事的名声，不等于毫无私心地为了实现义的理想而做事。在利中取大的，不是迫不得已的，而是自己主动从容去争取的。在害中取小的，是迫不得已的。在利中取大的，是在尚未存在的事情中，去争取实现某一种。在害中取小的，是于已经存在的事情中，被迫舍弃某一种。

某人做了暴虐天下的人，难道说他天生就是这样的吗？如果他本性就是一个暴虐天下之人，那才可以说他天生注定要为非作歹。各种陈规陋习既然有它们的作用，那它们就会影响于人们的行为。陈规陋习的作用，也会因人们的行为而受到影响。如果某种陈规陋习尚未发生作用，而是人们的行为所造成的某种陈规陋习，那么这种陈规陋习就是由于人们的行为所造成的。暴虐天下的人一切为了自我，是由于天然和人为两方面的作用，从而使他不走正道，如此形成他的暴虐本性，虽然看起来已经无法纠正，但还是要努力去纠正它。

说"从道义上可以给予厚爱的，就给予厚爱；可以给予薄爱的，就给予薄爱。"这是一种从等级差别出发的爱的观点。"德高望重之人，君主上级，老人长者，血缘关系亲近的人"，这是儒家认为应当给予厚爱的人，但是对长者给予厚爱，不能作为对幼者给予薄爱的理由。说"血缘关系亲近的人，就给予厚爱；血缘关系疏远的人，就给予薄爱。血缘关系最亲近的人，不能给予最薄的爱。"讲仁义厚爱亲属，不能一味地称誉其德行，而要看其行为是否符合仁义的标准。

为了天下人的利益而厚待禹，这是把厚待的行为施加给禹。为了天下人的利益而厚爱禹，那是因为禹是爱人的。厚待禹的行为，能够间接地加利于天下，但是对禹的厚待，并不等于对天下其他人的厚待，这就像厌恶强盗的行为，能够间接地加利于天下，但是对强盗的厌恶，并不等于对天下其他人的厌恶。爱人不排除爱自己，自己也在所爱之中。自己也在所爱之中，爱就也施加于自己。可以推出：自己是人，爱自己是爱人。圣人厌恶疾病，却不逃避危险艰难。端正身体，坚定意志，希望人们得到利益，并且不希望人们受到祸害。圣人不为自己的家室聚敛财富，所以善于藏富于民。圣人不应该为自己的子女谋取私利。圣人主张对亲人要简丧薄葬，这是为了天下人谋利益。厚待父母应是本分，但既然死了则应忘之，以便全身心急切地投入为天下兴利的事业。如果坚持爱有厚薄，而不从这种等级差别的论点转变到为天下兴利，那实际还是一切为自己。

所谓"白马不是马""孤驹从来就没有母亲"等说法是错误的。说"杀狗不是杀犬"等，也是错误的。臧的爱自己，并非因为想到自己是人才爱自己，但是爱人并不排除爱自己。爱没有厚薄。赞誉自己不算是贤。实行仁义就是给人以利益，做不义之事就是害。至少有一匹秦马为我的朋友所有，就是至少有一匹马为我的朋友所有，不管他牵来的是什么马，我都可以断言他牵来的是马。凡学习兼爱学说的人一定要知道：对于人多世代人们的爱，与对于人少世代人们的爱是相等的，兼爱他们是相等的。爱过去世代的人们，与爱未来世代的人们，和爱当今世代的人们也是一样的。人的鬼魂不等于人，但在某种特殊的情况下，兄的鬼魂可以权且代表兄。对于天下人的利益应当给予同等看待。说"圣人只给予爱而不考虑利益"，把爱利截然两分，这是儒者的言论，是论敌的言论。假定将来某一天，天下果真没有人了，我们老师墨子的言论，还会作为真理永存。

被迫不得已而有某种想法，不等于自己主动有某种想法。由于某种特殊原因而专门把臧杀了，不等于因为臧是一个人把他杀了而犯杀人罪。专门杀了一个为非作歹的强盗，也不等于把强盗作为一个人把他杀了而犯杀人罪。小圆的圆与大圆的圆都同样是圆。不够一尺与不够一锺不同，一个有关距离，一个有关容量。但是不够一尺与不够一丈有相同一面，因为都是达到某一尺度的远近。

璜是玉，这个璜是这个玉。柱子是木头做的，想要柱子不等于想要木头，想要的是作为柱子的木头。以某个指头为代表的人是人，想以某个指头为代表的人不等于想任意一个人。获取猎物不等于获取禽，想获取猎物却包含着想获取禽。

动机与效果应该加以分辨，动机与效果不一定恰相一致。利人就是为人考虑；单纯地从口头上称誉人的"富有"，不等于为人考虑；采取实际行动使人富有，才是真正的富人之举。对人的治理包含着敬鬼神的内容。进行奖赏和赞誉而有利于一个人，并非是进行奖赏和赞誉而有利于所有的人，但对一个人进行奖赏和赞誉，也不至于对其他人没用。知道父母亲一方面的利益，还不算是孝顺，但也不至于知道自己能够做有利于父母亲的事情，却不愿意去做。知道这个世界上有强盗，还是要尽力提倡"兼爱这个世界上所有的人"这一高尚理想和目标；但是知道这个房间里有强盗，却不能提倡厌恶这个房间里所有的人；假定这个房间里有两个人，又确知其中有一人是强盗，也不能同时厌恶这两个人，虽然确知其中有一人是强盗，但不知道强盗究竟是哪一个，同时厌恶这两个人也是不对的。圣人最先考虑的是为天下人。

语词概念是实际事物的语词概念，有实际事物，却不必然有语词概念。假如这块石头是纯白的，打碎它，每一小块也还是纯白的；但这块石头虽然是大的，打碎它，每一小块却不一定都是大的，因为有使之称为"大"的另一参照物供比较的缘故。许多不是以列举数量来命名的语词概念，都可以用这种"打碎"的办法来推理——以事物的形体状貌来命名的语词概念，一定要知道这个事物是什么，才能了解它；不能够以事物的形体状貌来命名的语词概念，虽然不知道这个事物是什么，也能了解它。各种以人在其中居住和运动的空间来命名的语词概念，人在其中他们就实际存在，人离去它们就不实际存在。以人在其中居住和运动的空间来命名的语词概念，如乡、里、齐、荆（楚）等。各种以事物的形体状貌来命名的语词概念，如山、丘、室、庙等。

知识与意想不同。两个名称指一个实体，叫"重同"。不同的人共处于一个房间，叫"俱同"（合同）。不同部分在同一个整体之内互相联系，叫"连同"（体同）。不同事物在某一方面有共同性质，叫"同类之同"（类同）。不同事物使用同一名称，叫"同名之同"。不同事物共处同一区域，叫"丘同"。不同事物附属于同一整体，叫"附同"。不同论点都符合实际，叫"是之同"。不同语句都说事物"是如此"，叫"然之同"。不同支脉有同一根源，叫"同根之同"。不符合实际的不同论点，叫"非之异"。说事物"不是如此"的不同语句，叫"不然之异"。事物有其不同的一面，恰恰是因为有其相同的一面；这是在有相同一面基础上的不同一面。有的推论前提肯定，结论也肯定。有的推论前提肯定，结论却否定。有的推论犯转移论题的错误。有的推论犯强词夺理的错误。

要该深就深，该浅就浅，该增加就增加，该减少就减少。其次，要审察做事的方法，比较做事的动机，以致到审察做事的效果。再其次，审察语言，正定名称；根据情况，给予名称。表现欲恶得体的人，就能把握事物的真实情况。至于遭遇外物而生偏爱偏恶之情的人，就不一定能把握事物的真实情况了。

圣人抚育万民，讲仁义而有利人爱人之意。利人爱人之意生于替人考虑。过去考虑，不等于现在考虑。过去爱人，不等于现在爱人。爱获的爱人，生于考虑获的利益；考虑获的利益，不等于考虑臧的利益。而爱臧的爱人，跟爱获的爱人是一样的。舍去个人的所爱，而能使天下的人都得到利益，那就不能不舍去。过去知道节俭，不等于现在知道节俭。高贵如天子，他给人民所带来的利益，还不如一个普通老百姓多，就不算高贵。两个儿子侍奉父母，年景有好坏，但他们侍奉父母的心一样。这不是由于其德行有所增加，而是由于外部环境不能改变自己的孝心。假如臧的死，会使天下的人都受害，那我们对臧的供养就可增加一万倍，但我们对臧个人的爱心并没有变多。

高个子的人与矮个子的人，在作为人这一点上相同，这是由于他们的状貌性质相同，所以才相同。以指头为代表的人与以头部为代表的人，用来作代表的部位不同，这是由于人的身体有不同的部位，所以才不同。用于体现将军威仪的大剑与战士用来刺杀的小剑不同，这是由于剑是以形体状貌来命名的，它们的形体状貌不一样，所以不同。杨木的木头与桃木的木头，作为木头这一点上相同。所以说一个人的指头，并不是一个人；但这里有一个人的指头，却可以说这里有一个人。方形的一边不等于方形；但方木的一面却可以说是方木。

"语经"就是说话思考一定要遵守的基本规律。推理论证要"故、理、类"三个方面都具备，然后一个论题才必然成立。一个论题的成立要有充足的理由，推论的过程要符合道理和有条理，要根据事物的类别来进行。建立一个论题，而不明白它所由以成立的充足理由，就可能虚妄不实。所谓"推论的过程要符合道理和有条理"，犹如我们没有道路无法行走，虽然有强健的肢体，若路线不明，问题马上就来。论题要根据事物的类别关系推理，建立一个论题，却不明了推理的类别关系，必然遭遇困窘。

所以诡辩的词句，如果不加以克服，就会逐渐发生作用，这犹如鼓风冶金，可以使矿石逐渐销熔。圣人为治理天下殚精竭虑，犹如父母为追迷途的孩子费尽心机一样。人的生命有长短的不同，但可以同样为利天下而竭尽心力，这犹如人的生命长短不同，但都可以有好名声一样。假如臧的死，会使天下的人都受害，那我们对臧的供养，一天就可以增加一万倍，这犹如厌恶会给天下带来害处的事，并必欲除之而后快一样。爱人口多世代的人与爱人口少世代的人，爱过去、未来世代的人与当今世代的人，尽管实际可能有厚薄的不同，但对他们的爱心却一样，这犹如两蛇交互运行，其轨迹融合为一不辨彼此。提倡普遍地兼爱世上所有人，并不妨碍选择一个穷凶极恶的坏人而杀之，这犹如消灭一只穴中害鼠，应该毫不留情一样。在小事情上实行仁爱，与在大事情上实行仁爱，给人们所带来的物质利益上可能有所不同，但在德行上却是一样的，这犹如一块小田和一块大田，虽然收获有所不同，但都可以尽其地力一样。凡兴办对人民有利的事，都包含着革除对人民有害的事，这犹如兴办水利要革除水害一样。讲仁义厚爱亲属，不能一味地称誉其德行，要看其行为是否符合仁义的标准，这犹如凿井于江边，不需考虑水源的多寡，而是要考虑是否合用一样。"不为己"的忘我牺牲精神可以学到，犹如竞走可以学到一样。兼爱世人不是为了获取赞誉，犹如办客舍是为了接待客人，而不是为了获取赞誉一样。爱别人的父母，与爱自己的父母一样，这犹如对待公事，与对待私事一样。提倡平等地兼爱世上所有的人，不能诡辩式地拆成"爱这一部分人平等""爱那一部分人平等"，犹如一条活蛇，被砍成几段就会变为死蛇一样。

名学纵横：

三表法——检验真理的重要标准

在人类学术史上，墨子提出的"出言三表"具有划时代意义。它将人文学术建立在了可验证的牢固基础之上，在方法论上弥合了人文学术和自然科学之间的鸿沟——若不是名学已成绝响，东西方学术必然少走很多弯路。

什么是三表？三表也称"三法"，是三个相互关联的判断是非、检验认识是否正确的标准。墨子强调标准、法则在包括论说在内的行为中的重要性，《墨子·法仪》上说："天下从事者，不可以无法仪。无法仪而其事能成者，无有也。"他形象地指出，言说没有准则，就好像在旋转的陶轮上放立测量时间的仪器，这样是不可能明晓是非利害的。他说："言而毋仪，譬犹运钧之上而立朝夕者也，是非利害之辨，不可得而明知也。"（《墨子·非命上》）

墨子是在反对命定论过程中提出"出言三表"的，其后学所记文字不同，分别在《墨子·非命上》《墨子·非命中》和《墨子·非命下》之中。通过细致分析，参照上下文，我们可以推知墨子"出言三表"的本来面目。我们以表格的形式列出《墨子》"非命"三篇中的"出言三表"如下：

	《非命上》	《非命中》	《非命下》	
上本（考）	上本之于古者圣王之事	考之天鬼之志，圣王之事	考先圣大王之事	定是非
下原	下原察百姓耳目之实	征以先王之书	察众之耳目之请（情）	断有无
中用	废（发）以为刑政，观其中国家百姓人民之利	发而为刑	发而为政乎国，察万民而观之	判利害

不难看出，墨子所说的"上本"，主要是指"古者圣王之事"，即历史经验，用以定是非；墨子所说的"中用"，主要指"废（发）以为刑政，观其中国家百姓人民之利"，即应用效果，用以判利害；"下原"在《墨子》"非命"三篇中表述差别很大，《非命上》和《非命下》大体指"百姓耳目之实"，而《非命中》指"征以先王之书"。不错，《墨子》"非命"三篇都引用了"先王之书"，但从墨子"出言三表"在《非命》《明鬼》诸篇中的运用看，这里的"下原"还是指"百姓耳目之实"，即世人耳目所见闻的实际情况。

关于"出言三表"的实际应用，《墨子》"非命"三篇表现得十分具体——墨子认为命定论是天下大害，其反驳过程就是以"出言三表"为轨范。

首先是"上本之于古者圣王之事"。《墨子·非命中》说，为何不用圣王之事来考察呢？古时圣王，选举孝子，鼓励他侍奉双亲；尊重贤良，鼓励他做好事，颁发宪令教诲人民，严明赏罚以奖善止恶。这样，则可以治理混乱，使危险转为安宁。若认为不是这样，古时桀所搞乱的，汤治理了；纣所搞乱的，武王治理了。这个世界不变，人民不变，君王改变了政令，人民就容易教导了。在武王时就得到治理，在桀纣时则变得混乱。安宁、危险、治理、混乱，原因在君王所发布的政令，怎能说是"有命"呢？那些说"有命"的，要知道事实并不是这样。文中写道："然胡不尝考之圣王之事？古之圣王，举孝子而劝之事亲，尊贤良而劝之为善，发宪布令以教诲，明赏罚以劝阻。若此，则乱者可使治，而危者可使安矣。若以为不然，昔者桀之所乱，汤治之；纣之所乱，武王治之。此世不渝而民不改，上变政而民易教，其在汤、武则治，其在桀、纣则乱。安危治乱，在上之发政也，则岂可谓有命哉！夫曰有命云者，亦不然矣。"

其次是"下原察百姓耳目之实"。《墨子·非命中》说，我之所以知道命有或没有，是根据众人所见所闻的实情才知道的。有听过它，有见过它，才叫"有"；没听过，没见过，就叫"没有"。然而为何不试着用百姓的实际经验来考察呢：自古到今，自有人民以来，有曾见过命的形象，听过命声音的人吗？没有过的。如果认为百姓愚蠢无能，所见所闻的实情不能当作准则，为何不试着用诸侯所流传的话来考察呢？自古到今，自有人民以来，有曾听过命的声音，见过命的形体的人吗？没有过的。[1]

最后是"废（发）以为刑政，观其中国家百姓人民之利"。《墨子·非命下》说，现在天下君子写文章，发表言论，并不想徒费口舌，内心是想为了国家、邑里、万民的刑法政务。现在的王公大人之所以要早上朝，晚退朝，听狱治政，整日分配职事而不敢倦怠，为何？是他认为努力必能治理，不努力就要混乱；努力必能安宁，不努力就要危险，所以不敢倦怠。

现在卿大夫之所以用尽全身的力气，竭尽全部智慧，于内治理官府，于外征收关市、山林、泽梁的税，以充实官府，而不敢倦怠，为何？是他以为努力必能高贵，不努力就会低贱；努力必能荣耀，不努力就会屈辱，所以不敢倦怠。

现在的农夫农妇之所以早出晚归，努力劳作不敢倦怠，为何？是他们以为努力必能富裕，不努力就会贫穷；努力必能饱暖，不努力就要饥寒，所以不敢倦怠；王公大人若确信"有命"，必懒于听狱治政，卿大夫必懒于治理官府，农夫农妇必懒于劳作。以此来治理天下，天帝、鬼神必不依从，百姓也不能得利。这样内守国则不牢固，出去杀敌则不会胜利。从前三代暴君、桀、纣、幽、厉之所以国家灭亡社稷倾覆就在这里啊！

所以墨子说：现在天下的士人君子，内心确实希望为天下谋利，为天下除害，面对"有命"论者的话，不可不努力去批驳它。[2]

---

1 原文：所以知命之有与亡者，以众人耳目之情，知有与亡。有闻之，有见之，谓之有；莫之闻，莫之见，谓之亡。然胡不尝考之百姓之情？自古以及今，生民以来者，亦尝见命之物，闻命之声者乎？则未尝有也。若以百姓为愚不肖，耳目之情，不足因而为法，然则胡不尝考之诸侯之传言流语乎？自古以及今，生民以来者，亦尝有闻命之声、见命之体者乎？则未尝有也。

2 原文：今天下之君子之为文学、出言谈也，非将勤劳其惟舌，而利其唇吻也，中实将欲其国家邑里万民刑政者也。今也王公大人之所以蚤朝晏退，听狱治政，终朝均分而不敢怠倦者，何也？曰：彼以为强必治，不强必乱；强必宁，不强必危。故不敢怠倦。今也卿大夫之所以竭股肱之力，殚其思虑之知，内治官府，外敛关市、山林、泽梁之利，以实官府而不敢怠倦者，何也？曰：彼以为强必贵，不强必贱；强必荣，不强必辱。故不敢怠倦。今也农夫之所以蚤出暮入，强乎耕稼树艺，多聚菽粟而不敢怠倦者，何也？曰：彼以为强必富，不强必贫；强必饱，不强必饥。故不敢怠倦。今也妇人之所以夙兴夜寐，强乎纺绩织纴，多治麻统葛绪，捆布縿，而不敢怠倦者，何也？曰：彼以为强必富，不强必贫；强必暖，不强必寒。故不敢怠倦。今虽毋在乎王公大人，蒉若（当为"藉若"，如果的意思——笔者注）信有命而致行之，则必怠乎听狱治政矣，卿大夫必怠乎治官府矣，农夫必怠乎耕稼树艺矣，妇人必怠乎纺绩织纴矣。王公大人怠乎听狱治政，卿大夫怠乎治官府，则我以为天下必乱矣；农夫怠乎耕稼树艺，妇人怠乎纺绩织纴，则我以为天下衣食之财，将必不足矣。若以为政乎天下，上以事天鬼，天鬼不使，下以持养百姓，百姓不利，必离散，不可得用也。是以入守则不固，出诛则不胜。故虽昔者三代暴王桀、纣、幽、厉之所以共抎（yǔn，丧失——笔者注）其国家，倾覆其社稷者，此也。是故子墨子言曰：今天下之士君子，中实将欲求兴天下之利、除天下之害，当若有命者之言，不可不强非也。

由上我们看到，墨子的论证过程不是从抽象定义开始，以逻辑推理的形式展开，而是从历史和现实多方阐述自己的观点，目的是寻求陈言（名）与事实（实）之间的一致性；这种"科学化"的论证过程，与现代人文学者西式的博士论文相比较，更为清晰、坚实、有力，它防止了论证过程中"推之于理而通，验之于事则败"现象。而这，正是已经"经院化"的西式大学诸多伪学术得以产生的重要原因之一。

不幸的是，西方世界已经习惯于名实不副。比如他们的政治学、经济学讲的是一套理念，现实运作的又是另一套理念。他们甚至以学术为手段为少数人或个别国家攫取实际利益——这是我们必须高度警惕的。

《韩非子·显学第五十》上说："无参验而必之者，愚也。"这不仅对于自然科学是正确的，对人文学术来说也是正确的。

名学十三篇·小取篇第七

题解：

本篇为《墨子·小取篇》全文。

《墨子·小取篇》为墨家名辩之学的精华所在，系统阐述了论辩的目的、原则和方法，最后以大量例证说明了推理过程中可能产生的诸种错误。

谭戒甫先生称其"字同珠玉，辞成律令，格局严谨，条贯明显"[1]。伍非百先生说："……《小取》明辩，尤为纯一不杂，具有统系之作，最宜细玩。"[2]

谈到论辩的目的，《小取篇》开篇称之为："将以明是非之分，审治乱之纪，明同异之处，察名实之理，处利害，决嫌疑焉。摹略万物之然，论求群言之比。"

谈到论辩的原则，《小取篇》指出要："以名举实，以辞抒意，以说出故。以类取，以类予。有诸己不非诸人，无诸己不求诸人。"

接着作者论述了三种判断形式：或、假、效。伍非百先生认为"效"与西方逻辑学中的公式、原则、定律相近，他解释说："或、假、效三句，释辩之判断性质。'或'为'有然有不然'之称。'假'为'今不然'之称。'效'，为'必然'之称。"[3]

然后作者论述了出故四法：辟、侔、援、推，以及应用这四种方法可能导致的错误，提醒读者"不可不审也，不可常用也。"进而引出推理"过误之总因"，这是因为言辞"多方、殊类、异故"。伍非百先生认为，这里的方、类、故，即《大取篇》中的立辞三物：理、类、故。因为古代方、理、道三

---

1 谭戒甫：《墨辩发微》，中华书局，2005 年，第 390 页。

2 伍非百：《中国古名家言》，四川大学出版社，2009 年，第 469 页。

3 伍非百：《中国古名家言》，四川大学出版社，2009 年，第 458 页。

字互用。[1]

"过误之总因"大体包括五种具体形式：夫物或乃"是而然"，或"是而不然"，或"一周而一不周"，或"一是而一非"。最后以例证分别说明之。

《小取篇》系统、精密如此！

本篇校改、释义参考了中国人民大学哲学系孙中原教授的《〈墨经〉分类译注》（收入孙中原:《中国逻辑研究》，商务印书馆，2006 年）。

《墨子·小取篇》原文：

夫辩者，将以明是非之分，审治乱之纪[1]，明同异之处，察名实之理，处[2]利害，决嫌疑焉。摹略万物之然，论求群言之比[3]。

以名举实，以辞抒意，以说出故。以类[4]取，以类予。有诸己不非诸人，无诸己不求诸人。

"或"也者不尽也。"假"者今不然也。"效[5]"者为之法也，所效者所以为之法也，故中效则是也，不中效则非也，此"效"也。

"辟"也者举他物而以明之也。"侔"也者比辞而俱行也。"援"也者曰："子然，我奚独不可以然也?""推"也者，以其所不取之，同于其所取者，予之也。"是犹谓"也者，同也。"吾岂谓"也者，异也。

夫物有以同，而不率遂同。辞之"侔"也，有所至而正[6]。其然也，有所以然也；其然也同，其所以然不必同。其取之也，有所以取之；其取之也同，其所以取之不必同。是故"辟""侔""援""推"之辞，行而异，转而诡，远而失，流而离本[7]，则不可不审也，不可常用也。

故言多方、殊类、异故，则不可偏观[8]也。夫物或乃"是而然"[9]，或"是而不然"，或"一周而一不周"[10]，或"一是而一非"也，故言多方殊类异故，则不可偏观也。

白马，马也；乘白马，乘马也。骊[11]马，马也；乘骊马，乘马也。获，人也；爱获，爱人也。臧，人也；爱臧，爱人也。此乃"是而然"者也。

---

1 伍非百:《中国古名家言》，四川大学出版社，2009 年，第 466 页。

获之亲，人也；获事其亲，非"事人"也。其娣，美人也；爱娣，非"爱美人"也。车，木也；乘车，非"乘木"也。船，木也；入船，非"入木"也。盗，人也；多盗，非"多人"也；无盗，非"无人"也。奚以明之？恶多盗，非"恶多人"也；欲无盗，非"欲无人"也。世相与共是之，若若是〔12〕，则虽"盗，人也；爱盗，非'爱人'也；不爱盗，非'不爱人'也；杀盗，非'杀人'也"无难矣。此与彼同类，世有彼而不自非也，墨者有此而非之，无他故焉：所谓"内胶外闭〔13〕"，与"心毋空乎内，胶而不解"也。此乃"是而不然"者也。

"读书"，非"书"也；"好读书"，"好书"也。"斗鸡"，非"鸡"也；"好斗鸡"，"好鸡"也。"且〔14〕入井"，非"入井"也；止"且入井"，止"入井"也。"且出门"，非"出门"也；止"且出门"，止"出门"也。若若是："'且夭'，非'夭'也；'寿且夭'，'寿夭'也。'有命'，非'命'也；非'执有命'，'非命'也"无难矣。此与彼同类，世有彼而不自非也，墨者有此而非之，无他故焉。所谓"内胶外闭"，与"心无空乎内，胶而不解"也。此乃"不是而然"者也。

"爱人"，待周〔15〕爱人而后谓〔16〕"爱人"；"不爱人"，不待周不爱人。失周爱，因谓"不爱人"矣。"乘马"，不待周乘马，然后谓"乘马"也：有乘于马，因谓"乘马"矣。逮至"不乘马"，待周不乘马，而后谓"不乘马"。此"一周而一不周"者也。

居于国，则谓"居国"；有一宅于国，而不谓"有国"。桃之实，桃也；棘〔17〕之实，非棘也。问人之病，问人也；恶人之病，非恶人也。人之鬼，非人也；兄之鬼，兄也。祭人之鬼，非祭人也；祭兄之鬼，乃祭兄也。之马〔18〕之目眇，则谓"之马眇"；之马之目大，而不谓"之马大"。之牛之毛黄，则谓"之牛黄"；之牛之毛众，而不谓"之牛众"。一马马也，二马马也，"马四足"者，一马而四足也，非两马而四足也；"马或白"者，二马而或白也，非一马而或白。此乃"一是而一非"者也。

注释：

〔1〕纪：规律。

〔2〕处：判别，处置。

〔3〕比：比较是非利害得失。

〔4〕类：类别，同类事例。

〔5〕效：模仿，效法。

〔6〕有所至而正：在一定范围内才是正确的。

〔7〕本：根据。

〔8〕偏观：片面观察。

〔9〕是而然：前提肯定，结论也肯定。

〔10〕一周而一不周：一种说法周遍，而一种说法不周遍。

〔11〕骊：马深黑色。

〔12〕若若是：如果这些是对的。

〔13〕内胶外闭：内心胶结，对外封闭。

〔14〕且：将要。

〔15〕周：周遍，普遍。

〔16〕谓：通"为"。

〔17〕棘：枣树。

〔18〕之马：这匹马。

《墨子·小取篇》释义：

　　论辩这门学问的目的，是判明真理与谬误的分别，审察治理和混乱的规律，判明同一与差异的所在，考察名和实的道理，权衡处置利益与祸害，洞察决断迷惑和可疑之处。于是能反映概括万事万物的面目与根源，讨论探求各种言论的利弊得失。

　　用概念摹拟事物的实质，用语句表达思想意念，用推论揭示主张的理由和根据。根据事物的类别来取例证明，根据事物的类别来予例反驳。自己所赞成的论点不能反对别人赞成，自己所不赞成的论点不能要求别人赞成。

　　"或"表示一类事物中仅有一部分是如此，并非全部如此。"假"是表示思想上的假定，并非表示现实如此。"效"是提供标准的辩论形式和法则。所"效"是被提供的标准辩论形式和法则。所以合乎这些标准辩论形式和法则的是正确的，不合乎这些标准辩论形式和法则的是不正确的。这就是"效"。

"辟"是列举其他事物来说明这一事物。"侔"是比较同类的词句来说明它们都是行得通的。"援"是说："你可以这样，我为何偏偏不可以这样呢？""推"是我摆出一个证明给对方来反驳，我这个证明是说明对方所不赞成的与对方所赞成的本为同类。"是犹谓"的说法，是用来表示前后两种议论的同类的。"吾岂谓"的说法，是用来表示前后两种议论的不同类的。

事物有相同之处，并不因此就完全相同。词句的同类比较，在一定范围内是正确的。事物的现象或结果，有其所以形成的原因。其现象或结果相同，其所以形成的原因不一定相同。赞成某一论点，有其所以赞成的理由。双方都赞成某一论点，他们所以赞成的理由不一定相同。所以，"辟""侔""援""推"的词句，无类比附会混淆差异，辗转列举会发生诡辩，生拉硬扯会失去本义，牵强推论会离开根据，不能不慎重，也不能到处搬用。

所以对言论的多方面道理、特殊的类别和不同的缘故，就不能片面地观察。对事物的推论有如下不同的情况，有的是"是而然"（前提肯定，结论也肯定），有的是"是而不然"（前提肯定，而结论否定），有的是"不是而然"（前提否定，而结论肯定），有的是"一周而一不周"（一种说法周遍，而一种说法不周遍），有的是"一是而一非"（一种说法成立，而一种说法不成立）。

白马是马，乘白马是乘马。骊马是马，乘骊马是乘马。获是人，爱获是爱人。臧是人，爱臧是爱人。这是属于"是而然"（前提肯定，结论也肯定）的情况。

获的父母是人，获事奉她的父母不能说是"事奉人"（指作别人的奴仆）。她的妹妹是美人，她爱妹妹不能说是"爱美人"。车是木头做的，乘车不能说是"乘木头"。船是木头做的，入船不能说是"入木"。强盗虽然是人，但某地强盗多，不能简单地说"某地人多"；某地没有强盗，也不能简单地说"某地没有人"。怎么知道这一点呢？讨厌某地强盗多，并不是讨厌某地人多；想让某地没有强盗，并不是想让某地没有人。世人都赞成这一些。如果是这样的话，那么我们说："强盗虽然是人，爱强盗却不能说是'爱人'，不爱强盗不能说是'不爱人'，杀强盗也不能简单地说是'杀人'。"就也应该是没有困难的。后者和前者是属于同类，世人赞成前者而不以为不对，墨家的人主张后者却要加以反对，没有其他的原因，这就是所说的"内心胶结，对外封闭，听不进不同意见""心里边没有留下一点空隙，胶结而解不开"的缘故。这是属于"是而不然"（前提肯定，而结论否定）的情况。

"读书"不等于"书"，"好读书"却等于"好书"。"斗鸡"不等于"鸡"，"好斗鸡"却等于"好鸡"。"将要入井"不等于"入井"，阻止"将要入井"却等于阻止"入井"。"将要出门"不等于"出门"，阻止"将要出门"却等于阻止"出门"。若是这样，那我们说"'将要夭折'不等于'夭折'，阻止'将要夭折'却等于阻止'夭折'。儒家主张'有命'论，不等于真的有'命'这东西存在；墨家'非执有命'，却等于'非命'"，就也应该是没有困难的。后者和前者是属于同类，世人赞成前者而不以为不对，墨家的人主张后者却要加以反对，没有其他的原因：这就是所说的"内心胶结，对外封闭，听不进不同意见""心里边没有留下一点空隙，胶结而解不开"的缘故。这是属于"不是而然"（前提否定，而结论肯定）的情况。

说"爱人"，必须周遍地爱所有人才可以说"爱人"；说"不爱人"，不依赖于周遍地不爱所有人：没有做到周遍地爱所有人，因此就可以说是"不爱人"了。说"乘马"，不依赖于周遍地乘过所有的马，才算是"乘马"：至少乘过一匹马，就可以说是"乘马"了。但是说到"不乘马"，依赖于周遍地不乘所有的马，然后才可以说是"不乘马"。这是属于"一周而一不周"（一种说法周遍，而一种说法不周遍）的情况。

居住在某一国内，可以简称为"居国"；有一住宅在某一国内，却不能简称为"有国"。桃树的果实称为"桃"，棘树的果实却不称为"棘"。探问别人的疾病可以简称"探问人"，讨厌别人的疾病却不能简称"讨厌人"。人的鬼魂不等于人，兄的鬼魂在某些特殊情况下可以权且代表兄。祭人的鬼魂不等于祭人，祭兄的鬼魂可以权且说是祭兄。这个马的眼睛瞎，可以简称为"这马瞎"；这个马的眼睛大，却不能简称"这马大"。这个牛的毛黄，可以简称为"这牛黄"；这个牛的毛众，却不能简称"这牛众"。一匹马是马，两匹马是马，说"马四足"，是指一匹马四足，不是指两匹马四足；但是说"马或白"，却是在至少有两匹马的情况下才可以这样说，如果在只有一匹马的情况下就不能这样说。这是属于"一是而一非"（一种说法成立，而一种说法不成立）的情况。

名学纵横：

名家和纵横家同出"孔门四科"

据《史记·孔子世家》和《史记·仲尼弟子列传》，孔子以诗、书、礼、乐西周王官学教授，造就了孔门四科弟子，从而拉开了百家争鸣的中国文化大黄金时代。孔门四科分别是：

德行科：重礼义修为，这方面突出的有颜渊，闵子骞，冉伯牛，仲弓；德行科后来演化出或偏于内养，或偏于外用的百家心法。

政事科：重政治、经济、法律、军事、社会事务，这方面突出的有冉有，季路；政事科后来演化出黄老道家、法家、兵家诸家。

言语科：重以正治国和以奇游说，这方面突出的有宰我，子贡；言语科后来分别演化出名家和纵横家。

文学科：重古代经书的传习，这方面突出的有子游，子夏；文学科后来演化出"游文于六经之中"的儒家。

名家和纵横家同出孔门言语科，且都与礼官关系密切。

纵横家源于西周掌外交礼仪的大行人、小行人之官，《汉书·艺文志》上说："纵横家者流，盖出于行人之官。孔子曰：'诵诗三百，使于四方，不能专对，虽多亦奚以为？'又曰：'使乎，使乎！'言其当权事制宜，受命而不受辞，此其所长也。及邪人为之，则上诈谖（zhà xuān，欺诈，弄虚作假——笔者注）而弃其信。"

尽管追记周代官制的《周礼》大、小行人属秋官司寇系列，但其礼仪职能明显。《周礼·秋官司寇·大行人》条："大行人掌大宾之礼及大客之仪，以亲诸侯。"秦时大行主礼仪，汉景帝时才改为大鸿胪。

名家和纵横家又有明显不同，前者重正名，意在明是非，而后者则贵奇辞，意在说服人。纵横家重权变，其理论经典《鬼谷子》指出："听贵聪，智贵明，辞贵奇。"所以根据说话对象的不同言说极为重要。上面说："故与智者言，依于博；与博者言，依于辨；与辨者言；依于要；与贵者言，依于势；与富者言，依于豪；与贫者言，依于利；与贱者言，依于谦；与勇者言，依于敢；与过者言，依于锐。此其术也。"（《鬼谷子·权篇第九》）

近人侯外庐、赵纪彬、杜国庠著的《中国思想通史》论述了名家和纵横家的异同：

> 纵横家与名家在辩说方面是有血缘关系的，如公孙龙曾与邹衍辩于平原君之门，又如惠施说魏赵诸国……然而纵横家更是时务主义者，他们把转祸为福、转危为安的国势变化，看得非常容易，惟一的先决问题便是主观至上的谋策。只要诡诈得售，一切现实都可以由一个智辩者任意翻改，这叫做策略决定一切，其中毫无客观原则性。他们依此便'荧惑诸侯，以是为非，以非为是'，反复于国际之间。[1]

《中国思想通史》认为纵横家是"诡诈"之术，显然是受后世对纵横家普遍误解的影响。

事实上早期诸子，无一不用纵横之术，以说服天下诸侯，实现自己的政治主张。史学家张尔田先生（1874—1945年）指出：

> 战国者，纵横之世也，岂特陈轸、甘茂诸人为纵横专家哉？即儒、墨、名、法，其出而问世，无不兼纵横之学也。章实斋言："九流之学承官曲（官曲犹言王官学的一个方面——笔者注）于六典，及其出而用世，必兼纵横，所以文其质也。古之文质合于一，至战国而各具之，质当其用也，必兼纵横之辞以文之，周衰文弊之

---

1 侯外庐、赵纪彬、杜国庠：《中国思想通史》第一卷，人民出版社，1957年，第641页。

效也。"故孟子历聘齐梁，荀卿三为祭酒，墨子胼胝以救宋，韩非《说难》以存韩，公孙龙说平原以止邯郸之封，尉缭子说秦王以乱诸侯之谋，商君争变法，李斯谏逐客，其与结驷连骑抵掌华屋者何以异耶？亦可见纵横一术，战国诸子人人习之，无足怪者。后世迂儒既不知纵横出于行人之官，又以苏秦、张仪为深耻，而后古人专对之材始为世所诟病矣。[1]

《史记·仲尼弟子列传》记载事迹最详的是子贡行纵横之术。子贡，卫国人，在孔子诸位弟子中"居家则致千金，居官则致卿相"，事功卓越，为大商人，大政治家（"相鲁卫"），大外交家。他在春秋大争之世，纵横天下，"存鲁、乱齐、破吴、强晋、霸越"，十年间改变了整个东亚世界政治版图。

直至北齐刘昼《刘子·九流第五十五》论纵横家时，仍将其称为"仁术"："纵横者，阚子、庞煖、苏秦、张仪之类也。其术本于行仁，译二国之情，弭战争之患，受命不受辞，因事而制权，安危扶倾，转祸就福。"

唐以后，纵横家被极度污名化，笔者所著《说服天下：〈鬼谷子〉的中国沟通术》[2]，为纵横家正名：

> 《鬼谷子》不是"小人之书"，而是圣贤之书——纵横家重仁义道德，明矣。诚如苏秦所言："人无信则不彻（彻，通达——笔者注），国无义则不王。"（《战国纵横家书·苏秦谓燕王章》）但在纵横家那里，所谓仁义是大仁大义，而是一平天下的大智慧。
>
> 《鬼谷子》不是"蛇鼠之智"，而是大道智慧——在世人心中，《大学》《中庸》为大智慧，《鬼谷子·本经阴符七术》却成了"蛇鼠之智"，悲夫！
>
> 《鬼谷子》不是"妄言乱世"，而是大一统治道——21世纪的今天，是全球版的春秋战国时代，大国竞雄，小国角争。我们生于斯世，纵横家及《鬼谷子》再也不容忽视。否则，只能斤斤计较于一国之利，空谈世界和平！

---

1 张尔田：《史微·卷第三·原纵横》，上海书店出版社，2010年，第41页。

2 翟玉忠：《说服天下：〈鬼谷子〉的中国沟通术》，中国书籍出版社，2018年。

名学十三篇·考伪篇第八

题解：

本篇为《中论·考伪第十一》全文。

有论者云："西汉重功名，希世取宠，不尚清操。东汉重名节，取义成仁，至死不顾。"东汉选举重视名誉节操，民德归厚矣。然而士人为利禄所牵，沽名钓誉之事屡有发生。有的士大夫相率让爵、推财、避聘、久丧，竭力把自己伪装成孝义高行的人，以博得清议们的赞扬。这种名实相乖的现象，是建安七子之一徐干（170—217年）作《中论·考伪第十一》的大背景。

重要的是，徐干提出了"伪名"的概念，他说："名者，所以名实也，实立而名从之，非名立而实从之也。故长形立而名之曰长，短形立而名之曰短。非长短之名先立，而长短之形从之也。仲尼之所贵者，名实之名也。贵名乃所以贵实也。夫名之系于实也，犹物之系于时也。物者，春也吐华、夏也布叶、秋也凋零、冬也成实。斯无为而自成者也，若强为之，则伤其性矣。名亦如之，故伪名者皆欲伤之者也。"

简单说，伪名就是"名立而实从之"之名，尽管当时徐干是针对社会风气而言，然而在今天，它对于我们引入西方学术时，建立逻辑的"防火墙"尤其重要。因为引入西学时，我们常常是西方"长短之名先立"，然后让中国"长短之形从之"，这种逻辑混乱会带来难以估量的灾难性后果。

广东省文物考古研究所卜工先生指出，各种伪名（以及"伪理论"）导致历史和考古研究中"驴唇不对马嘴"的现象，他写道：

> 中国古代历来就有写史的传统。可是，近代以后编写的历史引进了许多国外的概念，不加分析，照搬照抄，淡化了中国古代关于社会秩序建设的努力与成绩，使得一部中国的历史逐渐失去了自己

的特点。原始社会史、史前史、原始宗教、图腾，包括前面说到的两种生产（指恩格斯在《家族、私有制和国家的起源》中所说的生活资料及为此所必需的工具的生产，和人类自身的生产，即种的繁衍——笔者注），都成为研究中必须遵循的准则和必须使用的概念，但是，与中国古代的实际究竟是一种什么样的关系却无人问津。

就说图腾吧。过去，不论历史学还是考古学的研究都毫无例外地使用这个概念。在对待考古资料上，都认为像半坡文化那样的鱼纹和人面的特殊纹样与图腾关系密切，"那就是图腾"的呐喊已经达到了呼之欲出的程度。可是，同样依据国外的研究看中国新石器时代的物质资料，就能够发现特殊纹样在分布的范围上远远大于图腾，因为经典作家认为，古代社会一种图腾是与某一个氏族相联系的，而特殊纹样覆盖的地域和人口规模显然不是用氏族所能概括的。这种矛盾的情况表明，完全照搬国外的经验不行。[1]

过去 100 多年来，伪名在中国学术界不断扩散。也不管西方学术概念和学术理论在中国有没有现实基础，学者们习惯于一律实行拿来主义，甚至于为了适应西方学术体系不惜削足适履，骗人骗己。

名学，犹如学术思想"防火墙"，能够将不符合中国历史和现实的西方学术概念和理论隔离，从而有效保护中国本土学术的健康发展。

本篇释义参考了萧登福先生的《新编中论》[2]一书。

《中论·考伪第十一》原文：

仲尼之没，于今数百年矣，其间圣人不作，唐虞之法微，三代之教息，大道陵迟[1]，人伦之中不定。于是惑世盗名之徒，因夫民之离圣教日久也，生邪端，造异术，假先王之遗训以缘饰之，文同而实违，貌合而情远，自谓得圣人之真也。各兼说特论[2]，诬谣一世之人，诱以伪成之名，惧以虚至之谤，使人憧憧乎得亡，惛惛而不定，丧其故性而不自知其迷也，咸相与祖述其业而宠狎之。斯术之于斯民也，犹内关[3]之疾也，非有痛痒烦苛[4]于身，情

1 卜工：《文明起源的中国模式》，科学出版社，2007 年，第 311 页。

2 萧登福：《新编中论》，台湾古籍出版社，2000 年。

志慧然不觉，疾之已深也。然而期日既至，则血气暴竭，故内关之疾，疾之中夭，而扁鹊之所甚恶也，以卢医[5]不能别，而遘[6]之者不能攻也。

昔杨朱、墨翟、申不害、韩非、田骈、公孙龙，汩乱[7]乎先王之道，诪张[8]乎战国之世，然非人伦之大患也，何者？术异乎圣人者易辨，而从之者不多也。今为名者之异乎圣人也微，视之难见，世莫之非也。听之难闻，世莫之举也。何则？勤远[9]以自旌，讬之乎疾固[10]，广求以合众，讬之乎随时，屈道以弭谤，讬之乎畏爱[11]，多识流俗之故，儡诵[12]诗书之文，讬之乎博文。饰非而言好，无伦而辞察，讬之乎通理。居必人才，游必帝都，讬之乎观风。然而好变易姓名，求之难获，讬之乎能静。卑屈其体，辑柔其颜，讬之乎煴恭。然而时有距绝[13]，击断严厉，讬之乎独立。奖育童蒙，训之以己术，讬之乎勤诲。金玉自待，以神其言，讬之乎说道，其大抵也。

苟可以收名而不必获实，则不去也。可以获实而不必收名，则不居也。汲汲乎常惧当时之不我尊也，皇皇尔又惧来世之不我尚也。心疾乎内，形劳于外，然其智调足以将之，便巧足以庄之，称讬比类足以充之，文辞声气足以饰之。是以欲而如让，躁而如静，幽而如明，跛而如正。考其所由来，则非尧舜之律也。核其所自出，又非仲尼之门也。其回遹而不度，穷涸而无源，不可经方致远，甄物成化，斯乃巧人之雄也，而伪夫之杰也。然中才之徒，咸拜手而赞之，扬声以和之。被死而后论其遗烈，被害而犹恨己不逮。悲夫！人之陷溺盖如此乎？孔子曰"不患人之不己知"者，虽语我曰"吾为善"，吾不信之矣。何者？以其泉不自中涌，而注之者从外来也。苟如此，则处道之心不明，而执义之意不著[14]，虽依先王，称诗书，将何益哉！以此毒天下之民，莫不离本趣末，事以伪成，纷纷扰扰，驰骛不已。其流于世也，至于父盗子名，兄窃弟誉，骨肉相谄[15]，朋友相诈，此大乱之道也。故求名者，圣人至禁也。

昔卫公孟[16]多行无礼，取憎于国人，齐豹杀之以为名。《春秋》书之曰"盗"，其《传》曰："是故君子动则思礼，行则思义。

不为利回，不为义疚。或求名而不得，或欲盖而名章，惩不义也。齐豹为卫司寇，守嗣大夫，作而不义，其书为'盗'。邾庶其、莒牟夷、邾黑肱，以土地出求食而已，不求其名，贱而必书。此二物者，所以惩肆而去贪也。若艰难其身，以险危大人，而有名章彻，攻难之士将奔走之。若窃邑叛君以徼大利而无名，贪冒之民将寘力[17]焉。是以《春秋》书齐豹曰'盗'，三叛人名，以惩不义，数恶无礼，其善志也。"

问者曰："齐豹之杀人以为己名，故仲尼恶而盗之[18]，今为名者岂有杀之罪耶？"曰："《春秋》之中，其杀人者不为少，然而不盗不已。圣人之善恶也，必权轻重、数众寡，以定之。夫为名者，使真伪相冒，是非易位，而民有所化，此邦家之大灾也。杀人者一人之害也，安可相比也？"

"然则何取于杀人者以书盗乎？荀卿亦曰：'盗名不如盗货'。乡愿[19]亦无杀人之罪也，而仲尼恶之，何也？""以其乱德也。今伪名者之乱德也，岂徒乡愿之谓乎？万事杂错，变数滋生，乱德之道，固非一端而已。《书》曰：'静言庸违，象恭滔天。'皆乱德之类也。《春秋外传》曰：'奸仁为佻[20]，奸礼为羞，奸勇为贼！'夫仁、礼、勇，道之美者也，然行之不以其正，则不免乎大恶。故君子之于道也，审其所以守之，慎其所以行之。"

问者曰："仲尼恶殁世而名不称，又疾伪名，然则将何执？"曰："是安足怪哉？名者，所以名实也，实立而名从之，非名立而实从之也。故长形立而名之曰长，短形立而名之曰短。非长短之名先立，而长短之形从之也。仲尼之所贵者，名实之名也。贵名乃所以贵实也。夫名之系于实也，犹物之系于时也。物者，春也吐华、夏也布叶、秋也凋零、冬也成实。斯无为而自成者也，若强为之，则伤其性矣。名亦如之，故伪名者皆欲伤之者也。人徒知名之为善，不知伪善者为不善也，惑甚矣！求名有三：少而求多，迟而求速，无而求有。此三者，不僻为幽昧[21]，离乎正道，则不获也。固非君子之所能也。君子者，能成其心，心成则内定，内定则物不能乱，物不能乱则独乐其道，独乐其道则不闻为闻，不显为显。故《礼》称：'君子之道闇然而日彰，小人之道的然[22]而日亡。君子之道淡而不厌，简而文，温而理，知远之近，知风之自，知微之显，可与入德矣。君子之不可及者，其惟人之所不见乎？'夫如是者，岂将反侧于乱世，而化庸人之未称哉！"

注释：

〔1〕陵迟：衰落。

〔2〕兼说特论：兼说，兼具各家学说；特论，自己独特的言论。

〔3〕内关：体内血脉方面的病。

〔4〕烦苛：烦闷。

〔5〕卢医：扁鹊家在卢国，故被称为卢医。

〔6〕遘：音 gòu，相遇。

〔7〕汩乱：扰乱。

〔8〕诪张：虚诞放肆。

〔9〕勤远：勤学古代事物。

〔10〕讬之乎疾固：讬同"托"，意为借口痛恨故步自封。

〔11〕畏爱：畏惧大众，爱护大众。

〔12〕麤诵：麤，同"粗"，意为肤浅的诵读。

〔13〕距绝：拒绝别人的意见。

〔14〕著：显明。

〔15〕诒：欺骗。

〔16〕卫公孟：卫灵公的哥哥，为自己所憎的齐豹等人所杀。

〔17〕寘力：寘同"置"。寘力：尽力去做。

〔18〕盗之：以盗贼来称呼他。

〔19〕乡愿：乡里外貌谨厚而同流合污的伪善者。

〔20〕佻：轻薄。

〔21〕不僻为幽昧：不僻，不做出乖僻的事；为幽昧，做出暧昧的行为。

〔22〕的然：明显的样子。

《中论·考伪第十一》释义：

　　孔子逝去距今已数百年了。这数百年间不再有圣人出现。尧舜所制定的法度逐渐衰微，夏商周三代的教化消失，大道渐渐败灭，人与人相处的伦常中道不能确定。于是那些迷惑世人盗取美名者，趁着人民脱离圣人教化已久，制造异端邪说，借先王遗留下来的训诫来修饰自己的说法。文字相同，事实相违背。外貌相似，而事实相差很远，还认为是圣人的真传。鼓吹各家学说，发明独特的言论，欺骗当代的人，用虚假的美誉加以劝诱，用凭空而来的毁谤加以恐吓，弄得人们在得失中忙乱不停，忧心忡忡不能安宁，丧失了本性，而自己不知已迷失自性。都互相以他为祖师，来阐扬他的学说，尊崇亲近他。这些邪说对于这些人来说，就像是人们得了血脉方面的病一样。身上不会有痛痒及烦闷，神志清醒，自己并不感觉到病情已恶化，等到时间已到，血气会突然耗尽。所以血脉方面的病，会让人半途夭折，是扁鹊所最痛恨的。那是因为他无法辨识病情，遇上也无法治疗。

从前杨朱、墨翟、申不害、韩非、田骈、公孙龙等人，扰乱了圣王所说的道理。在战国时代嚣张放肆。但这些人都不是伦常上的大忧患。为何？因为他们的学说跟圣人不同，容易辨认，跟随他们的人也不多。当今那些追求美名者，他们所说的和圣人的差别很小。阅读其著作，很难挑出毛病，世人没人指出他们的错误。听到他们的谈论，难以听出漏洞，世人无法举出他们的弊病。为何？他们借口痛恨故步自封勤学古代学问，来自我标榜。借口有仁慈爱心多方搜求，来迎合世俗大众。借口随顺潮流去冤屈正直，求得别人推举。借口畏惧大众爱护大众去歪曲正理，来止息毁谤。借口博通经典去广博记诵，肤浅地诵读《诗经》《尚书》等。借口通达事理掩饰过错，而说得很动听。没道理，却言辞析辩。借口观察风土人情，所住都是人才众多之地，所游都是京城所在。有时爱改变姓名，故意弄得让人很难找寻，却说成安于宁静。身体表现得很谦卑，容貌装出很和顺，说成温良谦恭。有时拒绝别人意见，自己专断，表现得很严厉，说成独立处事。奖励教育幼童，用自己的邪说来教导他，说成勤于教诲。把自己所说的看成黄金美玉，神化自己的理论，说成传布真理。这是当今追求美名者的大概情形。

这些人若只能获得美名，而不能求取实际利益，那么他们也不会去做。如果只能获得实际利益而无美名，他们也不屑一顾。他们常忧心当代的人不尊重自己，而整日繁忙。又担心后代的人不崇尚他，而匆忙不休。心里忧伤于内，形体劳苦于外，然而他们的智慧器度，足以掩饰其论调，他的便佞善巧，足以使其外形端庄。论说时引用别人的话，以同类为喻，足以使内涵充实，所使用的文辞语气足以修饰文章，使之美化。因此，可以做到贪欲无穷，却看起来像谦让。性情急躁，却像是恬静。意思隐晦，却像是鲜明。歪斜不正，却像是为人端正。详细考察他学说来源，不合乎尧舜的法度。考核其学派，也不是出自孔门。他的学说邪僻不合法度，贫乏无据，不能治理天下，实现长远目标，区别万类，教化人民。这种人是奸巧之徒中的卓越者，是伪君子中的杰出者。但那些中等才质的人，却礼拜颂扬他们，大声附和他们，至死仍称颂他们的事功，受害仍恨自己不能赶上他们。真悲哀啊！世人沉溺于邪说，竟到这种地步了吗？孔子说："不要忧心别人不知道我们。"那么像这种急于求名的人，虽然告诉我说"我做了善事"，我也不会相信。为何？因为他们的做法就像泉水不从内部涌出来，而从外面灌注进来一样。如果这样，那么他们固守大道的心态便不会坚定，施行仁义之心也不会清楚。虽然依托先王，引述《诗》《书》，又有什么用呢？以此毒害天下，将使得人民没有不违离本源趋向末节的，事情会以虚假的方式来完成，纷乱争竟不停。它影响到社会，甚至会造成父亲盗用儿子的名声，哥哥窃占弟弟的名誉。骨肉之间相互欺骗，朋友之间相互欺诈，这会天下大乱。所以追求虚名是圣人极力禁止的。

从前卫公孟，做了太多不合礼法的事，所以被国人所痛恨，齐豹借机杀了他，用来赢得百姓的称誉，但《春秋经》却把他写成"盗贼"。解经的《左传》传文说："因此君子一举一动，就要想到礼；有所行事，就要想到义。不为利益做出邪行，不在道义上有所歉疚。有人为追求美名，而不能获得；有人想遮盖罪行，而名字却更加彰显。把这些人记在经书中，正是用来惩戒不义的人。齐豹为卫国司寇，继承祖先大夫的职位，而做出不义的事，所以把他写成'盗'。邾庶其、莒牟夷、邾黑肱背叛国家，把自己的封地拿去投靠邻国，只为吃一碗饭，并不追求美名，三人都是小国大夫，身份低贱，《春秋经》却要记上一笔。记齐豹杀卫公孟、邾庶其三人带土地投奔他国等两件事，是要用来惩罚放肆去除贪欲。如果在下位的人亲自去做难以达成的事，来颠覆在上位的人，而可以使名字显扬通达，那么那些爱作乱的人，将会争相去做。如果窃占自己的封地，背着国君投靠别人，可以获取大的利益，而不会有恶名，那么贪心犯上的人都将会极力去做，所以《春秋经》把齐豹写成'盗贼'，而邾庶其等三人也记上了名字，用以惩戒不守道义，责备作恶不守礼法的人。这样做，才是擅长于记事。"

问的人说："齐豹杀人，是用来求取美名，所以孔子痛恨他，用'盗贼'来称呼他。现在那些求取美名的人，难道都犯有杀人罪吗？"回答说：《春秋经》中记载杀人的事很多，但是不写'盗贼'，就没法停止杀戮。圣人孔子对善恶的批评，一定先衡量事情的轻重，计算多少，然后才下决心。那些追求美名的人，使得真假相淆，是非相变换，而让人民受到影响，这是国家的大灾难，杀人只是一人受害而已，怎能相比呢？"

"既然如此，那么齐豹杀人，有什么可汲取教训的地方，而加以记载，说他是盗呢？荀子也说：'盗取美名的，比不上盗取别人财货来得重。'外貌谨厚的乡愿，他们也没有杀人的罪名，而孔子却很厌恶他们。为何？""那是因为伪善的乡愿会败乱德行。现在那些追求虚假美名的人，他们败乱德行，哪里只是像所说的乡愿那样而已？他们把所有的事情都加以混淆，使变乱丛生，他们扰乱德行的方法，本来就不仅是一项而已。《尚书·尧典》说：'善于言辩，所做的却相违背；外貌恭顺，而实侮慢上天。'都是对败乱德行者说的。《国语·周语中》说：'以奸伪之心来行仁，扰乱了仁德的，叫轻薄；以奸伪心来行礼，扰乱了礼义的，叫羞耻；以奸伪心来行勇，扰乱了勇武的，叫做盗贼。'仁德、礼义、勇气是美好的德行，但施行者方法不当，就不免会成为大坏人。所以君子会详细考虑自己固守的东西，谨慎行事。"

问的人说："孔子厌恶死后名声不能流传，被世人颂扬。但他又痛恨虚假的声名。在名方面，要怎样选择呢？"回答说："这有什么值得奇怪的？名是用来指称事实。事实存在，名称就会随之而来；并不是先有名称，事实才跟着来。所以长形的东西先存在，才会称它为'长'；短的东西先存在，才会称它为'短'。并不是长短的名先有了，然后长形短形的东西才跟着出现。孔子所重视的，是用来称呼事实的名；看重名声，也就是看重事实。名是属于事实的，就像植物系属于四季。植物在春天开花，夏天长叶，秋天凋谢，冬天保存果实，这些没人刻意去做，是自然而然的。如果勉强去做，反而会伤害植物的本性。名也是这样，所以追求伪名的人都是想去伤害事物本性的人。人们只知道美名是好的，不知道虚假行善，反是不是好的。真是过于迷惑事理了。追求美名的人有三种情况：名誉少的想求多，名声来得慢的想求快，没有名声的想求名声。这三种，如果不乖僻，做出暧昧的事，背离正道，那就不能获得。这些都不是君子所能做的。君子能成就自己的心智，心智成熟，内心就宁静，内心宁静，就不会受外在事物的扰乱，外物不能扰乱就能安于大道，安于大道就不追求外在的名声而自有名声，不求显荣而自然显荣了。所以《礼记·中庸》上说：'君子的道深藏不露而日益彰明，小人的道显露无遗而日益消亡。君子的道，平淡而有意味，简略而有文采，温和而有条理，由近知远，由风知源，由微知显，这样就可以成就德行了。君子的德行之所以高于一般人，大概是在这些不被人看见的地方吧？'像这样，他们哪里会在乱世中反复不安，被俗人不合理的说法所影响呢！"

名学纵横：

洋教条是一种"按名定实"的逻辑错误

言必称希腊，动不动就将西方学人总结的西方历史经验作为普世的标准，生搬硬套在中国的历史和现实经验之上，这是洋教条的基本特征，是"伪名"在理论研究中的体现——本来应"按实定名"（《邓析子·转辞》），现在却成为"按名定实"，结果看不见对经验的具体分析，有的常常只是从理论到理论，从玄辩到玄辩。

洋教条误人深，害人亦深，却总有市场，在经济学、政治学领域几乎成为家常便饭。

在考古学界，洋教条的逻辑错误表现得最为明显，因为考古学有与自然科学相似的地方，有明显的考古材料做支撑。所以洋教条最容易"穿帮"。

2002 年，北京故宫博物院原院长、著名考古专家张忠培先生在《中原文物》百期纪念暨中原文明学术研讨会上的讲话中，谈到当代有些学者胡乱引入西方酋邦（指介于部落和国家之间的社会形态）概念观察或阐述中国文明起源时指出：

> 酋邦是某些人类共同体存在的社会制度，是否可作为模式，以及是否将其作为模式进行个案的研究，是学者的自由，任何人不得加以干涉，也是干涉不了的。探讨文明起源与形成，除了上述两类模式外，是否还有第三类、第四类模式？模式的研究，自然不能取代个案的研究。那么，模式或通过其他人类共同体文明起源与形成的研究产生的认识，对我们探讨中国古代文明起源与形成有何作用呢？我认为这些知识能启迪我们的思考，拓宽我们的视野，增进我们的智慧，增强我们吸收和反馈讯息的能力，使我们在考古发掘、整理及研究过程中，不至于让有用的讯息流失。所以，在研究中国古代文明起源与形成之时，必须扩大和深入地掌握其他学者通过其他人类共同体的文明起源与形成研究所获得的知识或模式。但是，我们不能把模式变成教条，像某些学者那样，先将夏代或二里头文化定为早期国家，在没有搞清楚龙山时代以及这时代诸文化的社会特征的情况下，便拿着酋邦这顶帽子，就往它们的头上戴。在这些著作中，我们除见到了酋邦这顶帽子外，看不到对材料做出了什么样的具体分析，更不见他们对研究对象概括出了哪些适合酋邦社会的特征。在探讨中国古代文明起源与形成时，既要清算传统的教条主义，又应力戒新进口的洋教条，当让材料及其放射出的讯息牵着鼻子走，少论点主义，多研究些具体问题。[1]

张先生不断地为中国考古学"正名"，想让考古学回归"按实定名"的正确逻辑。用他的话说就是"让材料及其放射出的讯息牵着鼻子走"。2008 年

---

[1] 张忠培：《关于中国文明起源与形成研究的几个问题——在〈中原文物〉百期纪念暨中原文明学术研讨会上的讲话》，载《中原文物》2002 年第 5 期。

10 月，中国考古学年会第十一次年会暨第五届会员代表大会在中国社会科学院考古研究所召开，张忠培当选为考古学会第五届理事会理事长。当时他特别谈到了"如何创新"这个问题，关键还是"让材料牵着鼻子走"，他说：

> 材料出学问，新材料出新学问。前人讲，史学即是认识史料产生的学问，所以，有一份材料只能说一份话，要我们"上穷碧落下黄泉，动手动脚找东西"。因此，就要让材料牵着鼻子走。如我在大会闭幕词中所讲的：考古学创新，既要依靠资料及其释放的信息的积累，又要依靠考古学者对资料及其释放的信息作务实求真的解析与研究。务实求真的解析资料及其释放的信息，则必须进行逻辑与理论的思维，以达到对研究对象接近真实的了解。就是要让材料牵着鼻子走。通过以物论史，透物见人，代死人说话，达到把死人说活的目的，为中国的历史与文化的研究作出新的贡献。[1]

张先生不仅这样说，也是这样做的。比如在中国是否存在奴隶制的问题上，张忠培先生明确表示："我认为中国没有经过奴隶制度社会阶段。"他的"实"建基于考古挖掘资料之上，他指出，公元前 3200 年左右的黄河流域和长江中下游及西拉木伦河地区的诸考古学文化，已经进入了文明时代。这个时代的社会特征有如下几点：

（1）氏族组织已经松散。父权家族是联结单偶制家庭的社会基层单位，单偶制家庭在家族中的地位增强。

（2）劳动与社会分工在家族之间展开，同一氏族的家庭，在权力、财富的占有以及身份诸方面，已明显分化，分为富裕者、掌权者的权贵家族和贫困无权的家族，以及游移于这两者之间的家族。

（3）聚落已出现了分化，拥有强大权势和雄厚财富的聚落，成了一定范围内聚落群的中心。先进技术、社会财富以及军事、宗教及政治权力，乃至对外关系逐渐集中于中心聚落，导致部分村落的城镇化。聚落的分化已初具城乡分野的规模。

1《迎接中国考古学的新时代——张忠培理事长采访录》，载中国考古网，网址：http://www.kaogu.cn/cn/detail.asp?ProductID=9365。

（4）祀与戎发展成为凌驾于社会之上并控制着社会的神权和王权，担任祀与戎职责的人已形成为阶层，成了社会的权贵。史前的氏族组织实质上已蜕变为政权组织，掌握神权和王权的人物成为控制国家机器的主人。家内奴隶已经出现，而社会的基本居民则是生活在具有一定经济的家族内的人们。

（5）关于神权和王权的关系。良渚文化位居社会主宰地位的那部分人，按其所控权力，可分为既掌握王权又掌控神权者、只掌握王权者和仅控制神权者这三种人。王权和神权基本处于同等地位，握着这两权的人物的地位，则居于仅掌王权或神权者之上。这里讲的良渚文化的情况，在其时的考古学文化中或具代表性。

（6）政权管辖的范围，在一考古学文化分布地域内，只具区域性。其时任何一考古学文化居民居住的地区内，尚未形成统一政权，仍被那些掌握神、王权的权贵分割成被他们分别统治的地域势力范围，自无中心政权可言。

由上我们看到，5000 年前的中国社会既不是什么奴隶制，也不是像西周社会那样的封建制，这个实还"暂难以名之，其称谓可留待以后讨论"。[1]

用正确的思维从事学术研究，严格确定实名关系，像张忠培先生这样的人文学者是罕见的。

事实上，不仅三代以前的考古挖掘我们看不到奴隶制的痕迹，对商代遗址的挖掘中，我们也看不到明显的奴隶制痕迹。

从名学角度来看，时下流行的"洋教条"只是一种逻辑错误。但近百年来它在中国一直大行其道，这值得我们深刻反思……

---

1 张忠培：《关于中国文明起源与形成研究的几个问题——在〈中原文物〉百期纪念暨中原文明学术研讨会上的讲话》，载《中原文物》，2002 年第 5 期。

名学十三篇·审名篇第九

题解：

本篇为《刘子·审名第十六》全文。

如杨照明先生所言："《刘子》是北朝子书之最优秀者，前贤称其词采秀清、丰腴秀整、腴秀逸俊、遒炼隽逸，并非过誉。"[1] 但这本杰出子书的作者，长期以来，学界却议论纷纷，莫衷一是。一说是刘昼，一说是《文心雕龙》的作者刘勰（约 465—520 年）。

《刘子》一书，内圣外王，道、名、法无所不包，不愧为修心治世的宝典，这在子书中罕见。遗憾的是，这本书至今尚未引起世人的足够重视。

笔者认为，《刘子》一书的重大贡献之一是在理论上发展了先秦名家，提出"鄙名"这一概念。

《刘子·审名第十六》开篇即讲言与理，名与实的关系，重在理为言本，实为名源。若言而无理，名而无实，则不若不言。如刘劭在《人物志·材理》中所言："夫辩有理胜，有辞胜。理胜者正白黑以广论，释微妙而通之。辞胜者破正理以求异，求异则正失矣。"就是说，在辩论中有人以理胜人，有人以辞胜人。以理胜人者，理据充足，黑白分明，就连很细微的地方也解释得清楚；以辞胜人者，通过诡辩在言辞上获胜，用花言巧语掩盖事实真相。通过言辞获胜自然会失去正理。

本篇还特别强调了"辞以类行"的重要性，假如"专以类推"，一不小心就会颠倒黑白。中国先哲始终谨慎对待逻辑推理，因为构成整体的部分加和，常常显示出与部分完全不同，乃至相反的性质。从有机整体的角度全面看待事物，是我们摆脱推理陷阱的重要原因。

先哲认为，物类本来就非固定不变的，怎么能够单纯靠推理而知呢？那

---

1 杨明照：《增订刘子校注》前言，巴蜀书社，2008 年。

样会失去真理。"类固不必，可推知也？"《吕氏春秋·似顺论·别类》举例说：药草有莘（xīn，一种药草——笔者注）有藟（lěi，葛类蔓草——笔者注），单独服用会致死，合在一起服用却能延年益寿；蝎子和紫堇都是毒药，配在一起反倒毒不死人；漆是流体，水也是流体，漆与水相遇却会凝固，越是潮湿就干得越快；铜很柔软，锡也很柔软，二者熔合起来却会变硬，而用火焚烧又会变成流体。有的东西弄湿反倒变得干燥，有的东西焚烧反倒变成流体，物类本来就非固定不变的，怎么能够单纯靠推理而知呢？ [1]

《吕氏春秋》的作者将那种忽视事实检验，依赖推理的做法称为不通大理的"小察"，并用故事——立象以说明之。据说宋国人高阳应打算盖房子，有经验的木匠劝他："现在还不行。准备的木料太湿，上面再加上泥，一定会被压弯。用湿木材盖房子以后一定要倒坍的。"高阳应反驳道："照你所说，木料越干就越结实有力，泥越干就会越轻，用越来越结实的承重越来越轻的，肯定不会倒塌，放心吧。"木匠无言以对，只好奉命执行。房子刚建成时很好，后来果然倒塌了。这是因为高阳应喜欢诡辩，在小处明察，却不懂得实事求是的大道理啊！ [2]

受西方学术范式的影响，今天许多学者热衷于"专以类推"，只会用西方概念进行逻辑推理，结论多是与中国水土不服的现代玄学——美国首都有白宫，中国首都故宫就要涂白——这种荒唐逻辑在过去 100 多年来政治、经济、生活方式诸领域是多么普遍啊！

本篇释义参考了江建俊先生的《新编刘子新论》[3] 一书。

《刘子·审名第十六》原文：

> 言以绎理，理为言本，名以订实，实为名源[1]。有理无言，
> 则理不可明；有实无名，则实不可辨。理由言明，而言非理也；实
> 由名辨，而名非实也。今信言以弃理，实非得理者也；信名而略

---

1 文中说："夫草有莘有藟，独食之则杀人，合而食之则益寿；万（读 chài，'虿'的古字，蝎子一类的有毒的虫——笔者注）堇不杀，漆淖水淖，合两淖则为蹇，湿之则为干。金柔锡柔，合两柔则为刚，燔之则为淖。或湿而干，或燔而淖，类固不必，可推知也？"

2《吕氏春秋·似顺论·别类》记载："高阳应将为室家，匠对曰：'未可也。木尚生，加涂其上，必将挠。以生为室，今虽善，后将必败。'高阳应曰：'缘子之言，则室不败也。木益枯则劲，涂益干则轻，以益劲任益轻，则不败。'匠人无辞而对。受令而为之。室之始成也善，其后果败。高阳应好小察，而不通乎大理也。"

3 江建俊：《新编刘子新论》，台湾古籍出版社，2001 年。

实，非得实者也。故明者，课言以寻理，不遗理而著[2]言；执名以责实，不弃实而存名。然则言理兼通，而名实俱正。

世人传言，皆以小成大，以非为是。传弥广而理逾乖，名弥假而实逾反，则回犬似人，转白成黑矣[3]。今指犬似人，转白成黑，则不类矣。专以类推，以此像彼，谓犬似玃，玃似狙，狙似人，则犬似人矣。谓白似缃，缃似黄，黄似朱，朱似紫，紫似绀，绀似黑，则白成黑矣。黄轩四面，非有八目，夔之一足，必有独胫。周人玉璞，其实死鼠，楚之凤凰，乃是山鸡。愚谷智叟，而像顽称，黄公美女，乃得丑名。鲁人缝掖，实非儒行，东郭吹竽，而不知音。四面一足，本非真实，玉璞凤凰，不是定名。鲁人东郭，空滥美称，愚谷黄公，横受恶名。由此观之传闻丧真，翻转名实。美恶无定称，贤愚无正目。

俗之弊者，不察名实，虚传说者，即似定真。闻野丈人，谓之田父；河上姹女，谓之妇人；尧浆、禹粮，谓之饮食；龙肝、牛膝，谓之为肉。掘井得人，言自土而出；三豕渡河，云彘行水上。凡斯之类，不可胜言。故狐狸二兽，因其名便，合而为一；蛩蛩巨虚，其实一兽，因其词烦，分而为二。斯虽成其名，而不知败其实，弗审其词，而不察其形。

是以古人必慎传名，近审其词，远取诸理，不使名害于实，实隐于名[4]。故名无所容其伪，实无所蔽其真，此之谓正名也。

注释：

[1] 实为名源：即《公孙龙子·名实论》所谓："夫名，实谓也。"

[2] 著：执着。

[3] 则回犬似人，转白成黑矣：《吕氏春秋·慎行论·察传》谓："夫得言不可以不察，数传而白为黑，黑为白。故狗似玃，玃似母猴，母猴似人，人之与狗则远矣。此愚者之所以大过也。闻而审，则为福矣；闻而不审，不若不闻矣。"

[4] 不使名害于实，实隐于名：《管子·九守》云："循名而督实，按实而定名。名实相生，反相为情。"

《刘子·审名第十六》释义：

语言是用来陈述事理的，所以事理是语言的根本。名号本用来考订事实，故真实才是名号的根源。倘若光有事理，不通过语言来表达，那么事理就不能明确。同样的，事实俱在，而没有名号，那事物之实也无从分辨。事理借着语言而得到阐明。但语言不等于事理。事物依靠称谓得以辨别，但是名号只是代称，并不等于真实事物。假如一味相信语言而不顾及事理，终究不能获得事理，或只执着于称名而忽略实，也无法获得真实。所以明智的人，必考订语言的原委，探索事理本身。不忽略事理而执着语言，按名称而求其真实，不委弃真实以虚存名号，这样才能使语言与事理兼顾，称谓与事实得以辨明。

一般转述别人的话，常将小事夸大，颠倒是非。所以语言传播越广，事理就越离谱；名号传得越远，越违背其实，几经辗转，狗可像人，白可变黑了。如果直接把狗说成像人，将白说成黑，则确实不像，但若转相类推，兜几个圈子，说此像彼，如说狗像猕猴，猕猴像猿，猿像人，那么无形中狗已像人了。又如称白像浅黄，浅黄像黄，黄像朱，朱像紫，紫又像青，青又像黑，几经辗转后，无形中白变成黑了。

像传言"黄帝有四面"，其实是任用四贤以治四方，大有成功，并非有四面八眼；

而"夔之一足"，是说舜时乐正名夔，能导化天下，只夔一人已足够，并不是夔独有一足；

周人称未晒干的鼠肉为一"朴"，而郑人谓玉未经琢磨者为"璞"，朴璞同音，周人所言为"朴"而非"璞"，为死鼠；

楚人担了只山鸡求售，骗人为"凤凰"，结果大家相传是见到凤凰；住在愚公谷的老汉，其实很有智慧，只是不跟人计较，就被当成顽固愚蠢的老人；

齐国黄公好谦虚，将自己两位如花似玉的女儿说成丑女，使丑陋之名远播，谁知却是国色天香；

鲁国人虽喜欢穿宽衣博带的儒服，实际上几无真儒；东郭处士混吹于乐班中，只在滥竽充数，本不知音。

类似以上所言的四面、一足，都非真实；又如玉璞、凤凰，也是随人称呼，没有固定的名称。鲁国人的儒服、东郭的混吹，只是虚有其名，竟得美称；相反，愚公的贤智，黄公的谦虚，却横被恶名，由此看来，口耳相传，每每失真，颠倒名实，使美与丑没有固定的称名，贤能与愚笨也没有一定的标准。

社会习俗的弊病就在不察名实，不能正本清源，空信一些不实在的传说，还以为真实。

譬如听到"野丈人"这个词儿，就说成"田舍翁"；

见到"河上姹女"一词，说是妇女；

其他如"尧浆""禹粮"，就称是喝的和粮食；至于"龙胆""牛膝"，就当肉来理解，不知皆为药草名。

"掘井得人"，原指挖井若得一人便于使唤，竟被附会成从土里冒出一个人；

"己亥"渡河被错读为了"三豕"渡河，随着更附会说是猪行水上，像这一类无稽的事情，说也说不完。

所以本来狐和狸是两种不同的动物，为了便于称呼，而合为"狐狸"一词，约定俗成，因以无别。

蛩蛩巨虚，本来是一种兽名，因嫌其烦琐，而将它分"蛩蛩"与"巨虚"。

类似这种情况，虽一时方便而分合其名，一经固定，反混淆了本来面目，若不详细审订名言，将不能明辨。

因而古人一定要谨慎地转述别人的话，仔细推敲目前的词语，取法各种事物的道理，不让称谓妨害真实，不使真实被外在虚名所掩盖。所以说，能做到名无从伪作，真实不被掩盖，这就叫正名。

名学纵横：

比附的本质是"信名而略实"

首先我们要区分比较和比附两个概念。

什么是比较呢？焦长权先生认为：

比较作为一种认识事物的方法。是根据一定的标准，把有某些联系的两种或两种以上的事物加以对照，确定他们之间的异同及其相互关系，形成对事物的认识。可见，比较至少是两者之间的比较。即便是同一个事物，在不同的情境中也有可比性，因此，不同情境中的同一事物，在比较中也算是不同的事物。比较的任务就是如何看待和解释不同事物间的关系，即不同事物之间的相同、相似或相异以及这种相同、相似或相异的原因或根源何在。当然，完全相同或完全相异的事物都不是我们比较的对象，只有有相似处的对象才有可比性：或者找出其相同点，或者分析其相异处。找出相同、相异点仅仅是比较的第一步。在此基础上，比较者总会站在某一立场上，对不同事物的关系作一判断，这就构成了比较的不同模式。[1]

什么是比附呢？焦长权写道："（比附）就是拿不能相比的东西来勉强相比：曲为比附。在具体中西学术的比较研究中，比附有拿西方比附中国者，亦有拿中国比附西方者，而又以后者为甚。就是在西方社会中所有的社会现象，作为学者非要在中国社会中找出一种与之相对应，认为西方有的，中国早已有之，也就是拿西方的框架来硬性地切割中国社会的经验，以西方的理论模式来套中国社会的现实或历史世界。"

比较是认识事物间的相同点和不同点，"别同异"；而比附"信名而略实，非得实者也"，根本是一种"以名害实"的逻辑错误。

尽管在19世纪末20世纪初国人开始大规模引入西学时，学者们就发现了比附的危害，但比附还是成为过去一百年来中国学者从事学术的基本方法，简单说，就是用西方学理硬套中国现实。

西方有封建社会，中国就要有封建社会，当然这种封建社会更长一些，2000年以上！

西方有资本主义，中国没有怎么办，那就找萌芽，找原因！

西方有自由民主，中国萌芽都难找，就要学，因为自由民主在西方是好制度，当然在中国也会是好制度！

---

1 焦长权：《比较还是比附：〈中国近世宗教伦理与商人精神〉读后》，载《社会科学论坛》，2008年第15期。

西方有形式逻辑，中国名学就被拉上了学术刑场，被肢解为概念、判断……

简而言之，如果失去了比附，中国学人，乃至大众媒体都无法开口。为什么名实在今天会如此混乱呢？这是因为，19 世纪末 20 世纪初，中国积贫积弱，面对国破家亡的生存危机，无数仁人志士将目光转向了西方。只要认为有利于强国，西方思想就会被贴上"公理""科学"的标签一股脑儿引入中国，不管这些概念或学说他们是不是真正理解了，也不管这些概念或学说是否适应中国现实社会土壤——这时，中国的社会现实和本土学术则成为倒霉地研究材料，被西方学术任意宰割。

谁不这样做，谁就会被指责如陈独秀早在 1924 年就大讲"与国际接轨""学问无国界"。如果不将"中国的古董学问"看作历史的材料，而去研究所谓的"国学"，那不是"在粪秽中寻找香水"，就是"在粪秽中寻找毒药"。[1]

20 世纪初，进化主义思想在中国得到广泛传播，影响巨大，但梁启超等鼓吹者对进化主义的理解极其肤浅，他们不过是给它加上"公理""科学"等大帽子充满感情色彩地到处宣传而已。王中江先生在《进化主义原理、价值及世界秩序观——梁启超精神世界的基本观念》一文中，在谈到进化主义在晚清的传播时写道：

> 从总体上说，梁启超对包括达尔文在内的进化主义的了解是非常有限的，或者正像普西（Pusey）所指出的那样，他对进化主义的了解是很肤浅的。[2] 而且，真正讲来，梁启超并不关注进化主义（特别是生物进化主义）学理本身，他关注的主要是"进化主义"对民族国家复兴的强大的实践功能。这不是一种个别现象，它是中国进化主义的一个总体倾向之一，严复也不例外。进化主义的最经典性著作《物种起源》，到了 1901 年和 1902 年，才由马君武译出其中的两章（第三章和第四章），到 1920 年，马君武才把全书译出。这

---

1 参见陈独秀：《国学》，《陈独秀著作选》第二卷，上海人民出版社，1993 年，第 604 页。

2 参阅 James Pusey, China and Charles Darwin, Cambridge, Mass. and London: Harvard University Press, 1983。

表明，那些处在时代变革第一线的中国知识分子，对进化主义的系统学理并没有真正的兴趣。也许具有讽刺意味，对中国思想界和社会改革进程产生了巨大影响的进化主义者，往往都不是系统研究进化主义的人物。深入系统研究和介绍进化主义的人物，反而都处在主流思潮的中心之外。陈兼善是个很好的例子，这位系统研究进化主义的学者，恰恰不广为人知。这是一个十分有趣的现象。让人感到不可思议的是，那些进化主义的传播者们，却极其大胆地去宣称进化主义的"普遍"真理性。[1]

如 21 世纪初，一些学者宣传西方自由市场经济的"普遍真理性"，称其为"普世价值"一样，20 世纪初的中国学者在宣传进化主义时称其为"公理"。至于这些观念的本质，则不是这些先生们关心的。

百年之后，复旦大学历史系姜义华教授对此沉痛地评论道：

> 对于中国传统学术，没有来得及从其自身内部生长出批判和创新的力量，来独立地进行疏浚清理、发展转化；对于西方新学，也没有足够的基础与时间去加以咀嚼、消化、吸收。急迫的形势，驱使他们中间许多人匆匆地将两者简单地加以比附、黏合，结果，造成传统的旧学和舶来的新学双双变了形。[2]

---

1 王中江：《进化主义原理、价值及世界秩序观——梁启超精神世界的基本观念》，载《浙江学刊》2002 年第 4 期。

2 姜义华：《章太炎评传》，百花洲文艺出版社，1995 年，第 19 页。

名学十三篇·鄙名篇第十

题解：

本篇为《刘子·鄙名第十七》全文。

由于没有名学思想防火墙，19 世纪以来，西方主流观念加在中国身上过多的鄙名、污名、恶名——"（名）不善害于实""立名不善，身受其弊"，鄙名对我们的伤害由来已久且入骨三分！

为何这样？

因为在诸多事情上我们都已失去了话语权，我们都代表"政治不正确"的一方，只能被动地接受人家的批判——话语权上的被动，导致一切方面都成了被动的——从国内经济政策一直到国际外交。

西方自认为是民主的，根据殖民时代"西是中非"的二元对立逻辑，就给不同于西方政体的中国扣上了"专制"大帽子。首先说中国古代专制，因为现实是历史的因革损益，又说中国今天也是专制的，结果中国政治合法性都成了问题。

《韩非子·难势第四十》称上述非黑即白的逻辑为"两末之议"，结果必然是"积辩累辞，离理失术"。中国学人不知道西方普遍性、习惯性的逻辑错误，过去 100 多年来竟将它们完全照搬过来。尽管现实中西方并不真正民主，中国也不专制。但中国有了"专制"这个鄙名的大帽子，摆脱这种"政治不正确"都难。

事实上，从 4000 多年前的尧舜时代一直到今天，尽管有辛亥革命推翻帝制、中华人民共和国成立建设社会主义国家这类剧烈变革，中国政治体制整体上从未背离"天下为公，选贤与能"之实。它既不是民主的，也不是专制的。在具体运行上，轻"从众"，重"从贤"，其选举也主要指贤能的培养、选拔机制。《尚书·洪范》篇谈到决策时说："汝则有大疑，谋及乃心，谋及卿士，谋及庶人，谋及卜筮。"这里是先"谋及卿士"（从贤），再"谋及庶人"（从众），但二者不是二元对立的，而是轻重、主次的关系。

再比如经济上，美国是市场经济，中国就是政府干预（已经不是计划经济），怎么办？从外汇管理到出口政策，中国常常在国际上被横加指责。事实上呢？美国在经济上从来不讲什么原则（不仅美国政府，美国商人常常也这样），只讲国家利益原则，它需要自由市场，就放任不管，需要政府干预，就拿起政策大棒。

也有个别学者觉悟到西方话语潜藏着"逻辑"陷阱，想"发明"新词取代"民主""专制"这类概念。比如某教授就从西方的字典里拈出了"良政（Good Governance）"和"劣政（Bad Governance）"，并自信地认为，这两个更加含混的二元对立概念比"民主""专制"好。如果笔者没有理解错的话，某教授肯定不反对中国人马上给自己贴上"良政"的标签，一如以前美国捷足先登，给自己贴上了"民主"标签，好让别人充当民主对立面、"专制"的角色。[1]

从一个"两末之议"到另一个更为模糊的"两末之议"，被西式教育洗脑的中国学人尽乎失去了摆脱西方话语和逻辑的能力；笔者不怀疑某教授的正直与博学，其逻辑混乱主要是因为他长期浸淫于西方学术的结果。

在无数旧的和新的鄙名压迫之下，国人不仅缺少话语权、文化自信，甚至以各种各样的形式处处挨骂，受打压。真如本篇中那个叫"盗"的孩子，本来一个奋起实现工业化和强国梦想的族群没有什么错，结果却因名而挨打。

作者说："审名之宜，岂不信哉！"问题是今日之中国，谁会关心名学及正名的问题呢？"名学"这个概念没有同"法家"一样成为鄙名已经万幸了；在西学统治的大学校园取得合法地位似乎不可能——目前我们只能眼睁睁看着它被拿着国家研究经费、戴着博士帽的学术屠夫用西方学术野蛮肢解。

本篇释义参考了江建俊先生的《新编刘子新论》[2]一书。

《刘子·鄙名第十七》原文：

名者命之形也，言者命之名也，形有巧拙，名有好丑，言有善恶。名言之善，则悦于人心；名言之恶，则忮[1]于人耳。是以古

---

1 参阅张维为教授的演讲《在全球比较中看"中国模式"》，网址：http://www.guancha.cn/video/2015_02_05_308677.shtml#。

2 江建俊：《新编刘子新论》，台湾古籍出版社，2001 年。

人制邑名子，必依善名名之，不善害于实矣。

昔毕万以盈大会福，晋仇以怨偶逢祸。然盈大者不必尽吉，怨偶者不必皆凶。而人怀爱憎之意者，以其名有善恶也。今野人昼见蟢子[2]者，以为有喜乐之瑞；夜梦见雀者，以为有爵位之象，然见蟢者未必有喜，梦雀者未必蝉冠，而人悦之者，以其名利人也。水名盗泉，尼父不漱[3]；邑名朝歌，颜渊不舍[4]；里名胜母，曾子还轵[5]；亭名柏人，汉后夜遁。何者？以其名害义也。以蟢雀之徵，无益于人名，苟近善而世俗爱之。邑泉之大，生人所庇，名必伤义，圣贤恶之。由此而言，则善恶之义在于名也。

昔有贫人命其狗曰富，命子曰乐，方祭，而狗入于室，叱之曰："富出！"祝曰："不祥。"家果有祸。其子后死，哭之曰乐，而不自悲也。庄里有人字其长子曰盗，次子曰殴。盗持衣出耨[6]，其母呼之曰盗，吏因缚之。其母呼殴殴喻吏，遽[7]而声不转，但言殴殴，吏因殴之，盗几至于殪[8]。立名不善，身受其弊。审名之宜，岂不信哉！

注释：

〔1〕忮：zhì，害，违逆。

〔2〕蟢子：蟢，音 xǐ，蟢子也叫喜蛛。蜘蛛的一种，暗褐色，腿很长，有喜兆的寓意。

〔3〕漱：唐卷子本作"饮"。

〔4〕邑名朝歌，颜渊不舍：颜渊安贫乐道，不愿居住在名为商纣王国都"朝歌"的邑。

〔5〕还轵：轵，阻止车轮转动的木头，车开动时，则将其抽走；还轵意为转过车来。

〔6〕耨：耕田、锄草。

〔7〕遽：仓猝间。

〔8〕殪：yì，死。

《刘子·鄙名第十七》释义：

名是用来称呼其形的，而言又是用来说明其名的，物的形状有精巧、有粗劣，称名则有美善、有鄙陋，而言论也有好与坏。若好言善名，则能取悦人心，讨人喜欢；相反，若丑名恶言，刺耳逆心，则惹人讨厌。所以古人不论为邑里定名，或为儿女命名，一定取好名。名号若不美善，将会损害事物本身。

从前晋国大夫毕万，就因"万"字有满盈充大的意思，而得遇福禄；晋穆侯为太子取名为仇，仇是怨恨之意，终遇祸乱。虽然，盈大不一定都遇吉祥；有怨恨之意不一定都逢凶祸，但一般说来，人对外物怀有喜爱跟憎恶的感情，最直接的是由于名的好与坏。像现在乡巴佬，若在白天看到名叫"蟢子"的长脚蜘蛛，就认为是喜乐的瑞兆，晚上梦见麻雀的，就认为是将得到官位的征象。虽然，看到蟢子的，未必果真有喜事；梦到麻雀的，也未必有官做，但一般人之所以喜欢它们，就因为"蟢""雀"的称呼跟"喜""爵"谐音，是吉祥事，有利于人的缘故。至于泉水名为"盗泉"，仲尼虽渴也不去饮用；县邑的名叫"朝歌"，颜回就不愿在那里停宿；闾名叫"胜母"，曾子还车以逃避它；邑亭的名叫做"柏人"，汉高祖感于音近"迫人"，而当夜离去。这是何故呢？在于它们的名称不雅，有害于义。像蟢、雀的微小，对人一点也没益处，只因它们的名称近于吉善，而被世人喜爱。而像县邑、泉水的重要，是人们生存所依赖的，只因其名有伤于义，惹得圣贤讨厌它。由此看来，善恶的标准决定于名称的好坏了。

从前有个穷苦人家，把所养的狗取名为"富"，而为儿子取名为"乐"，有一次正在祭祀时，那条狗跑入祭祀的厅堂里，主人当下喝斥道："富！滚出去！"司祭的巫祝听了说："不吉祥。"他的家果真发生灾祸。后来其子死了，家人哭哭啼啼地叫着"乐啊！乐啊！"外人听来以为不像悲伤的事儿。又如齐国庄里有户人家，给长子起名为"盗"，次子起名叫"殴"。有一天，盗拿着衣服出门耕田，其母在后头追着喊："盗！盗！"官差听到，就把"盗"捆了起来，他的母亲情急之下叫次子"殴"去解释，但慌忙间话又讲不清楚，一味地叫着："殴！殴！"，官差便痛打"盗"，"盗"差点被打死。可见名字取得不好，则身受其害。因而谨慎地明辨名字以求适当实在重要，怎能等闲视之呢？

名学纵横：

鄙名形成的历史原因

要在人们的头脑中清除鄙名的毒瘤，我们首先要清楚历史上鄙名是如何形成的。

如同任何社会事物的形成都有复杂成因一样，鄙名的出现也不例外。关于鄙名形成的历史成因，以下两个因素相当重要：

（1）基于二元对立思维的西方中心论。

（2）19世纪西方帝国主义国家殖民掠夺的理论需要。

有太多的历史事实说明，西方文明在近代的崛起与东方文明是息息相关的，没有对包括伊斯兰文明、中华文明在内的东方文化的继承和发展，西方近代文明就成了无本之木，无源之水。但西方人喜欢将自己描绘成自古希腊时代起就是独立发展的先进文化，精心构建了一个否定东方的全新知识体系。

这种虚构的历史本身荒诞不经，却又为诸多学者深信不疑。比如西方启蒙运动更是吸收借鉴了诸多阿拉伯和中国的思想资源。甚至西方工业革命所依赖的重要科技，也有许多是经由中国起重要作用早期全球化商路传到欧洲的。

英国谢菲尔德大学政治与国际关系学高级讲师约翰·霍布森（John M Hobson）在《西方文明的东方起源》一书中，曾经这样描述东方在西方历史描述中的对立的"他者"地位，即"欧洲历史被刻写成一种发展的时间直线，而东方历史则被想象成停滞不前的循环"。约翰·霍布森写道：

> 翻开任何一本关于近代世界兴起的传统书籍，西方常常被描绘成主流文明，并赋予一种赋予创造精神的品质。尽管东方社会有时也被提及，但它们显然被置于主流历史之外。通常的情形是，即使谈到了东方，也是单独讨论。因此，人们能够仅仅集中于西方部分而了解主要历史，这样东方社会基本上就以一种旁白或者不相关的脚注而出现。但是这一旁白很重要，不是因为它很少谈论到东方，而是因为它仅仅描述东方阻碍其自身发展的落后的内在特性。这再次为西方优越

以及为什么"西方胜利"是不争的事实，提供了强有力的证明。[1]

西方人这种基于二元对立思维的西方中心论不是少数精英阴谋论的结果，而是诸多知识分子、教师、科学家、旅行家、小说家、记者、传教士、政治家、商人、殖民者共同铸造的，是一个相当长的历史过程，但其目的只有一个，就是寻求帝国主义的合法性：因为东方落后，所以需要欧洲的征服。用19世纪英国历史学家、探险家、哲学家温伍德·里德（Winwood Reade）的话说："土耳其，中国和世界其他地区终有一天会繁荣强大的。但那里的人们却永远都不会进步……除非他们享受到了人类的权利；只有靠欧洲人的征服，他们才能得到这些权利。"[2]

帝国主义理论是怎样炼成的？约翰·霍布森以英帝国理论为例："通过创造一种假想的社会'文明等级表'。英国人成功地对世界进行了虚构。如下表所示，英国人将自己置于'英超联赛'（the Premier League）的地位。欧洲大陆则被归为'甲组'（或'第一世界'）；'黄种人'被定为'乙组'（或'第二世界'）；'黑种人'被划入'丙组'（或'第三世界'）；那些摇摆于贬逐降级边缘的则被归入第四组（'猿人世界'）。"其中我们看到，在这一"虚构"中，大量鄙名强加在东方世界身上。

英国帝国主义理论：文明等级表和种族主义世界的建立

文明等级	"文明的"（英超联赛和"甲组"）第一世界	"未开化的"（"乙组"）第二世界	"野蛮的"（"丙组"）第三世界
相应国家	居于"英超"地位的英国："甲组"的西欧	如奥斯曼帝国、中国、暹罗和日本	如非洲、澳大利亚和新西兰
种族肤色	白色	黄色	黑色
性格	恪守纪律、勤劳	抑郁、呆板僵化	迟钝、怠惰
气候特征	寒冷、潮湿	干燥、酷热	严重干旱、贫瘠
人的特性	基督徒	异教徒	无信仰或异教徒
东方专制主义理论	开明、民主、自由、个人主义、理性	专制、奴役、中央集权主义、非理性	专制或缺乏管理、集权主义、非理性

1［英］约翰·霍布森：《西方文明的东方起源》，孙建党译，山东画报出版社，2009年，第10页。

2［英］约翰·霍布森：《西方文明的东方起源》，孙建党译，山东画报出版社，2009年，第196页。

续表

彼得·潘[1]理论	父亲般的、阳刚、独立、创新、理性	不成熟、阴柔、易于模仿、易受迷惑和非理性	幼稚、阴柔、不独立、旁观主义、非理性
社会合法准则	英国人是上帝的选民或优等民族	堕落的民族	自然状态下的未开化者
政治合法准则	（居住空间界定的）主权国家	非主权国家或间接帝国统治（居住空间未界定）	无主地或直接殖民统治（未被占领的荒漠之地）
综合文明特性	符合标准	不正常	不正常

本表来源：［英］约翰·霍布森著《西方文明的东方起源》，孙建党译，山东画报出版社，2009 年，第 201—202 页。

随着 19 世纪当代诸多社会科学在西方形成，以上鄙名（包括支撑鄙名的理论）嵌入了西方文明基因，被当代东西方学者继承下来。约翰·霍布森写道：

> 社会科学大多完全出现于 19 世纪，那时对西方身份的重新想象也达到了顶峰，这并非一种巧合。因为到那时欧洲人已经从智力上把整个世界分成了两个对立的部分。但从 19 世纪到现在，正统的西方社会学家不但没有批评这种东方主义和东西方根本分裂的观点，反而接受并将这种两极分裂视为不言而喻的真理，而且还写进其西方崛起论和资本主义近代化起源的理论中。[2]

19 世纪末 20 世纪初，出于救亡图存的急切用心，中国知识分子引入五花八门的西方社会科学，也饥不择食地引入了大量鄙名。今天，我们必须将这些思想毒瘤割除——对大多数学者来说，这是相当痛苦的选择。然而"立名不善，身受其弊"，为了不使大量鄙名思想毒瘤继续扩散给下一代，我们必须这样做！

---

1 "彼得·潘"是苏格兰小说家及剧作家詹姆斯·马修·巴利（James Matthew Barrie，1860—1937 年）最为著名的剧作《彼得·潘：不会长大的男孩》的主人公。这里代指"停滞不变的东方"。

2 ［英］约翰·霍布森：《西方文明的东方起源》，孙建党译，山东画报出版社，2009 年，第 9—10 页。

名学十三篇·大道篇第十一

题解：

本文节录自《尹文子·大道上》。

尹文子（约公元前360—前280年），齐国人。尹文于齐宣王时居稷下，为稷下学派的代表人物。他与宋钘、彭蒙、田骈同时，都是当时著名学者，并且同学于公孙龙。东汉经学家高诱注《吕氏春秋·正名》云尹文："作《名书》一篇"，有论者认为，这个《名书》，可能就是现存的《尹文子》。

伍非百先生在《尹文子略注》中总述该书云："班固《艺文志》作一篇。魏仲长氏分为上下二篇。后因之。今按《上篇》多形名言，《下篇》多法术之语。疑为仲长氏所条次者。但马总《意林》所引三条，今不见于本书，疑残缺尚多，必有后人附益移易者。"[1]

《尹文子》相当突出的一点是指出了道治与法治，其根本区别在于道治"上无为而民自治"，法治是抱法处势而治。所以作者贵道治，并说："大道治者，则名、法、儒、墨自废。以名、法、儒、墨治者，则不得离道。""道不足以治则用法，法不足以治则用术，术不足以治则用权，权不足以治则用势。"但道治同法治一样，关键在正名，"定于分"，它不能离形名法术而存在。所以上面说："道行于世，则贫贱者不怨，富贵者不骄，愚弱者不慑，智勇者不陵，定于分也。"

对于一个组织来说，"定于分"的关键在于领导者和下级的职分清晰，不互相侵杂，然后领导者可依法赏罚，下级可安守本职，努力工作。所以《尹文子·大道上》指出，奖赏有功惩罚犯罪，这是君主的事；严守职责尽心竭力，这是臣子的职分。君主对臣子论功升迁，据过贬黜，所以有庆赏刑罚；臣子各自慎守职责，所以能守职效力。君主不能干臣子的事，臣子也不能侵

---

1 伍非百：《中国古名家言》，四川大学出版社，2009年，第484页。

犯君主的权限，上下互不混淆侵犯，这就叫作名正。名正就能使国家的法律秩序顺畅，认识万物使它们互相区别，治理国内大事使它们不相混杂。受到欺侮而不觉得耻辱，得到推举而不骄傲自满，禁止暴力，平息战争，解救世上的争斗，这就是仁义君主的德行。能做到这些就可以成为一国之主。严守职责名分不使其混乱，慎重地做好本职工作而没有私心，遇到富足时与遭到灾荒时都不变心，受到批评或表扬时都能正确对待，得到奖赏时不得意忘形，受到责罚时也不怨天尤人，这是作臣子的节操。能做到这些就可以成为合格的臣下了。[1]

事实上，不仅尹文一家贵清静无为的道治，中国诸子百家皆崇尚无为而治，《论语·卫灵公篇第十五》载孔子赞舜之治道云："无为而治者，其舜也与？夫何为哉？恭己正南面而已矣。"

这种各尽其职，因循无为的政治理想是西方学者难以理解的。西方学人动不动就给中国加上停滞或历史循环论的大帽子，他们很难理解中国人的政治理想——西方人不理解中国，中国诸多学者"自然"鹦鹉学舌，也不理解了——不知什么时候学人才能回归自己的精神家园，在中国历史和现实经验的基础上从事研究工作，做到以中国之名研究中国之实。如《尹文子》所说的："名者，名形者也；形者，应名者也。"

本篇释义参考了高流水先生的《尹文子全译》[2]。

《尹文子·大道上》原文（节选）：

大道无形，称器有名[1]。名也者，正形者也。形正由名，则名不可差。故仲尼云"必也正名乎！名不正，则言不顺"也。大道不称[2]，众有必名。生于不称，则群形自得其方圆。名生于方圆，则众名得其所称也。

大道治者，则名、法、儒、墨自废。以名、法、儒、墨治者，则不得离道。老子曰："道者万物之奥，善人之宝，不善人之所宝。"

---

1 原文："庆赏刑罚，君事也；守职效能，臣业也。君科功黜陟，故有庆赏刑罚；臣各慎所任，故有守职效能。君不可与臣业，臣不可侵君事。上下不相侵与，谓之名正。名正而法顺也。接万物使分，别海内使不杂。见侮不辱，见推不矜，禁暴息兵，救世之斗。此仁君之德，可以为主矣。守职分使不乱，慎所任而无私。饥饱一心，毁誉同虑，赏亦不忘，罚亦不怨。此居下之节，可为人臣矣。"

2 高流水、林恒森：《慎子、尹文子、公孙龙子全译》，贵州人民出版社，1996年。

是道治者，谓之善人；藉名、法、儒、墨者，谓之不善人。善人之与不善人，名分日离，不待审察而得也。道不足以治则用法，法不足以治则用术，术不足以治则用权，权不足以治则用势。势用则反权，权用则反术，术用则反法，法用则反道，道用则无为而自治。故穷则徼终[3]，徼终则反始。始终相袭，无穷极也。

有形者必有名，有名者未必有形。形而不名，未必失其方圆白黑之实。名而不可不寻，名以检其差。故亦有名以检形，形以定名，名以定事，事以检名。察其所以然，则形名之与事物，无所隐其理矣。

名有三科[4]，法有四呈[5]。一曰命物之名，方圆白黑是也；二曰毁誉之名，善恶贵贱是也；三曰况谓之名，贤愚爱憎是也。一曰不变之法，君臣上下是也；二曰齐俗之法，能鄙[6]同异是也；三曰治众之法，庆赏刑罚是也；四曰平准之法，律度权量是也。

术者，人君之所密用，群下不可妄窥；势者，制法之利器，群下不可妄为。人君有术而使群下得窥，非术之奥者；有势而使群下得为，非势之重者。大要在乎先正名分，使不相侵杂[7]。然后术可秘，势可专。名者，名形者也；形者，应名者也。然形非正名也，名非正形也。则形之与名居然别矣。不可相乱，亦不可相无。无名，故大道无称；有名，故名以正形。今万物具存，不以名正之，则乱；万名具列，不以形应之，则乖。故形名者，不可不正也。

善名命善，恶名命恶。故善有善名，恶有恶名。圣贤仁智，命善者也；顽嚚[8]凶愚，命恶者也。今即圣贤仁智之名，以求圣贤仁智之实，未之或尽也。即顽嚚凶愚之名，以求顽嚚凶愚之实，亦未或尽也。使善恶尽然有分，虽未能尽物之实，犹不患其差也。故曰：名不可不辩也。

名称者，别彼此而检虚实者也。自古至今，莫不用此而得，用彼[9]而失。失者，由名分混；得者，由名分察。今亲贤而疏不肖，赏善而罚恶。贤、不肖、善、恶之名宜在彼，亲、疏、赏、罚之称宜属我。我之与彼，又复一名，名之察者也。名贤、不肖为亲、疏，名善、恶为赏、罚，合彼我之一称而不别之，名之混者也。故曰：名称者，不可不察也。

语曰"好牛"，又曰，不可不察也。好则物之通称，牛则物之定形，以通称随定形，不可穷极者也。设复言"好马"，则复连于马矣，则好所通无方也。设复言"好人"，则彼属于人矣。则"好"非"人"，"人"非"好"也。则"好牛""好马""好人"之名自离矣。故曰：名分不可相乱也。

五色、五声、五臭、五味，凡四类，自然存焉天地之间，而不期为人用。人必用之，终身各有好恶，而不能辩其名分。名宜属彼，分宜属我。我爱白而憎黑，韵商而舍徵〔10〕，好膻而恶焦，嗜甘而逆苦。白黑、商徵、膻焦、甘苦，彼之名也；爱憎、韵舍、好恶、嗜逆，我之分也。定此名分，则万事不乱也。故人以"度"审长短，以"量"受少多，以"衡"平轻重，以"律"均清浊，以"名"稽虚实，以"法"定治乱，以简治烦惑，以易御险难。万事皆归于一，百度皆准于法。归一者，简之至；准法者，易之极。如此则顽嚚聋瞽，可与察慧聪明同其治也。

天下万事，不可备能，责其备能于一人，则贤圣其犹病诸〔11〕。设一人能备天下之事，则左右前后之宜、远近迟疾之间，必有不兼者焉。苟有不兼，于治阙〔12〕矣。全治而无阙者，大小、多少，各当其分；农商工仕，不易其业。老农、长商、习工、旧仕，莫不存焉，则处上者何事哉？

故有理而无益于治者，君子弗言；有能而无益于事者，君子弗为。君子非乐有言，有益于治，不得不言。君子非乐有为，有益于事，不得不为。故所言者不出于名法权术，所为者不出于农稼军阵，周务〔13〕而已，故明主任之。治外之事，小人之所必言；事外之能，小人之所必为。小人亦知言有损于治，而不能不言；小人亦知能有损于事，而不能不为。故所言者极于儒墨是非之辨，所为者极于坚伪偏抗之行，求名而已，故明主诛之。

故古语曰："不知无害为君子，知之无损为小人。工匠不能，无害于巧；君子不知，无害于治。"此言信矣。为善使人不能得从，此独善也；为巧使人不能得从，此独巧也，未尽善巧之理。为善与众行之，为巧与众能之，此善之善者，巧之巧者也。故所贵圣人之治，不贵其独治，贵其能与众共治也；所贵工倕[14]之巧，不贵其独巧，贵其能与众共巧也。

今世之人，行欲独贤，事欲独能，辩欲出群，勇欲绝众[15]。独行之贤，不足以成化；独能之事，不足以周务；出群之辩，不可为户说；绝众之勇，不可与征阵。凡此四者，乱之所由生。是以圣人任道以夷其险，立法以理其差。使贤愚不相弃，能鄙不相遗。能鄙不相遗，则能鄙齐功；贤愚不相弃，则贤愚等虑。此至治之术也。

名定则物不竞，分明则私不行。物不竞，非无心，由名定，故无所措其心。私不行，非无欲，由分明，故无所措其欲。然则心欲人人有之，而得同于无心无欲者，制之有道也。田骈[16]曰："天下之士，莫肯处其门庭、臣其妻子，必游宦诸侯之朝者，利引之也。游于诸侯之朝，皆志为卿大夫而不拟于诸侯者，名限之也。"彭蒙曰："雉兔在野，众人逐之，分未定也；鸡豕满市，莫有志者，分定故也。物奢则仁智相屈，分定则贪鄙不争。"

圆者之转，非能转而转，不得不转也；方者之止，非能止而止，不得不止也。因圆之自转，使不得止；因方之自止，使不得转。何苦[17]物之失分？故因贤者之有用，使不得不用；因愚者之无用，使不得用。用与不用，皆非我也。因彼可用与不可用而自得其用也。自得其用，奚患物之乱乎？

物皆不能自能，不知自知。智非能智而智，愚非能愚而愚，好非能好而好，丑非能丑而丑。夫不能自能，不知自知，则智好何所贵？愚丑何所贱？则智不能得夸[18]愚，好不能得嗤[19]丑，此为得之道也。

道行于世，则贫贱者不怨，富贵者不骄，愚弱者不慑，智勇者不陵，定于分也。法行于世，则贫贱者不敢怨富贵，富贵者不敢陵[20]贫贱，愚弱者不敢冀智勇，智勇者不敢鄙愚弱。此法之不及道也。

注释：

〔 1 〕大道无形，称器有名：《周易·系辞传上》云："形而上者谓之道，形而下者谓之器。"

〔 2 〕不称：无法以名相称。

〔 3 〕徼终：徼，边界；徼终，达到终点。

〔 4 〕科：类别。

〔 5 〕呈：表现。

〔 6 〕能鄙：才能的好与差。

〔 7 〕侵杂：侵扰混杂。

〔 8 〕嚚：yín，愚蠢而顽固。

〔 9 〕彼：这里代指名实运用不当。

〔 10 〕韵商而舍徵：韵，好听的声音，这里指喜欢；舍，舍弃，这里指讨厌。

〔 11 〕诸："之乎"的合音。

〔 12 〕阙：缺点，过错。

〔 13 〕周务：努力从事本职工作。

〔 14 〕倕：又作"垂"，古代传说中的能工巧匠。

〔 15 〕绝众：超乎众人。

〔 16 〕田骈：(约公元前 350~ 公元前 275 年)，又称陈骈，田子。因好谈"不可穷其口"，又被人称为"天口骈"。战国齐人，曾师事彭蒙。

〔 17 〕苦：担心。

〔 18 〕夸：炫耀。

〔 19 〕嗤：讥笑，嘲讽。

〔 20 〕陵：通"凌"，欺凌。

《尹文子·大道上》(节选) 释义：

　　大道没有具体的形状，有形状的事物都有相应的名称。名称是判定事物的依据，正因为判定事物的依据取决于名称，所以命名不能有差错。孔子说："一定要纠正不恰当的名分。名分不正，说起话来就不顺当。"大道没有相应的名称，万物一定有相应的名称。从没有名称的大道中产生出来的万物，都具备各自的形状特征。由于名称产生于各种形状的事物中，那么众多的名称应当与各种具体事物相对应。

用大道治理国家，那么名家、法家、儒家、墨家的学说自然会被废弃。而用名家、法家、儒家、墨家的学说治理国家，也不能离开大道。老子说："道是万物的根本。它是善人的法宝，也是不善人所要保持的。"用大道治理国家的人，被称为善人；凭借名家、法家、儒家、墨家学说治理国家的人，被称为不善人。善人和不善人之间，名位和职分日益分离，以至于不用认真审察就能区分。

用道治理国家感到不足时就用法治，用法治理国家感到不足时就用权术，用权术治理国家感到不足时就用权力，用权力治理国家感到不足时就用权势。权势用尽了再反过来用权力，权力用尽了再反过来用权术，权术用尽了再反过来用法治，法治用尽了再反过来用大道，用大道治理国家，就会达到君主无所作为而天下大治的效果。所以说事物陷入穷尽就发展到了终点，发展到终点就会返回到开始的地方，这样开始和终点互相循环因袭，永无穷尽。

有形状的事物必定有名称，有名称的事物不一定有形状。有形状而没有名称的事物，不一定会失去它的形状、颜色等特征。有名称而没有具体形状的事物，不根据名称去检验具体的事物，则往往出现差误。所以，有时用事物的名称来检验事物的形状，有时根据事物的形状确定事物的名称，有时用事物的名称来规定事物的种类，有时根据事物的种类来检验事物的名称。弄明白了事物的形状与名称之间的关系，那事物的形名关系与事物中的道理就无法隐瞒了。

名有三种类型，法有四种表现。名的三种类型：第一种是事物的名称，如事物的方、圆、白、黑等；第二种是诋毁、赞誉的名称，如善、恶、贵、贱等；第三种是形容事物的名称，如贤能、愚蠢、爱慕、憎恶等。法的四种表现：其中第一种是永恒不变之法，如君臣、上下之间的关系等；第二种是教化之法，如道德品行修养的好与坏、风俗习惯的同与异等；第三种是治理民众之法，如奖赏有功的、惩罚犯罪的等；第四种是平准之法，如制定法规、统一度量衡等。

权术是君主秘密使用的法宝，臣下不能随便窥测。权势是制定法令的有力武器，臣下不能随便使用。君主所采用的权术，如果让臣下窥测到，这种权术便不再深奥莫测。君主所利用的权势，如果被臣下随便利用，这种权势就没有分量了。关键是首先纠正有偏差的名分，让它们不互相侵扰混杂，然后君主的权术就可以保密，君主的权势就可以专用。名称是用来命名事物形状的，事物的形状与名称相对应。但是，事物的形并不是专门用来纠正名的，名也不是专门用来纠正形的。那么形与名二者判然有别，不能互相混淆，也不能互相缺少。没有名称，大道就无法以名相称；有了名称，能用名来匡正各种事物的形。现在万物俱备，如果不用名来区分就会发生混乱；世上各种名称都有，如果不用形来与它们对应，就会出现偏差。所以，形与名的关系，不能不认真加以辨正。

用好名称命名好的东西，用坏名称命名坏的东西，所以好的东西有好名称，坏的东西有坏名称。圣贤仁智，是用来命名好人的；顽嚚凶愚，是用来命名坏人的。现在如果用圣贤仁智之名，去寻求圣贤仁智之实，未必完全符合实；如果用顽嚚凶愚之名，去寻求顽嚚凶愚之实，也未必完全符合实。如果能把好名、坏名区分开来，即使不能完全反映事物的实际情况，也不必担心出现大错，所以对名不能不辨证清楚。

名称是用来区别不同事物、检查形名关系的。从古到今，莫不运用得当就能成功、运用不当就要失败。失败是因为名分混淆不清，成功是因为名分明察清晰。现在人们亲近贤能之人，疏远不肖之徒，奖赏道德品行好的人，惩罚罪犯。贤能之人、不肖之徒、品行好的、犯罪的，这都是客观存在的名称；亲近、疏远、奖赏、惩罚，都是人们所采取的主观态度。人们的主观态度与客观存在的事实，这是两种根本不同的名称，要把它们区分清楚。如果把客观存在的贤能之人、不肖之徒与人们所采取的亲近、疏远态度混为一谈，把品行好、犯罪与奖赏、惩罚混为一谈，把客观存在的事实与人的主观态度不加区别，这就把名称搞乱了。所以说，对名称是不能不审察清楚。

人们常说"好牛"，这个名分不能不辨察清楚。"好"是事物的通称，"牛"是事物的形体，用事物的通称来修饰事物的形体，永无穷尽。再比如说"好马"，通称的"好"又与形体的"马"连在一起，那么"好"所通用的范围就没有什么限定了。比如再说"好人"，那"好"的名又归属到"人"了。然而"好"的概念不是"人"的概念，"人"的概念也不是"好"的概念。"好牛""好马""好人"的名分就自然区分开来了，所以说名分不能混乱。

五种颜色、五种声音、五种气味、五种味道这四类物质，自然地存在于天地之间，它们并不期望被人们利用，但人们定要用它们，终身不改变对它们的好恶，却鲜能分辨它们的名与分。名称对应自然存在的事物本身，对事物的分辨则是人的主观因素。我喜欢白色而讨厌黑色，喜欢商声而讨厌徵音，喜爱膻气而厌恶焦气，喜欢甜味而厌恶苦味。白黑颜色、商徵声音、膻焦气味、甜苦味道，这都是世上存在的事物名称。而喜爱憎恶、爱听不爱听、喜欢讨厌、爱吃不爱吃，却是人们的主观态度。能够确定这些客观的名和主观的分，万事万物就不会出现混乱。所以人们用尺来计算物体的长短，用量来测量东西的多少，用秤来称量物体的轻重，用律吕来辨别音乐的声音，用名分来考查事物的虚实，用法制来规范国家的秩序，用简明来治理烦琐疑惑，用变易来排除危险和困难。把万事万物都归结为一个道理，各种准则都以法律作准绳。万事万物都归为一个道理，这是最简要的方法。用法律作准绳，这是最便易的措施。如果能做到这样，那么顽固、愚蠢、耳聋、眼瞎的人就可以与开明、智慧、耳聪、目明的人一样，各尽所能共同治理国家。

天下的事物千差万别，不能要求一个人什么都会做。如果要求一个人什么都会做，即使是圣贤也办不到。假设一个人能做天下所有的事，但他做事的前后左右、远近缓急方面，必定有不能兼顾到的。如果不能兼顾到，对于治理国家就会有所欠缺。要使国家得到全面的治理而没有欠缺，应使事情的大小多少方面都恰如其分，农民、商人、工人、官吏各守其业。如果有经验的老农和擅长经商的商人，熟练的工匠和老练的官吏，都发挥自己的专长，那么领导者还有什么事要亲为呢？

因此，有些话虽有道理，对治理国家没有好处，君子绝对不说；虽然有能力，但对成就事业没有好处，君子绝对不做。君子不是乐于好说，而是因为对治理国家有好处，不得不说；君子不是乐于好做，是因为对成就事业有好处，不得不做。君子所说的话，不外乎名、法、权、术方面的内容；君子所做的事，不外乎农业生产、战争打仗方面的事情，努力做好自己的本职工作而已。所以，贤明的君主任用君子。对治国无益的话，小人总爱说；对国家没有用处的事，小人总爱去做。小人也知道这些话对治国有害，却不能不说；小人也知道这些可能有损于治国大事，却不能不做。所以，他们所说的都是儒家、墨家的是非争辩；所做的都虚伪偏执。他们这样做的目的都是为了求取功名罢了，所以明君诛杀他们。

古话说："不知道并不能妨碍一个人成为君子，知道也不能阻碍一个人成为小人。工匠不能做别的事情，并不妨碍他是能工巧匠；君子不知道其他事情，也不妨碍他能治理好国家。"这话可信。自己做善事使人不能跟从，叫独善；自己做事精巧让人不能跟着学，叫独巧。这两者都没有穷尽善与巧的道理。自己行善也能使众人跟着行善，自己做事精巧也能让众人做到精巧，这才是善中之善、巧中之巧。所以圣人治理国家的可贵之处，不在圣人能独立治理国家，而在圣人能与众人共同治理国家。能工巧匠的可贵之处，不在他个人做事精巧，而在他能与众人共同做事精巧。

现在的人们，行为总想表现出自己特别贤达，做事总想表现出自己很有能力，论辩总想表现自己才能超群，勇敢总想表现自己无与伦比。行为独贤，不足以教化万民；做事独能，不足以完成各项工作；论辩超群，不可能做到家喻户晓；勇敢无比，不可能上阵应敌。大凡这四种情况，是国家产生混乱的根本原因。所以圣人用道来克服各种艰难险阻，确定法律来处理各种差异。使贤人和愚人不互相抛弃，使能人与庸人不互相舍弃。能人与庸人不互相舍弃，那么能人与庸人就会同样取得成功；贤人与愚人不互相抛弃，那么贤人与愚人就会共同考虑国家大事，这是最好的治国权术。

名义确定后，人们对事物就不会争夺；分属明确后，人们的私欲就不会盛行。人们对事物不争夺，并不是没有争夺之心，而是因为名义确定后无法实施争夺；人们的私欲不能盛行，并不是人们没有私欲，而是因为分属已经明确无法实施。然而私心、私欲人人都有，却能使人们做到如没有私心、没有私欲一样，是因为制止私心、私欲的方法得当。田骈说："天下有志的男儿，没有谁肯总是待在家里伺候妻子儿女，他们必定要到各诸侯国去游说，求得一官半职，这是受利禄引诱所致。他们到各诸侯国游说的目的，都想成为卿大夫，而没有想成为诸侯国的君主，这是因为名分限定了他们。"彭蒙说："野鸡和兔子在野地时，众人都会去追逐，这是因为分属还没有确定的缘故。鸡和猪布满集市，没有人企图抢夺占为己有，这是因为分属已经确定的缘故。财物丰富而分属未定，即使仁智之人也会争夺；分属确定之后，就是贪得无厌的人也不敢乱抢。"

圆的东西之所以会转动，并不是因为它本身会转动而转动，而是因为它具备转动的条件而不得不转动；方的东西之所以会静止，并不是因为它本身会静止而静止，而是因为它具备静止的条件而不得不静止。顺应圆的东西能自己转动的特性，使它不得静止；顺应方的东西能自己静止的特性，使它不得转动，何必担心事物失去本性呢？所以，利用贤能之人对治理国家有用的特征，使他们不得不为国家所用；顺应愚昧之人对治理国家无用的特征，使他们不得为国家所用。国家用与不用，都不是由个人的主观愿望所决定，而是顺应可用与不可用的特征，使他们各得其所，哪里还用担心事物会发生混乱呢？

所有的事物都不能想做到自然就能做到，想知道自然就能了解。聪明的人并不是自己想聪明就能聪明，愚笨的人并不是自己想愚笨就会愚笨，好看的人并不是自己想好看就能好看，丑陋的人并不是自己想丑陋就会丑陋。不能想做到自然就能做到，想知道自然就能了解，那么聪明和好看有什么可珍贵的呢？愚笨和丑陋有什么可卑贱的呢？聪明的人不能向愚笨的人炫耀，好看的人不能讥笑丑陋的人，这都是懂得了治理国家所应遵循的大道。

如果大道流行于世，那么贫穷与卑贱的人就不会有怨言，富裕与尊贵的人就不会高傲自大，愚笨与软弱的人就不会恐惧害怕，聪明与勇敢的人就不会盛气凌人，这是因为确定了名分的缘故。如果法制能在世间施行，那么贫穷与卑贱的人就不敢怨恨富裕与尊贵的人，富裕与尊贵的人也不敢欺凌贫穷与卑贱的人；愚笨与软弱的人就不敢企盼超过聪明与勇敢的人，聪明与勇敢的人也不敢鄙视愚笨与软弱的人，这就是施行法制不如施行大道的地方。

名学纵横：

近代最恶毒鄙名之一——"闭关锁国"

近代史上强加在中国身上最恶毒的鄙名之一，就是"闭关锁国"。

按照殖民者的逻辑：因为清廷闭关锁国，1840 年鸦片战争大英帝国才用大炮轰开中国的大门，唤醒了沉睡已久的东方睡狮。

"闭关锁国"这一概念，鸦片战争时期并不存在，不见诸当时任何官方文献和私人著述，因为那时几乎没有人认为中国"闭关锁国"。但后世学者绞尽脑汁编造了中国曾经"闭关锁国"的神话，其理由粗看起来不仅无可挑剔，且有点耸人听闻。如历史学家蒋廷黻 1938 年初版的《中国近代史》写道：

那时西洋的商人来中国做生意只限于广州一口。在广州，外人也是不自由的，夏秋两季是买卖季，他们可以住在广州的十三行，买卖完了，他们必须到澳门去过冬。十三行是中国政府指定的十三家可以与外国人做买卖的商贸机构。十三行的行总是十三行的领袖，也是政府的交涉员。所有广州官吏的命令都由行总传给外商，外商上给官吏的呈文也由行总转递。外商到广州后，依照法令不能随便出游，逢八（就是初八、十八、二十八）可以由通事领导到河南的"花地"去游一次。他们不能带军器进广州。"夷妇"也不许进去，以防"盘踞之渐"。更奇怪的禁令是外人不得买中国书，不得学中文。第一个耶稣会传教士马礼逊博士的中文教师，每次去授课的时候，身旁必须随时带一只鞋子和一瓶毒药，鞋子表示他是去买鞋子的，不是去教书的，毒药是预备万一官府查出，可以自尽。[1]

真没有想到，清政府为保护外国人身安全的诸多措施今天竟成了中国的原罪。鸦片战争以前的外国商人是用"不遗余力"一词来形容中国地方政府对外国人安全的关注的。当时十三行附近都有士兵把守，"随时驱散可能肇事寻衅的中国人，或将迷失方向的外国人送回商馆"。[2]

至于禁止外国人学习中文，则有相当复杂的背景，主要出于担心懂汉语的外国人对当时普遍的垄断贸易体制的破坏以及海防安全的威胁[3]。再说那时有广州的中国人与西方人之间进行商贸活动的"广东英语"，很少有外国人愿意学习中文。在外国人看来中文实在难学，"即使学会了，到其他地方也毫无用处。"不学习中文，并没有带来任何商业上的不方便。[4]

为了证明清朝政府真的是闭关锁国，学者们还编造了无数的故事。最著名的是：乾隆皇帝如此虚荣无知，远不如当代知识分子放眼天下，1793年他竟然因为英国使节马嘎尔尼不肯下跪就拒绝与英国通商。历史事实是，马嘎尔尼使团提出了"割地"的要求，乾隆皇帝才说："又据尔使臣称，欲求相近珠山地方小海岛一处，商人到彼，即在该处停歇，以便收存货物。天朝尺土俱归版籍，疆址森然。即岛屿沙洲，亦必划界分疆，各有专属。此事尤不便准行。"（《清高宗实录》卷1435，乾隆五十八年己卯）

至于乾隆皇帝说："其实天朝德威远被，万国来王，种种贵重之物，梯航毕集，无所不有。然从不贵奇巧，并无更需尔国制办物件。"（乾隆五十八年八月十九日《敕英咭利国王谕》）则是因为当时的英帝国工业太落后，很少商品在中国有市场——英国毛织品在中国根本没有什么竞争力，1800年以前英国大多数时期处于贸易逆差状态，这也是鸦片贸易产生和后来鸦片战争爆发的直接原因。请看下面统计资料：

1　蒋廷黻：《中国近代史》，中华书局，2019年，第3页。

2［美］威廉·C.亨特：《广州番鬼录；旧中国杂记》，广东人民出版社，2009年，第37—40页。

3　这在1759年洪任辉案中体现得特别明显，感兴趣的读者可参阅《谭树林：清代对来华外国人学习中文态度的演变》，载《历史教学》高校版，2007年第1期。

4［美］威廉·C.亨特：《广州番鬼录；旧中国杂记》，广东人民出版社，2009年，第66页。

中国在对各类英商贸易上的出（＋）入（－）超
1760—1833 年每年平均数

价值单位：银两

年度	东印度公司出超	东印度公司职员私人入超	港脚商人出入超	总计出入超
1760—64	+530,916	−16,276	−5,340	+509,300
1765—69	+1,081,240	−44,536	−39,000	+977,704
1770—74	+793,096	−54,804	−85,700	+652,592
1775—79	+824,303	−26,060	−71,944	+726,299
1780—84	+1,100,072	−52,238	−266,419	+781,415
1785—89	+3,410,595	−91,685	−1,440,165	+1,878,745
1790—94	+1,965,911	−182,504	−947,384	+836,023
1795—99	+2,316,064	−26,584	−1,942,524	+346,956
1800—04	+2,508,184	−80,480	−2,586,787	−159,083
1805—09	+1,755,555	−168,320	−5,663,521	−4,074,288
1817—19	+1,877,738		−1,474,256	+403,482
1820—24	+2,947,111		+343,753	+3,200,864
1825—29	+2,668,548		−44,373	+2,624,175
1830—33	+2,996,962		−381,099	+2,615,263

　　图表来源：严中平编:《中国近代经济史统计资料选辑》，科学出版社，1955年，第21页。表中所说港脚商人指在广州从事贸易的英国和印度的散商。英文是"countrymerchant"，也译作"国家商人"或"土商"，其词源意义已暧昧不明。从17世纪末到19世纪中叶，印度、东印度群岛同中国之间的贸易叫作港脚贸易，这些商人叫港脚商，其中主要是经过东印度公司特许的从事贸易的私商。他们多是鸦片走私贩子，又是最早把英国的棉纺织品带到中国市场的自由商人。他们的贸易活动逐渐改变了由东印度公司和广州商行所构成的垄断性中英贸易格局，使其向自由贸易的方向发展。在鸦片战争前，他们积极鼓吹对华战争，打开中国的大门，以扩大中英贸易，特别是鸦片贸易。英国政府的对华政策深受他们的影响。鸦片战争中英军的作战方案和《南京条约》的重要条款都是根据他们的建议确定的。

　　从上面的统计中我们还应看到，鸦片战争以前中国长期处于贸易出超地位，这对需要大量白银作为硬通货的中国来说是必需的，它怎么会主动闭关锁国呢？

　　是的，从清朝乾隆二十二年（1757年）开始，中国就实行一口通商，除广州粤海关之外，其他海关一律关闭。但这完全是出于战略安全考虑，并非阻碍贸易。历史上，尽管从康熙年以来，表面上是四口通商，但由于贸易量有限，其实外国商人大多只在广州一口贸易，其他三口无论在来华船只数量上，还是上缴税收上都远远无法和广州相比。

1755 年，为了接近江浙的丝、茶产区，英国东印度公司派出通晓中国事务的洪任辉乘船驶抵康熙年间曾一度开放的宁波口岸。英船忽然闯入海疆要地，引起了清朝政府的巨大震动。为了阻止英船北上，乾隆采取折中办法，加重宁波关税。然而，这个办法并没有效果。于是乾隆分别密谕两广总督李侍尧和闽浙总督杨应琚，让他们通知外洋商人以后只准在广州一地停泊贸易，并指出如此办理，来浙江的外洋船只就会永远禁绝，从此就不用担心浙江海防了。

除了习惯于在书斋中做梦的当代知识分子，鸦片战争前的英美商人都可以证明鸦片战争以前的中国是世界上最适宜经商的地方，怎么会有"闭关锁国"这回事呢？

1856 年，广州十三行商馆被英军焚毁后不久，长期在这里做生意的美国商人威廉·C. 亨特（William C. Hunter）故地重游，不禁感慨：

> 当我最后一次看到这个地点时，离我最初开始在这里居住已近 35 年了，这个地方简直无法辨认了。这里完全变成废墟，甚至找不到两块叠在一起的石头。100 多年来，这个地方曾经是广大的中华帝国唯一给外国人居住的地方。在商馆的围墙之内所进行的交易，是无法计算的。由于这里的生活充满情趣，由于彼此间良好的社会感情，和无限友谊的存在，由于被指定同我们做生意的中国人交易的便利，以及他们众所周知的诚实，都使我们形成一种对人身和财产的绝对安全感，任何一个曾在这里居住过一段较长时间的"老广州"。在离开商馆时，无不怀有一种依依不舍的惜别心情。[1]

鸦片战争是人类历史上最缺乏正义的战争之一，它结束了中国与西方国家互利互惠的贸易体制，打破了较为和平稳定的东亚世界秩序，将其拖入了

---

1 ［美］威廉·C. 亨特：《广州番鬼录；旧中国杂记》，广东人民出版社，2009 年，第 37 页。

以掠夺和殖民为特征的西方世界体系。

鸦片战争已经过去了 180 多年，我们的知识阶层为何还要不断传播鸦片战争前中国闭关锁国的历史谎言呢？原因只能有一个：鸦片贸易结束了，但精神鸦片仍在中国传播；西方世界为了占据道义制高点，也以各种形式大力向中国输送这种精神鸦片。

我们需要一场新的禁烟运动，不再是为了我们身体的健康和外流的白银，而是为了文化上的自信和学术上的自立——禁此精神鸦片，名学当有大用！

名学十三篇 · 齐物论第十二

题解：

本文节录自《庄子·齐物论》。

一些学者看到老庄讲"无名""和之以是非"，就认为道家否定名学，不讲正名，这种看法是片面的。事实上道家同其他诸子一样强调因实立名，名实相副。比如《庄子》一书论名实关系就很精当，《庄子·逍遥游》说："名者，实之宾也。"《庄子·至乐》上说："名止于实，义设于适。"

《庄子·大宗师》还借颜回之口主张名实相副的重要性："颜回问仲尼曰：'孟孙才，其母死，哭泣无涕，中心不戚，居丧不哀，无是三者，以善处丧盖鲁国，固有无其实而得其名者乎？'"

伍非百先生论《庄子·齐物论》云："《齐物论》大旨，乃批评当日儒、墨百家名辩之学。谓是非之论，可以不立，而立是非者，其是非转而无穷也。不特是非之本身无据，即治是非之方法亦无据，故不如两行而付之天倪（即下文"天均"，自然均平之理也——笔者注）。天倪者何？曰：'寓诸庸，''庸也者，用也；用也者，通也；通也者，得也。适得而几矣。'"[1]

"寓诸庸"，顺应事物自然的功用，因任自然，这一思想与《管子》中讲的静因（因应）之道相通。《管子·心术上第三十六》有："执其名，务其所以成，此应之道也。""以其形因为之名，此因之术也。"这里的因应之道，是由道至名、由名至法，由法重归无为大道的关键所在。

又，先贤关于名学的文章，多从形而上之道论至形而下之器（名），着重论形与名；本篇则从超越形而下之名开始，归于大道，着重道与名，此可谓《齐物论》一大特色——有学者以为怪异，不亦宜乎！

---

1 伍非百：《中国古名家言》，四川大学出版社，2009 年，第 654 页。

《庄子·齐物论》原文节选：

大随其成心[1]而师之，谁独且无师乎？奚必知代[2]而心自取者有之？愚者与有焉。未成乎心而有是非，是今日适越而昔至也。是以无有为有。无有为有，虽有神禹，且不能知，吾独且奈何哉！

夫言非吹[3]也，言者有言，其所言者特未定也。果有言邪？其未尝有言邪？其以为异于鷇音[4]，亦有辩乎，其无辩乎？道恶乎隐而有真伪？言恶乎隐而有是非？道恶乎往而不存？言恶乎存而不可？道隐于小成[5]，言隐于荣华[6]。故有儒墨之是非，以是其所非而非其所是。欲是其所非而非其所是，则莫若以明。

物无非彼，物无非是。自彼则不见，自是则知之。故曰：彼出于是，是亦因彼。彼是，方生[7]之说也。虽然，方[8]生方死，方死方生，方可方不可，方不可方可；因是因非，因非因是。是以圣人不由，而照之于天，亦因是也。是亦彼也，彼亦是也。彼亦一是非，此亦一是非。果且有彼是乎哉？果且无彼是乎哉？彼是莫得其偶[9]，谓之道枢[10]。枢始得其环中[11]，以应无穷。是亦一无穷，非亦一无穷也。故曰莫若以明。

以指喻指之非指，不若以非指喻指之非指也[12]；以马喻马之非马，不若以非马喻马之非马也[13]。天地一指也，万物一马也。

可乎可，不可乎不可。道行之而成，物谓之而然。恶乎然？然于然。恶乎不然？不然于不然。恶乎可？可于可。恶乎不可？不可于不可。物固有所然，物固有所可。无物不然，无物不可。故为是举莛与楹[14]，厉与西施[15]，恢诡憰怪，道通为一。其分也，成也；其成也，毁也。凡物无成于毁，复通为一。唯达者知通为一，为是不用而寓诸庸[16]。庸也者，用也；用也者，通也；通也者，得也。适得而几矣。因是已，已而不知其然，谓之道。

劳神明为一而不知其同也，谓之"朝三"。何谓"朝三"？狙公赋芧[17]，曰："朝三而暮四。"众狙皆怒。曰："然则朝四而暮三。"众狙皆悦。名实未亏而喜怒为用，亦因是也。是以圣人和之以是非而休乎天钧[18]，是之谓两行。

古之人，其知有所至[19]矣。恶乎至？有以为未始有物者，至矣，尽矣，不可以加矣。其次以为有物矣，而未始有封也。其次以

为有封[20]焉，而未始有是非也。是非之彰也，道之所以亏也。道
之所以亏，爱之所以成，果且有成与亏乎哉？果且无成与亏乎哉？
有成与亏，故昭氏之鼓琴也；无成与亏，故昭氏之不鼓琴也。昭文
之鼓琴也，师旷之枝策也，惠子之据梧也，三子之知几[21]乎，皆
其盛者也，故载之末年。唯其好之也，以异于彼，其好之也，欲以
明之。彼非所明而明之，故以坚白之昧终。而其子又以文之纶终，
终身无成。若是而可谓成乎？虽我亦成也。若是而不可谓成乎？物
与我无成也。是故滑疑之耀[22]，圣人之所图[23]也，为是不用而
寓诸庸，此之谓"以明"。

今且有言于此，不知其与是类乎？其与是不类乎？类于不类，
相与为类，则与彼无以异矣。虽然，请尝[24]言之：有始也者，有
未始有始也者，有未始有夫未始有始也者；有有也者，有无也者，
有未始有无也者，有未始有夫未始有无者也。俄而有无矣，而未知
有无之果孰有孰无也。今我则已有谓矣，而未知吾所谓之其果有谓
乎，其果无谓乎？天下莫大于秋毫之末，而大山[25]为小；莫寿于
殇子[26]，而彭祖为夭。天地与我并生，而万物与我为一。既已为
一矣，且得有言乎？既已谓之一矣，且得无言乎？一与言为二，二与
一为三。自此以往，巧历[27]不能得，而况其凡乎！故自无适[28]
有以至于三，而况自有适有乎！无适焉，因是已。

夫道未始有封，言未始有常[29]，为是而有畛[30]也。请言其
畛：有左，有右，有伦，有义，有分，有辩，有竞，有争，此之谓
八德。六合[31]之外，圣人存而不论；六合之内，圣人论而不议。
《春秋》经世，先王之志，圣人议而不辩。故分也者，有不分也；
辩也者，有不辩也。曰：何也？圣人怀[32]之，众人辩之，以相示
也。故曰：辩也者，有不见也。

夫大道不称[33]，大辩不言，大仁不仁，大廉不嗛[34]，大勇
不忮[35]。道昭而不道，言辩而不及，仁常而不成，廉清而不信，
勇忮而不成。五者圆而几向方矣，故知止其所不知，至矣。孰知不
言之辩，不道之道？若有能知，此之谓天府[36]。注焉而不满，酌
焉而不竭，而不知其所由来，此之谓葆光[37]。

注释：

〔 1 〕成心：偏执成见之心。

〔 2 〕知代：懂得变化更替的道理。

〔 3 〕吹：风吹。

〔 4 〕鷇音：鷇，kòu，须母鸟哺食的雏鸟；鷇音指雏鸟的叫声。

〔 5 〕小成：片面的认识成果，相对真理。

〔 6 〕荣华：华美的言论。

〔 7 〕方生：并生。

〔 8 〕方：随即。

〔 9 〕偶：对立面。

〔 10 〕道枢：大道的关键之处。

〔 11 〕环中：环之中，意指要害。

〔 12 〕此就公孙龙《指物论》阐发作者的观点，《指物论》云："物莫非指，而指非指。"

〔 13 〕此就公孙龙《白马论》中"白马非马"的命题阐发作者的观点。

〔 14 〕莛与楹：莛，草茎；楹，厅堂前面的柱子。莛楹分别代表物的大小。

〔 15 〕厉与西施：厉，古代的丑女人；西施，泛指古代美女。

〔 16 〕寓诸庸：顺应事物自然的功用。

〔 17 〕狙公赋芋：狙，猕猴；狙公，养猴人；赋，给；芋，橡子。

〔 18 〕天钧：自然均平之理也。

〔 19 〕至：最高境界。

〔 20 〕封：界域，界限。

〔 21 〕几：尽，达到顶点。

〔 22 〕滑疑之耀：迷乱人心，能言善辩，以能乱是非异同的言论炫耀于世。

〔 23 〕图：疑为"鄙"之误。

〔 24 〕尝：试。

〔 25 〕大山：泰山。

〔 26 〕殇子：未成年死去的人。

〔 27 〕巧历：精明的计算。

〔 28 〕适：往，到。

〔 29 〕常：定论。

〔30〕畛：田间的疆界。

〔31〕六合：天、地和东、西、南、北四方。

〔32〕怀：藏在心里，引而不发。

〔33〕称：声扬，声张。

〔34〕嗛：qiǎn，谦逊。

〔35〕忮：zhì，伤害。

〔36〕天府：自然的仓库，意指心灵的广大。

〔37〕葆光：葆，藏，指潜藏光明而不外显。

《庄子·齐物论》(节选)释义：

若依据自己的成见作为是非标准，那谁没有一个标准呢？何必了解事物发展变化的有心人才有呢？愚昧的人也有。如果说没有形成主观成见，便有了是非观念，这就像惠施的"今天到越而昨天就到了"的观点一样。这是把无有看成有。把无有看成为有，神明的大禹尚不能理解，我又能怎样呢！

言论不是吹风，发表言论的人各执一词，但他们的言论又都自以为得当而不能有定论。他们果真有这些言论呢？还是没有过这些言论呢？他们自以为言论不同于刚出蛋壳的小鸟叫声，到底是有分别呢？还是没有分别呢？道是怎么被隐蔽而有真伪的呢？言论是怎样被隐蔽而有是非的呢？道是无真伪的，在什么地方不存在呢？言论是无是非的，在哪方面有不可的呢？道的本质隐蔽在片面认识的后面，言论的性质隐蔽在花言巧语之中，因此才有儒家、墨家的是非之争，他们都各自肯定对方之所非，而非议对方之所是，如要肯定对方的所非而非议对方的所是，则不如以空明的心境去观察实情。

宇宙间的事物没有不是彼的，也没有不是此的，从彼方看不见此方，从此方来看就知道了。所以说，彼方是出于此方，此方也依存于彼方。彼此相互并存。虽然如此，生中有死的因素而向死转化，死中有生的因素而向生转化，肯定中有否定因素而向否定转化，否定中有肯定因素而向肯定转化；由是而得非，由非而得是，因此，圣人不经由是非之途而只是如实反映自然，也是这样。此也是彼，彼也是此。彼有一个是非，此也有一个是非，果真有彼此之分吗？果真无彼此之分吗？彼此都没有它的对立面，这就是大道的关键之处，抓住了关键就知道了事物的要害，以顺应无有穷尽的发展变化。是的发展变化是无穷尽的，非的发展变化也是无穷尽的。所以说不如以空明的心境去观察实情。

用指称来说明物的指称不等于指称，不如用不是指称的概念来说明一般的指称不是具体的指称。用马来说明白马不等于马，不如用不是马的概念来说明一般的马不是具体的马。其实天地之大就是一指，万物千差万别不过就是一马。

肯定自有肯定的道理，否定自有否定的道理。路是人走出来的，名称是人叫出来的，怎样才算对的？对的就是对的；怎样算是不对的？不对的就是不对的。怎样算是肯定？肯定就是肯定；怎样算是否定？否定就是否定。万物各有其存在的依据，万物各有其合理性，没有什么事物是不对的，没有什么事物是不可肯定的。所以为了说明这个道理，可举草茎和大柱子小大相同，厉和西施丑美一样，千奇百怪一切情态，从道的观点来看都齐一无别。万物总体的分就是众体的成，新事物的成又是旧事物的毁。一切事物没有成与毁的分别，还是把它们看成齐一。只有通达的人才会通晓万物齐一的道理。因此，不偏执于某一观点，顺应于事物自然的功用。庸就是用，用就是通达，通达就无所不得，达到满意而有所得也就差不多了。听任自然吧！听其自然而不去了解其所以然，这就叫作道。

耗费聪明才智专心思考，却不知万物本来齐一，这如同"朝三"的故事。什么叫"朝三"？养猕猴的老人分给猕猴橡子时说："早晨三升而晚上四升。"所有的猴子都非常愤怒。老人又说："那就早晨四升而晚上三升吧。"所有猴子都非常喜悦。其实名义和实际都没有什么不同，却使猴子喜怒不同，这就是猴子的心理作用罢了。所以，圣人不执着于是非争论而顺应自然均衡之理，这叫"两行"（两端都行）。

古人能认识最高境界。什么是最高境界？首先，他们认为宇宙从一开始就不存在具体事物，这种尽美尽善的，再不能增加什么了。其次，则认为宇宙开始有了万物时，万物之间没有分别界限。再次，认为有了分别的界限，但未曾有是非之别。是非观念明显了，道也就因此而亏欠了。道之所以亏欠，是因偏私观念的形成。果真有所谓成和亏呢？还是本来没有成和亏呢？有成和亏，犹如昭文的弹琴；没有成和亏，犹如昭文不弹琴。昭文弹琴，师旷指挥，惠施靠着梧桐树的辩论，三位先生才智接近最高峰了，所以载誉于晚年。正因为他们各有所好，而炫异于别人，他们各以所好去让别人领悟，用不是别人所非了解不可的东西而硬让别人去了解，因此以坚白论的糊涂观念而终身。昭文的儿子继续昭文的事业，而终生无所成就。如果说这就是所谓成，那么像我这样的也算有成就了。如果说这不可以称为成，那么天下事物和我都不能算是有成就。所以，那些迷乱世人炫耀的言论，圣人一定摒弃。所以圣人不偏执于某一观点，顺应于事物自然的功用，这就叫作心地如镜地观察事物。

姑且在这里发表些议论，不知道这些议论与其他人的议论是同类呢？还是不同类呢？同类也好，不同类也好，既然都是议论，那也就是同类了。就与其他人的议论没有什么差别了。既如此，还是请你允许我说清楚：宇宙有它的开始，有它未曾开始的开始，更有它未曾开始的未曾开始的开始。宇宙有它的有，有它的无，更有它的未曾有无的无，更有它的未曾有无未曾有无的无。顷刻间产生了有和无，却不知道这个有无果真是有，果真是无。现在我发表了这些议论，却不知道果真说了这些话呢？还是根本没说这些话？天下没有比兔毛尖端更大的东西，而泰山是小的；没有比未成年死去者更长寿的，活八百岁的彭祖却是短命早亡者。天地万物都和我同生于无，都与我同为一体。既然说过合为一体了，还能再说什么？既然已经说与万物一体，又怎能说没有说什么呢？万物一体的存在加上我所说的言论就成为二，二再加上一就成三，推算下去，再精明的计算也不能得出最后答案，何况一般人呢？所以从无到有，以至于推出三来，何况从有到有的推演呢？不要再推演了，还是因顺自然吧。

大道本无界限，言论本无定准，因为有了从无到有，才有了差别界限，请允许我谈一谈它的区别界限，有左，有右，有伦序，有合宜，有分粗，有辨细，有竞弱，有争强，这是界限的八种表现。宇宙以外的事情，圣人只观察而不考察其类属；宇宙以内的事情，圣人只是论说而不加以评议。《春秋》是记载治理社会的编年史，是先王治事的记录。圣人只评议而不争辩。所以说，存在分别的，就有不分别的；有可以争辩的，就有不可以争辩的。什么意思呢？就是说，圣人把事物囊括于胸，众人却争辩不休相互夸耀以自胜。所以说这样的辩者只能各执一词，只见己之是，不见己之非。

大道用不着声扬，善辩者不用言说，最仁的人不必向人表示仁爱，最廉洁的人不去表现谦逊，最勇敢的人不伤害人。道如显示彰明就不是道，言如争辩就有所达不到的，仁有常爱而不周，廉到极清白就不信实，勇到害人逆物就不会取得成功。努力达到这五者就接近道了。所以，明智的人止于他所不知的境地，就是极点了。谁能知道不用语言的辩论，不用宣扬的道呢？如果有谁能知道这一点，这就称得上大自然的仓库了。这种府库，注入多少东西都不会盈满，取出多少东西也不会枯竭，且不知道其源来自何处，这叫潜藏起来的光明。

名学纵横：

断章取义——鄙名是如何伪造的

在中国典籍中寻找只言片语，断章取义用以比附西方观念，这种愚蠢做法尽乎成为学术标准。

事实上早在1915年，梁启超先生在《国风报》上就撰文指出，这样做会造成"名实相淆"，思想和行动上造成极大混乱。他说：

> 摭古书片词单语以傅会今义，最易发生两种流弊：一，倘所印证之义，其表里适相吻合，善已；若稍有牵合附会，则最易导国民以不正确之观念，而缘"郢书燕说"以滋弊。例如畴昔谈立宪谈共和者，偶见经典中某字某句与立宪共和等字义略相近，辄摭拾以沾沾自喜，谓此制为我所固有。其实今世共和、立宪制度之为物，即泰西亦不过起于近百年，求诸彼古代之希腊罗马且不可得，遑论我国……二，劝人行此制，告之曰，吾先哲所尝治也；劝人治此学，告

之日，吾先哲所尝治也；其势较易入，固也。然频以此相诏，则人于先哲未尝行之制，辄疑其不可行；于先哲未尝治之学，辄疑其不当治。无形之中，恒足以增其故见自满之习，而障其择善服从之明。[1]

靠断章取义，污名化，制造了无数鄙名、恶名。这样颠倒黑白的典型例证是儒、道愚民之说——在一些人眼里，智慧的圣人孔子、老子竟然成为反智主义者、愚民的帮凶。

孔子一生诲人不倦，弟子三千，对中国文化居功甚伟。但在诸多学人眼中这些都可以视而不见，一句话就足以证明他主张愚民，这是《论语·泰伯篇》中孔子的两句话："民可使由之，不可使知之。"郑玄注说："民，冥也，其见人道远。由，从也。言王者设教，务使人从之。若皆知其本末，则愚者或轻而不行。"孔子原文的表面意思，再加上郑玄注，于是孔子的愚民主张似成了铁案。

直到1993年10月湖北省荆门市郭店村出土了战国中期传抄的《尊德义》，我们才知道孔子这句话的真意，"民可使由之，不可使知之"是说，人民可以教育引导，却不能强迫，教化要如春风化雨一般，润物无声。哪里有什么愚民思想！请看这句话的上下文："尊仁、亲忠、敬庄、贵礼，行矣而无遗，养心于子谅（子谅，慈爱诚信——笔者注）。忠信日益而不自知也。民可使道之，而不可使知之。民可道也，而不可强也。桀不谓其民必乱，而民有为乱矣。受不若，可从也而不可也。"[2]

《尊德义》这段话大意是说，尊重仁义，亲近忠信，敬重庄严，重视礼仪，施行此而无遗漏，培养慈爱善良之心，如此忠信日益增多自己却不知道。民众可以引导，却不可以让其明显感觉到。民众可以引导，但不可以强迫。桀没有料到民众会暴乱，而民众却暴乱了。民众如果受到强迫，为上者就只能跟在民众后边而无法控制。

另外，同时出土的《成之闻之》中也能看到上述思想。上面讲到民众只可教训诱导，不可强制，君子当以身作则，与民同心："上不以其道，民之从之也难。是以民可敬导也，而不可掩也；可御也，而不可牵也。故君子不贵庶物而贵与民有同也。"[3]

1 梁启超：《清代学术概论》，商务印书馆，1930年，第90页。

2 刘钊：《郭店楚简校释》，福建人民出版社，2005年，第131页。

3 刘钊：《郭店楚简校释》，福建人民出版社，2005年，第141页。

事实上，我们不仅从孔子的生平知道他不会主张愚民，只要不断章取义，我们从《论语》的其他章节也能知道孔子教化思想。

《论语·颜渊篇第十二》载："季康子问政于孔子曰：'如杀无道，以就有道，何如？'孔子对曰：'子为政，焉用杀？子欲善而民善矣。君子之德风，小人之德草，草上之风，必偃。'"孔子是说，治理政事，哪里用得着杀戮呢？您只要想行善，老百姓也会跟着行善。在上位者的品德好比风，在下的人品德好比草，风吹到草上，草会自然而然地跟着风倒。

除了孔子，另一位被戴上愚民大帽子的是老子。原因是《老子》中讲过："古之善为道者，非以明民，将以愚之。"（《老子·第六十五章》）；"圣人之治虚其心，实其腹，弱其志，强其骨。常使民无知无欲，使夫智者不敢为也。为无为，则无不治。"（《老子·第三章》）

要知道，这里的"愚"是要圣王自己大智若愚，再让民众大智若愚，进而清静无为而治，哪里是什么愚民思想。四川大学道教与宗教文化研究所李小光先生解释说：

> 所谓老子的愚民论，严格而言是一种"圣民论"，它是要求国君先经过反己智、愚己心的过程，达到一种与道合一的境界后，再反百姓智、愚百姓心，使他们也能安身复性，这是双重的反智论。因此，它解决的是人之存在的问题，其目标与其说是"取天下"，毋宁说是人的解放。在道家那里，不仅"王"的性格一般无二，都是"俗人昭昭，我独昏昏；俗人察察，我独闷闷"（《老子》，第二十章。），而且百姓理想的存在状态也是一样的，都是"浮游不知所求，猖狂不知所往。游者鞅掌，以观无妄"。[1]

清静无为而治是先哲最高的政治理想，是符合人类本性的政治方向，学人却能与反智、愚民联系起来。可见，我们为中国文化正名的道路多么艰难漫长啊！

---

1 李小光：《〈老子〉"王亦大"考辨》，载《世界宗教研究》，2008 年第 1 期。"浮游不知所求，猖狂不知所往。游者鞅掌，以观无妄"语出《庄子·在宥》，大意是说，元气上下飘浮不定，不知其有何追求；元气无心而动，没有预定目标，不知其意欲何往；遨游的人任性而为，不拘礼仪，以观察万物的本然。

名学十三篇·正名篇第十三

题解：

本文节录自《荀子·正名第二十二》。

伍非百先生曾作《荀子正名解》，言及儒、名、法之转相传承，从中我们可以看到中国学术犹如大海，表面上百家思想巨浪席卷，分头争进，最终还是同归于中国文化之沧海。上面说："正名者，儒家之学也，亦名家之学也。荀子既承儒家之宗，复采名家之要，著为斯篇，是谓集名家之大成者。继此已往，则入于韩非之综核，益僻隘矣。名家起自邓析，其言实本于法。自有《墨辩》，而衍为墨、儒、名、道之争。至韩非又合而为一，仍归于法。是名家者，出乎法，入乎法。二百年间，禅（shàn，意为事物更代——笔者注）学术之大观，而纵百家之波澜者，不其伟欤。"[1]

伍非百先生认为《荀子·正名第二十二》能去其他名家之偏颇，集先秦名学之大成，"所缘有名"与"制名之枢要"取诸墨；"所缘之同异"与"异状同所"，诸分别义，取诸《公孙龙子》；"名无固宜""约定俗成"，则又是《庄子·齐物论》"寓诸庸"之旨。他还指出了荀子对于名辩之学的"五功"。他说：

> 窃观荀卿所言，一洗微妙之论，归于平实。划玄学于名学以外，其功一也。不为苛察缴绕（jiǎo rào，意思是缠扰不休——笔者注）之言，使名足以指实，辞足以见极而止，过此则非所用。树名家之正轨，防诡辩之流转，其功二也。悯名实之淆乱，冀后有王者起，必将有作于新名，有循于旧名，正名百物，以明民智。示之范畴，以为依归，其功三也。上说下教，百家争鸣，核其是非，必

---

1 伍非百：《中国古名家言》，四川大学出版社，2009年，第740页。

有窍要。而荀卿特明"名""辞""说""辩"四者之体用，使知言有术，发言有类，其功四也。正名之学，非仅专研于名辩者所能为功也。必也，内正其心，外正其物，而后乃能无所蔽。荀卿明道之要，解心之蔽，使内外交明，清浊并得，其功五也。[1]

观伍氏上下文，谈玄者为《庄子·齐物论》，"为苛察缴绕之言"是说公孙龙、惠施之徒。不知《庄子·齐物论》意在明大道，与荀子"解心之蔽"同；公孙龙、惠施诸论题实为名辩之学用功的着力点，表面看来违背常识，就以"苛察缴绕"曰之，过矣！伍氏的论断可能受到了本篇对"杀盗非杀人也"一类论题评判的影响——从《荀子》中我们看到，从战国末期开始，名学就受到了儒者的严厉批判，尽管时人并未从根本上否定名学，《荀子》还在某种意义上发展了名辩之学。

荀子将"析辞擅作名以乱正名，使民疑惑"称为大奸，"其罪犹为符节、度量之罪也"。汉魏学者徐干《中论·考伪第十一》甚至认为乱名重于杀人，因为"杀人者一人之害也，安可相比也？"古人重名，令吾辈汗颜！今日之乱名者多矣，而能横行于世而无阻，真可谓"杀人如草不闻声"！

乱名之害，甚于杀人，实为杀国家、杀文化——吾辈敢不苦参名学，正名以济世！

《荀子·正名第二十二》(节选)原文：

后王之成名[1]：刑名从商，爵名从周，文名从《礼》，散名[2]之加于万物者则从诸夏之成俗曲期[3]。远方异俗之乡，则因之而为通。散名之在人者：生之所以然者谓之性。性之和所生，精合感应、不事而自然谓之性。性之好、恶、喜、怒、哀、乐谓之情。情然而心为之择谓之虑。心虑而能为之动谓之伪。虑积焉、能习焉而后成谓之伪。正利而为谓之事，正义而为谓之行，所以知之在人者谓之知。知有所合谓之智，智所以能之在人者谓之能，能有所合谓之能[4]。性伤谓之病，节遇[5]谓之命。是散名之在人者也，是后王之成名也。

故王者之制名，名定而实辨，道行而志通，则慎率民而一焉。

---

1 伍非百：《中国古名家言》，四川大学出版社，2009年，第780—781页。

故析辞擅作名以乱正名，使民疑惑，人多辨讼，则谓之大奸，其罪犹为符节、度量之罪也。故其民莫敢托为奇辞以乱正名，故其民悫[6]。悫则易使，易使则公。其民莫敢托为奇辞以乱正名，故一于道法而谨于循令矣。如是，则其迹[7]长矣。迹长功成，治之极也。是谨于守名约之功也。

今圣王没，名守慢[8]，奇辞起，名实乱，是非之形不明，则虽守法之吏、诵数[9]之儒，亦皆乱也。若有王者起，必将有循于旧名，有作于新名。然则所为有名，与所缘以同异，与制名之枢要，不可不察也。

异形[10]离心交喻，异物名实玄纽[11]，贵贱不明，同异不别。如是，则志必有不喻之患，而事必有困废之祸。故知者为之分别制名以指实，上以明贵贱，下以辨同异。贵贱明，同异别，如是，则志无不喻之患，事无困废之祸。此所为有名也。

然则何缘而以同异？曰：缘天官[12]。凡同类、同情者，其天官之意物也同，故比方之疑似而通，是所以共其约名以相期也。形体、色、理，以目异；声音、清浊、调竽[13]、奇声，以耳异；甘、苦、咸、淡、辛、酸、奇味，以口异；香、臭、芬、郁、腥、臊、洒、酸、奇臭，以鼻异；疾、养、沧[14]、热、滑、铍、轻、重，以形体异；说、故、喜、怒、哀、乐、爱、恶、欲，以心异。心有征知[15]，征知，则缘耳而知声可也，缘目而知形可也，然而征知必将待天官之当簿[16]其类然后可也。五官簿之而不知，心征之而无说，则人莫不然谓之不知。此所缘而以同异也。

然后随而命之：同则同之，异则异之。单[17]足以喻则单，单不足以喻则兼[18]。单与兼无所相避则共[19]，虽共，不为害矣。知异实者之异名也，故使异实者莫不异名也，不可乱也，犹使异实者[20]莫不同名也。故万物虽众，有时而欲遍举之，故谓之"物"。"物"也者，大共名也。推而共之，共则有共，至于无共然后止。有时而欲遍举之，故谓之"鸟"、"兽"。"鸟"、"兽"也者，大别名也。推而别之，别则有别，至于无别然后止。名无固宜，约之以命，约定俗成谓之宜，异于约则谓之不宜。名无固实，约之以命实，约定俗成谓之实名。名有固善，径易而不拂[21]，谓之善名。

物有同状而异所者，有异状而同所者，可别也。状同而为异所者，虽可合，谓之二实。状变而实无别而为异者，谓之化；有化而无别，谓之一实，此事之所以稽实定数也，此制名之枢要也。后王之成名，不可不察也。

"见侮不辱"，"圣人不爱己"，"杀盗非杀人也"，此惑于用名以乱名者也。验之所以为有名而观其孰行，则能禁之矣。"山渊平"，"情欲寡"，"刍豢不加甘，大钟不加乐"，此惑于用实以乱名者也。验之所缘无[22]以同异而观其孰调，则能禁之矣。"非而谒楹"，"有牛马非马也"，此惑于用名以乱实者也。验之名约，以其所受悖其所辞，则能禁之矣。凡邪说辟言[23]之离正道而擅作者，无不类于三惑者矣。故明君知其分而不与辨也。

夫民易一以道而不可与共故[24]，故明君临之以势，道[25]之以道，申之以命，章[26]之以论，禁之以刑。故其民之化道也如神，辨势恶用矣哉？今圣王没，天下乱，奸言起，君子无势以临之，无刑以禁之，故辨说也。实不喻然后命，命不喻然后期[27]，期不喻然后说，说不喻然后辨。故期、命、辨、说也者，用之大文也，而王业之始也。名闻而实喻，名之用也。累而成文，名之丽[28]也。用、丽俱得，谓之知名。名也者，所以期累实也。辞也者，兼异实之名以论一意也。辨说也者，不异实名以喻动静之道也。期命也者，辨说之用也。辨说也者，心之象道也。心也者，道之工宰也。道也者，治之经理也。心合于道，说合于心，辞合于说；正名而期，质请[29]而喻；辨异而不过，推类而不悖；听则合文，辨则尽故。以正道而辨奸，犹引绳以持曲直，是故邪说不能乱，百家无所窜。有兼听之明，而无奋矜之容。有兼覆之厚，而无伐德之色。说行，则天下正；说不行，则白道[30]而冥穷，是圣人之辨说也。《诗》曰："颙颙卬卬，如珪如璋，令闻令望。岂弟君子，四方为纲。"此之谓也。

辞让之节得矣，长少之理顺矣；忌讳不称，妖辞不出；以仁心说，以学心听，以公心辨；不动乎众人之非誉，不治观者之耳目，不赂贵者之权势，不利传辟者之辞；故能处道而不贰，吐而不夺，利而不流，贵公正而贱鄙争，是士君子之辨说也。《诗》[31]曰："长夜漫兮，永思骞兮。大古之不慢兮，礼义之不愆兮，何恤人之言兮？"此之谓也。

　　君子之言，涉然而精，俛〔32〕然而类，差差然而齐。彼正其名，当其辞，以务白其志义者也。彼名辞也者，志义之使也，足以相通则舍之矣；苟〔33〕之，奸也。故名足以指实，辞足以见极〔34〕，则舍之矣。外是者谓之切〔35〕，是君子之所弃，而愚者拾以为己宝。故愚者之言，芴然〔36〕而粗，啧然而不类，諮諮然〔37〕而沸。彼诱其名，眩其辞，而无深于其志义者也。故穷藉而无极，甚劳而无功，贪而无名。故知者之言也，虑之易知也，行之易安也，持之易立也，成则必得其所好而不遇其所恶焉，而愚者反是。《诗》曰："为鬼为蜮，则不可得；有靦面目，视人罔极？作此好歌，以极反侧。"此之谓也。

注释：

〔1〕成名：定名。

〔2〕散名：具体事物的名称。

〔3〕曲期：多方约定。

〔4〕能：才能。

〔5〕节遇：偶然的遭遇。

〔6〕悫：què，厚道，朴实。

〔7〕迹：通"绩"，业绩，事业。

〔8〕名守慢：名守，遵循统一的名称。慢，懈怠。

〔9〕数：指礼制。

〔10〕异形：不同的人。

〔11〕玄纽：相互维系。

〔12〕天官：天生的感官，指耳、目、鼻、口、身。

〔13〕竽：古代的一种吹奏乐器，由排列的竹管制成，像后代的笙。

〔14〕滄：cāng，冷，寒。

〔15〕征知：感知。

〔16〕簿：同"薄"，接触。

〔17〕单：单名，指单音词，如"马"。

〔18〕兼：复名，指复音词或词组，如"白马"。

〔19〕共：指共用。如"马"与"白马""千里马"共同使用"马"这一名称。

〔20〕异实者：疑为"同实者"。

〔21〕不拂：不违反事物的实际情况。

〔22〕无：这里的"无"是衍文。

〔23〕辟言：辟，通"僻"，意为谬论。

〔24〕共故：商量，谋划。

〔25〕道：同"导"。

〔26〕章：同"彰"。

〔27〕实不喻然后命，命不喻然后期：伍非百先生释"命"为"名"，"期"为"辞"，并指出名、辞、说、辩四者构成名辩之学完整的理论体系。然唐代杨倞《荀子·正名》注言："期，会也，言物之稍难名，命之而不喻者，则以形状大小会之使人易晓也。"译文从杨倞注。

〔28〕丽：通"俪"，联结，配合。

〔29〕请：通"情"，实情。

〔30〕白道：彰明正道。

〔31〕《诗》：指《诗经》中一篇，引诗已失传。

〔32〕俛：同"俯"，俯就，贴近。

〔33〕苟：苟且。

〔34〕见极：见，同"现"，表现；极，根本，中心。

〔35〕讱：rèn，困顿。

〔36〕芴然：同"忽然"，恍惚，模糊不清的样子。

〔37〕諮諮然：諮，音 tà；諮諮然形容多话的样子。

《荀子·正名第二十二》（节选）释义：

当代圣王定立名称：刑法的名称依从商朝的，爵位的名称依从周朝的，礼仪制度的名称依从《礼经》，赋予万物的各种具体名称则依从中原地区华夏各诸侯已经形成的习俗与各方面的共同约定。远方不同习俗的地区，要依靠这些名称来进行交流。在人事方面的各种具体名称包括：人生下来之所以这样叫作天性。天性的和气所产生的、精神接触外物感受的反应、不经人为努力自然形成的东西叫作本性。本性中的爱好、厌恶、喜悦、愤怒、悲哀、快乐叫作感情。感情显露而心为它进行抉择，叫作思虑。心灵思虑后，官能为之而行动，叫作人为。思虑不断积累，官能反复练习，而后形成一种常规，也叫作人为。为了功利去做叫作事业。为了道义去做叫作德行。在人身上所具有的用来认识事物的能力叫知觉。知觉和所认识的事物相符合叫作智慧。人所具有的用来处置事物的能力叫本能。本能和处置的事物相适合叫作才能。天性受到伤害叫作疾病。偶然的遭遇叫作命运。这些就是在人事方面的各种具体名称，是当代圣王确定的名称。

所以王者制定事物的名称，名称一旦确立，实际事物就能分辨了。制定名称的原则一旦实行，思想就能沟通了，于是就慎重地率领民众一致遵循这些名称。所以，肢解词句、擅自创造名称来扰乱正确的名称，使民众疑惑不定，使人们增加争辩，称之为罪大恶极的坏人，他的罪和伪造信符与度量衡的罪一样。所以圣王统治下的民众没有谁敢依靠制造怪僻的词句来扰乱正确的名称，因此其民众就很朴实。朴实就容易带领，容易带领就能成就功业。民众没有谁敢依靠制造怪僻的词句来扰乱正确的名称，就专心于遵行法度并谨慎地遵守政令了，像这样其统治就长久。统治长久而功业建成，是政治的最高境界啊！这是严谨地遵守约定的名称的功效啊！

现在圣王去世了，统一名称的事也懈怠了，怪僻词句产生，名称和实际事物的对应关系很混乱，正确和错误的标准不清楚，那么即使是掌管法度的官吏，讲述礼制的儒生，也都昏乱不清。如果再有王者出现，一定会对旧的名称有所沿用，并创制一些新的名称。这样的话，对于为什么要有名称、使事物的名称有同有异的根据以及制定名称的关键等问题，就必须搞清楚了。

不同的人如果用不同想法来互相晓喻，不同事物如果让名称和实际内容混乱地缠结在一起，那么地位的高贵和卑贱就不能彰明，事物的相同和相异就不能区分。像这样，意志就一定会有不能被了解的忧患，而事情就定会有陷入困境被废弃的灾祸。所以明王给万事万物分别制定名称，上用来彰明高贵和卑贱，下用来分辨相同和相异。高贵和卑贱彰明了，相同和相异区别了，像这样就不会有不能被了解的忧患，事情就不会有陷入困境被废弃的灾祸。这就是为何要有名称的原因。

根据什么而要使名称有同有异呢？回答说：根据天生的感官。凡是同一个族类，具有相同情感的人，其天生感官对事物的体验是相同的，所以对事物的描摹只要模拟得大体相似就能使别人通晓了，这就是人们能共同使用名称互相交流的原因。形体、颜色、纹理，因为眼睛的感觉而显得不同；单声与和音、清音与浊音、协调乐器的竽声、奇异的声音，因为耳朵的感觉而显得不同；甜、苦、咸、淡、辣、酸以及奇异的味道，因为嘴巴的感觉而显得不同；香、臭、花的香气、鸟的腐臭、猪腥气、狗臊气、马膻气、牛膻气以及奇异的气味，因为鼻子的感觉而显得不同；痛、痒、冷、热、滑爽、滞涩、轻、重，因为身体的感觉而显得不同；愉快、烦闷、欣喜、愤怒、悲哀、快乐、爱好、厌恶以及各种欲望，因为心灵的感觉而显得不同。心灵能够知晓外界事物。既然心灵能够知晓外界事物，就可以依靠耳朵来了解声音了，就可以依靠眼睛来了解形状了，但是心灵知晓外物，却又一定要等到感官接触事物之后才行。如果五官接触了外界事物而不能认知，心灵知晓外物而不能说出来，那说他无知，人们是不会不同意的。这些就是事物的名称之所以有同有异的根据。

这些道理明确后，就依照它来给事物命名：相同的事物就给它们相同的名称，不同的事物就给它们不同的名称。单音节的名称足以使人明白的就用单音节的名称，单音节的名称不能使人明白的就用多音节的名称。单音节的名称和多音节的名称如果没有互相回避的必要就共同使用一个名称，虽共同使用一个名称也不会有什么害处。知道实质不同的事物要用不同的名称，所以使实质不同的事物无不具有不同的名称，这是不可错乱的，就像使实质相同的事物无不具有相同的名称一样。万物虽然众多，有时候却要把它们全面列举出来，所以把它们叫作"物"。"物"这个名称，是个最大的共用名称。依此推求而给事物制定共用的名称，那么共用的名称之中又有共用的名称，直到不再有共用的名称，然后才终止。有时候想要把它们部分地举出来，所以称作"鸟""兽"。"鸟""兽"，这是一种最大的区别性名称。依此推求而给事物制定区别性的名称，那么区别性的名称之中又有区别性的名称，直到不再有区别性的名称，然后才终止。名称并没有本来就合宜的，人们相约命名，约定俗成了就可以说它是合宜的，和约定的名称不同就叫做不合宜。名称并没有固有的表示对象，而是人们相约给实际事物命名的，约定俗成了就把它称为某一事物的名称。名称有本来就起得好的，直接平易而不违背事理，就叫做好的名称。事物有形状相同而实体不同的，有形状不同而实体相同的，这是可以区别的。形状相同却是不同的实体的，虽然可以合用一个名称，也应该说它们是两个实物。形状变了，但实质并没有区别而成为异物的，叫作化；有了变化而实质没有区别的，应该说它是同一个实物。这是对事物实质进行考察的方法，是制定名称的关键。当代圣王确定名称，是不能不弄清楚的。

"被侮辱而不以为耻辱""圣人不爱惜自己""杀死盗贼不是杀人"，这些是在使用名称方面迷惑了以致搞乱了名称的说法。用为何要有名称的道理去检验它们，并观察它们有哪一种能行得通，就能禁止这些说法了。"高山和深渊一样平""人的本性是欲望很少""牛羊猪狗等肉食并不比一般食物更香，大钟的声音并不比一般声音更悦耳"，这些是在事实方面迷惑了以致搞乱了名称的说法。用为何要使名称有同有异去检验它们，并观察它们有哪一种能互相协调，那就能禁止这些说法了。"飞箭经过柱子可以说明停止""有牛马，但它不是马"，这是在使用名称方面迷惑了以致搞乱了事实的说法。用名称约定的原则去检验它们，用这些人所能接受的观点去反驳他们所拒绝的观点，就能禁止这些说法了。凡是背离了正确的原则而擅自炮制的邪说谬论，无不与这三种惑乱说法类似。英明的君主知道它们与正确学说的区别。所以不同他们争辩。

民众容易用正道来统一却不可以与他们共商大事，所以英明的君主用权势来统治他们，用正道来引导他们，用命令来告诫他们，用理论来晓喻他们，用刑法来禁止他们。所以其治下民众融于正道如此神妙，哪里还用得着辩说那所以然呢？现在圣王死了，天下混乱，奸诈邪恶的言论产生了，君子没有权势去统治他们，没有刑法去禁止他们，所以要辩论解说。实际事物不能让人明白就给它们命名，命名了还不能使人了解就要仔细体会，仔细体会了还不能使人明白就解说，解说了还不能使人明白就辩论。所以，体会、命名、辩论、解说，是名称使用方面最重要的形式，也是帝王大业的起点。名称一被听到，它所表示的实际事物就能被了解，这是名称的使用。积累名称而形成文章，这是名称的配合。名称的使用、配合都符合要求，就叫作精通名称。名称，是用来互相约定从而联系实际事物的。言语，是用不同事物的名称来阐述一个意思的。辩论与解说，是不使名实相乱来阐明是非的道理。约定与命名，是供辩论与解说时使用的。辩论与解说，是心对道的认识的一种表象。心，是道的主宰。道，是政治的永恒法则。心意符合于道，解说符合于心意，言语符合于解说。使名称正确无误并互相约定，使名称的内涵质朴直观而使人明白。辨别不同的事物而不失误，推论类似的事物而不违背情理，这样，听取意见时就能合于礼法，辩论起来就能彻底揭示其所以然。用正确的原则来辨别奸邪，就像拉出墨线来判别曲直一样，所以奸邪的学说就不能混淆视听，各家的谬论也无处躲藏。有同时听取各方意见的明智，而没有趾高气扬、骄傲自大的容貌，有兼容并包的宽宏大量，而没有自夸美德的神色。自己的学说得到实行，那么天下就能治理好，自己的学说不能实行，那就彰明正道默默无闻。这就是圣人的辩论与解说。《诗》云："体貌温顺志高昂，品德如珪又如璋，美妙声誉好名望。和乐平易的君子，天下拿他作榜样。"说的就是这种情况。

谦让的礼节做到了，长幼的伦理顺序了；忌讳的话不言说，奇谈怪论不出口；用仁慈的心去解说道理，用求学的心去听取意见，用公正的心去辩论是非；不因为众人的非议和赞誉而动摇，不修饰言辞去遮掩旁人的耳目，不赠送财物去买通高贵者，不喜欢传播邪说者的言辞。所以能坚持正道而不三心二意，大胆发言而不会被人强行改变观点，言语流利而不放荡胡说，崇尚公正而鄙视庸俗粗野的争论。这是士君子的辩论与解说。《诗》云："长长的黑夜漫无边，我常反思我的缺点。古代的原则我不怠慢，礼义上的错误我不犯，何必担忧别人说长道短？"说的就是这种情况。

君子的言论，深入而又精微，贴近人情世故而有法度，具体说法参差错落而大旨始终如一。他使名称正确无误，辞句恰当确切，以此来努力阐明他的思想。那些名称、辞句，是思想、学说的使者，能够用来互相沟通就可以撇下不管了；如果不严肃地使用它们，就是一种邪恶。所以名称用来表示实际事物，辞句能够表达主旨，其他就可以撇下不管了。背离这个原则就叫令人困惑不解，这是君子所抛弃的，但愚蠢的人却拣来当作宝贝。所以蠢人的言论，模糊而粗疏，吵吵嚷嚷而不合法度，啰唆而嘈杂。他们使名称富有诱惑力，辞句显得眼花缭乱，而在思想学说方面却毫无深意。所以他们尽量搬弄词句却没有主旨，非常劳累却没有功效，贪于立名却没有声誉。所以，智者的言论，思索它容易理解，实行它容易安定，坚持它容易站得住脚，成功了一定能得到所喜欢的东西而不会得到所厌恶的东西。可是愚蠢的人却与此相反。《诗》云："你是鬼还是怪，我无法看清楚；你的面目这样丑，让人看也看不透？作此好歌唱一唱，用来揭穿你反复无常。"说的就是这种人。

名学纵横：

名学是治国理政的基础

大一统的政治理想促进了文化大融合。源出于西周王官学的诸子百家经过数百年争鸣，犹如百川归海——战国、秦汉以后归于黄老之学。其代表作《淮南子》可谓得形名法术之精要。

《淮南子·主术训》认为：君主要清静无为，克念作圣，不让下属利用自己的贪欲偏好。按照臣下的能力任用他们，监督他们，不乱指挥，以无知、无形的清静大道自持。上面说："是故君人者，无为而有守也，有为而无好也。有为则谗生，有好则谀起。昔者齐桓公好味而易牙烹其首子而饵之，虞君好宝而晋献以璧马钓之，胡王好音而秦穆公以女乐诱之，是皆以利见制于人也。故善建者不拔。夫火热而水灭之，金刚而火销之，木强而斧伐之，水流而土遏之。唯造化者，物莫能胜也。故中欲不出谓之扃（jiōng，关闭），外邪不入谓之塞。中扃外闭，何事之不节！外闭中扃，何事之不成！弗用而后能用之，弗为而后能为之。精神劳则越，耳目淫则竭。故有道之主，灭想去意，清虚以待，不伐之言，不夺之事，循名责实，使有司，任而弗诏（告知——笔者注），责而弗教，以不知为道，以奈何为宝。如此，则百官之事各有所守矣。"

最后几句，《吕氏春秋·知度》上作："故有道之主，因而不为，责而不诏，去想去意，静虚以待，不伐之言，不夺之事，督名审实，官使自司，以不知为道，以奈何为实。"这里"实"当为"宝"字之误。

现实中如何"循名责实"呢？"归本于黄老"的韩非子从理论和事例两方面论述。

从理论上讲，循名责实要求臣下先陈其言，君主后责其功。前者为"名"，后者为"实"。若名实相副，则依法奖赏，反之则罚。有两种特别情况，一是言大功小要罚，二是言小功大也要罚，因为二者都名不副实。《韩非子·二柄第七》："人主将欲禁奸，则审合刑名者，言与事也。为人臣者陈而言，君以其言授之事，专以其事责其功。功当其事，事当其言，则赏；功不当其事，事不当其言，则罚。故群臣其言大而功小者则罚，非罚小功也，罚功不当名也；群臣其言小而功大者亦罚，非不说（读为悦——笔者注）于大功也，以为不当名也，害甚于有大功，故罚。"

紧接着，韩非子用典故说明如何循名责实：从前韩昭侯喝醉酒睡着了，掌帽官见他冷，就给他盖上衣服。韩昭侯睡醒后很高兴，问："谁帮我盖的衣服？"近侍回答："掌帽官。"昭侯便同时处罚了掌衣官和掌帽官。为何这样做？处罚掌衣官，是认为掌衣官失职（为旷）；他处罚掌帽官，是认为掌帽官越权（为侵）。《韩非子·二柄第七》："昔者韩昭侯醉而寝，典冠者见君之寒也，故加衣于君之上，觉寝而说（读为悦——笔者注），问左右曰：'谁加衣者？'左右对曰：'典冠。'君因兼罪典衣与典冠。其罪典衣，以为失其事也；其罪典冠，以为越其职也。"

要"循名责实"，首先要以法律的形式"正名定分"。只有名分正了，职责清楚了，才能够责实，否则监察问责无从谈起。法家经典《商君书》曾引用"百人逐兔"的故事说明以法正名定分的重要性，认为若君主制定法令，百姓在下议论纷纷，会导致名分不定。《商君书·定分第二十六》："法令者，民之命也，为治之本也，所以备民也。为治而去法令，犹欲无饥而去食也，欲无寒而去衣也，欲东而西行也，其不几亦明矣。一兔走，百人逐之，非以兔为可分以为百，由名之未定也。夫卖兔者满市，而盗不敢取，由名分已定也。故名分未定，尧、舜、禹、汤且皆如鹜焉而逐之；名分已定，贪盗不取。

今法令不明，其名不定，天下之人得议之。其议，人异而无定。人主为法于上，下民议之于下，是法令不定，以下为上也。此所谓名分之不定也。"

商鞅的老师尸子同样强调"正名定分"，并将正名与"守要"和"用贤"并论，认为三者是实现无为而治的根本。《尸子·分》篇说："明王之治民也，事少而功立，身逸而国治，言寡而令行。事少而功多，守要也；身逸而国治，用贤也；言寡而令行，正名也。君人者，苟能正名，愚智尽情，执一以静，令名自正，令事自定，赏罚随名，民莫不敬。"

当然最后还是要"赏罚随名"，如此才能让"循名责实"落地，实现"垂衣裳而天下治"。《尸子·发蒙》认为：名与实分开为二，合而为一。论定对与错要依据名与实，实行赏与罚要依据对与错，对的就行赏，错的就惩罚。这些是君主独断的。圣明君王在位，端正仪容，庄肃内心，不令自己的视见虚妄，不使自己的听闻嘈杂，不让自己究察名分迷惑不明。立于朝廷，应对合乎名分，即使远离朝廷的人做了些坏事，也一定不会多了。明君不需要博闻远视，不需要秘密侦探，不必努力见闻各种消息，可视的形色到面前了就看，可听的声音到耳前了就听，需处理的事来了就应付。近处没有过失，远方也就能治理好了。文中说："名实判为两，合为一。是非随名实，赏罚随是非。是则有赏，非则有罚，人君之所独断也。明君之立也，正其貌，庄其心，虚其视，不躁其听，不淫审分，应辞以立于廷，则隐匿疏远，虽有非焉，必不多矣。明君不用长耳目，不行间谍，不强闻见，形至而观，声至而听，事至而应。近者不过，则远者治矣。"

"是非随名实，赏罚随是非"，虚心以待，循名责实，依法赏罚，自然会实现清静无为的大治！

正名顺言篇

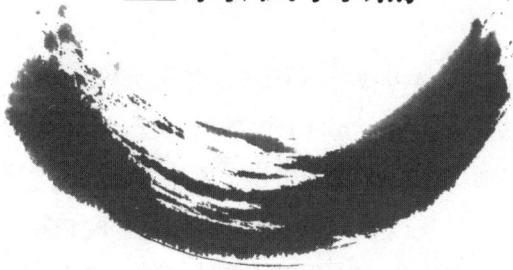

"名不正则言不顺，言不顺则事不成"，孔子这句名言尽乎到了妇孺皆知的程度，但对其内涵，却很少有人关注。孔门言语科中的名学专门研究正名实，已成绝学。我们做"正名顺言篇"，目的是告诉世人名学过去是正确逻辑和社会成就的基础，今天它仍然是一切学术和各项事业的基础。

论及名学的起源，《汉书·艺文志》说："名家者流，盖出于礼官。古者名位不同，礼亦异数。"西周礼义社会中的名实，主要指爵位（名）和礼器，以及相关的礼仪法度，这是社会秩序的基础。所以《论语·子路篇第十三》孔子才说："名不正则言不顺，言不顺则事不成，事不成则礼乐不兴，礼乐不兴则刑罚不中，刑罚不中，则民无所措手足。"

现实生活中，孔子特别重视名与实，爵位与礼器，认为它们是中央权威的具体体现，不能随意给人。假如中央失去了威信，社会全面失序，国家就会灭亡。

公元前 589 年，卫国为救鲁国伐齐，齐卫交战中新筑大夫仲叔于奚救了卫国的卿孙桓子（孙良夫），孙桓子免于一死。后来卫人要赏赐仲叔于奚封地，他拒绝了，却请求朝见时用诸侯之礼，卫君答应了仲叔于奚的请求。孔子听说这件事，不禁长叹："太令人惋惜了！还不如多给他些封地。唯有礼器与爵名，不能随意给人，这是君主权力所在。爵位名号是威信的标志，有威信才能持有礼器，车服之器体现礼法，礼法用来推行仁义，施行仁义才能得利，利益天下方能治理百姓，这是治国理政的关键。若将这些随意给人，相当于随意授人以国政。国政亡了，国家会随之灭亡，难以阻挡啊！"[1]

先贤重名，因为正名实，名实相副决定了社会秩序。在此意义上，名学也是一切管理科学的基础——有志于家国天下者，不可不详察！

1《左传·成公二年》："新筑人仲叔于奚救孙桓子，桓子是以免。既，卫人赏之以邑，辞。请曲县（亦作'曲悬'，诸侯之乐室内三面悬乐器，形曲，谓之'曲县'——笔者注）、繁缨（pán yīng，古代天子、诸侯所用络马的带饰——笔者注）以朝，许之。仲尼闻之曰：'惜也，不如多与之邑。唯器与名，不可以假人，君之所司也。名以出信，信以守器。器以藏礼，礼以行义，义以生利，利以平民，政之大节也。若以假人，与人政也。政亡，则国家从之，弗可止也已。"

一、帛书《五行》所见名学类推法发微

帛书《五行》极大地深化了我们对名学类推法的认识，特别是"喻""几"式类推法的发现，对于现代人认知世界方式的拓展具有革命性意义——因为"几而知之，天也"，大风起于青萍之末，由微知著的重要认知实践，是长期浸淫于西方逻辑中的当代学人极度陌生和欠缺的。

1973 年底，湖南长沙马王堆三号汉墓出土的大量帛书中，《老子》甲本后有《五行》一篇。帛书有经、有说，思想囊括儒、道、名、法诸家，反映了战国时代大道未为天下裂时，百家争鸣与诸子合和共存的特点。遗憾的是，长期以来学界对百家争鸣关注过多，对诸子合和关注过少，以至今天大道不彰，西学独步学林。

池田知久先生写道：

尽管在《五行》中有色彩浓重的《孟子》思想的烙印是自不待言的，但是正如在后面将要详述的，其中也积极地吸收了荀子的思想。不仅如此，更进一步说，道家、墨家、法家的各种思想也在其中起着重要的作用。这样看来，《五行》作为诸子百家思想复杂地纠缠在一起的时代的产物，要想对其成书年代和作者学派所属进行有说服力的分析，还应该尽可能地从狭窄视野下的单纯思考中解放出来。[1]

池田知久所说的"狭窄视野"，指学人将其思想单纯归属于思孟学派的观点。

据池田知久的意见，帛书《五行》篇抄写年代大概是高祖时期至吕后时期，即公元前 206 年至前 180 年抄写成的。[2]

---

[1]［日］池田知久:《马王堆汉墓帛书五行研究》，王启发译，中国社会科学出版社，2005 年，第 28 页。

[2]［日］池田知久:《马王堆汉墓帛书五行研究》，王启发译，中国社会科学出版社，2005 年，第 6 页。

20年后，湖北荆门郭店村一号楚墓出土的众多竹书中，《五行》再次出土，只是该篇有经而无说，且章节次序略有不同（这种不同对于本文的研究十分重要）。湖北省荆门市博物馆在《荆门郭店一号楚墓》报告中指出：郭店M1具有战国中期偏晚的特点，其下葬年代当在公元前4世纪中期至前3世纪初。

关于《五行》哲学思想方面的研究已经很多，但很少人注意到有关名学的重要内容，即文中的侔、辟、喻、几四种类推方法（类行法）。这四种类行法中，侔、辟在《墨子·小取》篇中有详细说明，喻、几却不见诸传世古籍。

（一）《墨子·小取》的四种类推法

我们首先了解一下《墨子·小取》的四种类推法。它们分别是辟、侔、援、推，文中解释说："辟（同'譬'——笔者注）也者，举他物而以明之也。侔也者，比辞而俱行也。援也者，曰：子然，我奚独不可以然也？推也者，以其所不取之同于其所取者予之也。'是犹谓'也者，同也；'吾岂谓'也者，异也。"

有学者还将上述四种类推法前面的三种判断形式或、假、效列入，这种做法欠审慎，因为《小取》中接着就论述了辟、侔、援、推可能导致逻辑错误的原因，并提醒说："是故辟、侔、援、推之辞，行而异，转而危，远而失，流而离本，则不可不审也，不可常用也。"这里"辟、侔、援、推"并列提出，与或、假、效不同类。

什么是"辟"呢？"辟也者，举他物而以明之也。"简单说就是打比方，但打比方时要注意事物之间有相似的地方，也有十分不同的地方，不能乱比方，就是文中说的"夫物有以同而不率遂同"。

墨子善用"辟"。《墨子·非攻下》开篇引墨子言曰：

> 对于当今天下所赞美的人，有何道理在？他上能符合上天的利益，中能符合鬼神的利益，下能符合人民的利益，所以大家才赞誉他呢？还是他在上不能符合上天的利益，中不能符合鬼神的利益，下不能符合人民的利益，所以大家才赞誉他呢？即使最愚蠢的人，也必定会说："是他在上能符合上天的利益，中能符合鬼神的利益，下能符合人民的利益，所以人们才赞誉他。"天下共同认为义

的，是圣王的法则。但现在天下诸侯大概还在尽力于攻战兼并，那就只是仅有赞誉义的虚名，而不考察实际。这就像瞎子与常人一同能叫出白黑的名称，却不能辨别物体的黑白一样，这难道能说会辨别吗？[1]

这里墨子以不辨黑白的盲者比喻不辨是非的人。

什么是"侔"呢？"侔也者，比辞而俱行也"。过去，包括笔者在内一些学者认为，"白马，马也；乘白马，乘马也"，通过字加减推理的方法才是侔式类推法，这种理解显然过于狭窄。[2] 根据帛书《五行》篇，事物之间的并列比较就是侔。只是这种比较要知止，就是文中说的"有所至而止"。

墨子从正反两个方面论兼爱的重要性，用的都是侔式类推法。《墨子·兼爱上》说：

> 圣人以治理天下为己任，不可不考察混乱产生的根源。混乱从哪里产生的呢？起于人与人不相爱。臣与子不孝敬君和父，就是所谓乱。儿子爱自己而不爱父亲，因而损害父亲以自利；弟弟爱自己而不爱兄长，因而损害兄长以自利；臣下爱自己而不爱君上，因而损害君上以自利，这就是所谓的混乱。反过来，父亲不爱儿子，兄长不爱弟弟，君上不爱臣下，这也是天下的所谓混乱。父亲爱自己而不爱儿子，所以损害儿子以自利；兄长爱自己而不爱弟弟，所以损害弟弟以自利；君上爱自己而不爱臣下，所以损害臣下以自利。为何？都是起于不相爱。[3]

---

1 原文："子墨子言曰：'今天下之所誉善者，其说将何哉？为其上中天之利，而中中鬼之利，而下中人之利，故誉之与？意亡非为其上中天之利，而中中鬼之利，而下中人之利，故誉之与？虽使下愚之人，必曰：将为其上中天之利，而中中鬼之利，而下中人之利，故誉之。今天下之所同义者，圣王之法也。今天下之诸侯，将犹多皆免攻伐并兼，则是有誉义之名，而不察其实也。此譬犹盲者之与人，同命白黑之名，而不能分其物也，则岂谓有别哉？"

2 翟玉忠：《正名：中国人的逻辑》，中央编译出版社，2013 年，第 14 页。

3 原文：圣人以治天下为事者也，不可不察乱之所自起。当察乱何自起？起不相爱。臣子之不孝君父，所谓乱也。子自爱，不爱父，故亏父而自利；弟自爱，不爱兄，故亏兄而自利；臣自爱，不爱君，故亏君而自利，此所谓乱也。虽父之不慈子，兄之不慈弟，君之不慈臣，此亦天下之所谓乱也。父自爱也，不爱子，故亏子而自利；兄自爱也，不爱弟，故亏弟而自利；君自爱也，不爱臣，故亏臣而自利。是何也？皆起不相爱。

这里"子自爱""弟自爱""臣自爱"的说法就是比辞。

什么是"援"呢？"子然，我奚独不可以然也。"是在彼我同类的情况下，彼有以此为然，推论出我有此亦当然。此时要注意肯定本身与肯定原因的区别，因为有时"其然也同，其所以然不必同"。

《墨子·非攻上》有一则援式类推：

> 假如现在有一个人，看见少许黑色就说是黑的，看见很多黑色却说是白的，人们就认为此人不懂白与黑的区别。少尝一点苦味就说是苦的，多尝些苦味却说是甜的，那人们就认为这个人不懂得苦和甜的区别。现在小范围内做不对的事，人们都知道指责其错误；大范围内做进攻别国的坏事，却不知道指责其错误，反而跟着称赞他为义举。这可以算是懂得义与不义的区别吗？[1]

这里"黑白之辩"与"苦甘之辩"为然，我"义不义之辩"奚独不可以然也？故作者发出"此可谓知义与不义之辩乎"之叹。

什么是"推"呢？"以其所不取之同于其所取者予之也。'是犹谓'也者，同也；'吾岂谓'也者，异也。"就是通过先肯定对方诸"所取者"，然后与双方"所不取者"相比较，求证对方论题的矛盾，常常用"是犹谓"或"是犹"表示。有时则用明显正确的"所不取者"直接反驳对方，常常用"吾岂谓"或"岂可谓"等表示。这种类推要注意"其取之也同，其所以取之不必同"。

墨子连续用了数个推式类推反驳曾子弟子公明仪的观点：

> 孟子说："没有鬼神。"又说："君子一定要学习祭礼。"
>
> 墨子说："主张没有鬼神却劝人学习祭礼，这就像没有宾客却学习接待宾客的礼节，没有鱼却结渔网一样。"
>
> 公孟子对墨子说："您认为守三年丧期不对，那您主张的守三日丧期也不对。"
>
> 墨子说："你用三年的丧期攻击三日的丧期，就好像裸体的人说

---

1 原文："今有人于此，少见黑曰黑，多见黑曰白，则以此人不知白黑之辩矣；少尝苦曰苦，多尝苦曰甘，则必以此人为不知甘苦之辩矣。今小为非，则知而非之；大为非攻国，则不知非，从而誉之，谓之义。此可谓知义与不义之辩乎？"

掀衣露体的人不恭敬一样。"

公孟子对墨子说："某人的所知，有胜过人家的地方，那可以说他是智慧聪明的人吗？"

墨子答道："愚者的所知，有胜过他人的地方，然而难道能说愚者是智慧聪明的人吗？"

公孟子说："守三年的丧期，这是仿效孩子依恋父母的情意。"

墨子说："婴儿的智慧，唯独依恋自己的父母而已，父母不见了，就大哭不止。这是什么缘故呢？是愚笨到了极点。儒者的智慧，难道有胜过小孩子的地方吗？"[1]

上文四个交锋中，前两个为"是犹谓"推式，后两个为"吾岂谓"推式。

（二）帛书《五行》的四种类推法

帛书《五行》四种类推法为侔、辟、喻、几。其中喻、几类推法传世文献没有记载，值得特别注意。

由于郭店简本《五行》篇没有说，显得行文紧凑，我们将涉及四种类推法的部分录在这里。简本先"喻"后"辟"，正好说明在作者心中喻、几与侔、辟一样属于类推法。文章说："目（通'侔'）而知之，谓之进之。喻而知之，谓之进之。辟而知之，谓之进之。几而知之，天也。'上帝临汝，毋贰尔心'，此之谓也。"

我们借帛书《五行》篇中的"说"分别论述之，顺序亦按帛书《五行》篇。文字释读和译文我们参考了池田知久先生的《马王堆汉墓帛书五行研究》[2]一书。

什么是"侔"呢？帛书《五行》篇"说"云："弗侔也，侔则知之矣，知

1《墨子·公孟》记载："公孟子曰：'无鬼神。'又曰：'君子必学祭祀。'子墨子曰：'执无鬼而学祭礼，是犹无客而学客礼也，是犹无鱼而为鱼罟也。'公孟子谓子墨子曰：'子以三年之丧为非，子之三日之丧亦非也。'子墨子曰：'子以三年之丧非三日之丧，是犹保谓撅者不恭也。'公孟子谓子墨子曰：'知有贤人，则可谓知乎？'子墨子曰：'愚之知有以贤于人，而愚岂可谓知矣哉？'公孟子曰：'三年之丧，学吾（俞樾云："'吾'下脱'子'字。"——笔者注）之慕父母。'子墨子曰：'夫婴儿子之知，独慕父母而已，父母不可得也，然号而不止，此其故何也？即愚之至也。然则儒者之知，岂有以贤于婴儿子哉？'"

2［日］池田知久：《马王堆汉墓帛书五行研究》，王启发译，中国社会科学出版社，2005年。

之则进耳。侔之也者，比之也。……"[1] 译文如下：

> 如果将各种事物排列比较，就能够明白道理。能够明白道理，就能够进德。所谓将各种事物排列，就是将若干的事物排列比较，以探究其本质。
>
> 《诗经》中说"天纵览下界，将命集中在这里"。不外是讲天纵览下界，将命集中在了人那里。如果思考草木的本性，其虽然有生命，但是没有好恶的感情。如果思考鸟兽的本性，其虽有好恶的感情，但没有礼义之德。如果思考人的本性，就能够明确知道只有人被赋予仁义之德。如果思考有关人接受天命的情况，就能够把握人的本性。这不外是通过排列比较各种的事物。因此，如果排列比较万物的本性，就明白只有人类被赋予仁义之德，就能够进德;《诗经》上说"文王君临天啊，其德耀天"就是这个意思。文王探求耳目的本性，知道其喜好声色。探求鼻口的本性，知道其喜好臭味。探求手足的本性，知道其喜好安逸。接着探求心的本性，知道其明显喜好仁义。
>
> 因此，守仁义而不失，亲仁义而不离。所以，文王的仁德出类拔萃，光耀天下。其不在于别的，而是排列比较各种事物明白了本性。因而，如果排列比较耳目、鼻口、手足、心等，理解了没有比喜好仁义的心更高贵的，就能够进德了。

"侔之也者，比之也"，《墨经·小取》亦言："侔也者，比辞而俱行也。"侔重比，重排列比较，是一种横向的类行。

什么是"辟"呢？帛书《五行》篇"说"云：

> 如果运用比喻就能够明白道理，如果明白道理，就能进德。

---

1 原文："弗侔也，侔则知之矣，知之则进耳。侔之也者，比之也。'天监在下，有命既杂'者也，天之监下也，杂命焉耳。循草木之性，则有生焉，而无好恶焉。循禽兽之性，则有好恶焉，而无礼义焉。循人之性，则巍然知独有仁义也。不循其所以受命也，循之则得之矣，是侔之已。故侔万物之性而知人独有仁义也，进耳。'文王在上，於昭于天'，此之谓也。文王源耳目之性而知其好声色也，源鼻口之性而知其好臭味也，源手足之性而知其好佚愉也，源心之性则巍然知其好仁义也。故执之而弗失，亲之而弗离，故卓然见于天，著于天下，无他焉，侔也。故侔人体而知其莫贵于仁义也，进耳。"

以丘和山为喻，丘不及于高山的理由，是因为没有积累土。舜有仁之德，我也有仁之德，可是不及于舜之仁，是因为我没有积累仁德。舜有义之德，我也有义之德。可是不及于舜之义，是因为我没有积累义德。比喻后又比较，如果明白我不及于舜的缘由，就能够进德了。[1]

这里以丘山喻人之仁义，丘山有高有低，人亦然，也是"举他物而以明之"，与《墨子·小取》篇全同。

什么是"喻"呢? 帛书《五行》篇"说"云:

如果以低的事物为基础与高的事物来比较。就能够明白道理。如果明白道理，就能够进德。所谓"比较"，就是以稍微喜好的事物为基础，与大为喜好的事物比较。《诗经》中所讲的"婀娜的淑女，寤寐求之不已"，是想念美色。"求之不得的话，就睡也想醒也想"，是讲其急切的程度。"思来想去，不断地翻身"，是讲其非常急切的程度。尽管急切程度是这样，在父母旁和淑女交往，行吗? 即使被威胁处以死刑也肯定不去做。在兄弟旁边和淑女交往也不行，在国人旁边和淑女交往也不行。像这样，先是畏惧自己的父母、兄弟，其次是畏惧众人，就是礼。如果以好色之事为基础，通过比较而知道好礼的话，就能够进德。[2]

"喻"与"侔"不同，它是一种纵向的比较，自小喻大是其显著特征。喻式类推法《墨经》中没有强调，但《墨子》中不乏语例。《墨子·非攻上》有:"杀一人，谓之不义，必有一死罪矣。若以此说往，杀十人，十重不义，必有十死罪矣; 杀百人，百重不义，必有百死罪矣。当此天下之君子皆知而非之，谓之不义。今至大为不义攻国，则弗知非，从而誉之，谓之义。情不

---

1 原文: 弗譬也，譬则知之矣，知之则进耳。譬丘之与山也，丘之所以不如名山者，不责也。舜有仁，我亦有仁，而不如舜之仁，不责也。舜有义，而我亦有义，而不如舜之义，不责也。譬比之而知吾所以不如舜，进耳。

2 原文: 弗喻也，喻则知之矣，知之则进耳。喻之也者，自所小好喻乎所大好。"窈窕淑女，寤寐求之"，思色也。"求之弗得，寤寐思伏"，言其急也。"悠哉悠哉，辗转反侧"，言其甚急也。急如此其甚也，交诸父母之侧，为诸? 则有死弗为之矣。交诸兄弟之侧，亦弗为也。交诸邦人之侧，亦弗为也。畏父兄，其杀畏人，礼也。由色喻于礼，进耳。

知其不义也，故书其言以遗后世。"这里"杀一人""杀十人""杀百人""攻国"层层递进，显然是一种纵向比较，为喻式类推法。

什么是"几"呢？帛书《五行》经文说："几而知之，天也。《诗》曰：'上帝临汝，毋贰尔心'"帛书《五行》篇"说"云："'几而知之，天也。'几也者，赘数也。唯有天德者，然后几而知之。'上帝临汝，毋贰尔心'，上帝临汝，言几之也。毋贰尔心，俱几之也。"在事物有预兆的阶段就能够知道它的，就是天德，所谓"有预兆"就是有道理。只有合天德（道）的圣人，才能"在事物有预兆的阶段就知道它"。《诗经》中有"上帝御临于你，你不要有贰心"，所谓"上帝御临于你"，就是有征兆显示的意思。所谓"你不要有贰心"，是要与天合其精微之几。

将"几"作为一种类推法，值得我们重视。因为它要靠洁静精微之心，见微知著，通达权变，此是处理所有复杂事物所必需的，《易经》有明确论述。

《周易·系辞下》引孔子言曰："知几其神乎，君子上交不谄，下交不渎，其知几乎。几者，动之微，吉之先见者也，君子见几而作，不俟终日。《易》曰：'介于石，不终日，贞吉。'介如石焉，宁用终日？断可识矣。君子知微知彰，知柔知刚，万夫之望。"

《周易正义》唐代孔颖达疏："故此章明知几入神之事，故引《豫》之六二以证之。云《易》曰：介于石，不终日，贞吉'。'知几其神乎'者，神道微妙，寂然不测。人若能豫知事之几微，则能与其神道合会也。'君子上交不谄，下交不渎'者，上谓道也，下谓器也。若圣人知几穷理，冥于道，绝于器，故能上交不谄，下交不渎。若于道不冥而有求焉，未能离于谄也；于器不绝而有交焉，未能免于渎也。能无谄、渎，知几穷理者乎？"

又于"几者，动之微，吉之先见者也"条下，《周易正义》注云："几者去无入有，理而无形，不可以名寻，不可以形睹者也。唯神也不疾而速，感而遂通，故能朗然玄昭，鉴于未形也。合抱之木，起于毫末。吉凶之彰，始于微兆，故为吉之先见也。"

古代圣贤，知几知微，几近于神，甚至超越数百年预知未来，真所谓"唯有天德者，然后几而知之"。一则历史上广为流传的故事说："昔者太公望、周公旦受封而见，太公问周公：'何以治鲁？'周公曰：'尊尊亲亲。'太公曰：'鲁从此弱矣。'周公问太公曰：'何以治齐？'太公曰：'举贤尚功。'周公曰：'后世必有劫杀之君矣。'后齐日以大，至于霸，二十四世而田氏代之。鲁日

以削，三十四世而亡。由此观之，圣人能知微矣。"（《韩诗外传·卷十》）

西方文化重外在，向外寻求真理、信仰，不强调心性的修养，使他们对超越形式逻辑的"几"缺乏完整的论述。将"几"并列于诸类推法，反映了我、我们的先贤对这种认知事物方式的高度重视。

（三）《五行》与《墨子·小取》有不同的学术源流

《墨子·小取》言类推法称辟、侔、援、推。帛书《五行》篇言四种类推法为侔、辟、喻、几，二者何以不同？

事实上，即使在《墨经》中，也有这种现象。比如对于类推中前后两辞的关系，《墨子·小取》篇中有五类：

"夫物或乃是而然，或是而不然，或不是而然，或一周而一不周，或一是而一非也。"

而《墨子·大取》篇中有四类，且其中只有前两个与《墨子·小取》篇同：

"一曰乃是而然，二曰乃是而不然，三曰迁，四曰强。"

之所以出现这种情况，是因为古籍有随时代层层累积的特点，而《墨子·小取》篇和《墨子·大取》篇是积聚古说，分别成篇的。这里的取，通"冣"，为积聚之意。[1]

由此我们可以推知，帛书《五行》与《墨子·小取》有不同的学术源流，所以会产生类推法取舍上的差异。不可否认，帛书《五行》极大地深化了我们对名学类推法的认识，特别是"喻""几"式类推法的发现，对于现代人认知世界方式的拓展具有革命性意义——因为"几而知之，天也"，大风起于青萍之末，由微知著的重要认知实践，是长期浸淫于西方逻辑中的当代学人极度陌生和欠缺的。

二、从"三段论"的失效看名学的内在特点

名学有三个内在特点，重意象，轻抽象；重横向类推，轻纵向推理；重实事，轻虚辞——它铸就了中国人的思维方式和学术品格，

---

1 李耽：《先秦形名之家考察》，湖南大学出版社，1998年，第202页。

对于人类摆脱目前西方学术烦琐支离的经院化趋势具有重要意义。

钱穆先生在研究《庄子·天下篇》辩者二十一事"狗非犬"一条时，注意到了西方的三段论失效的现象。

按照《尔雅·释畜》的解释："犬未成豪曰狗。"钱穆先生发现，从西方逻辑学的角度看，狗指没有长毛的犬，显然属于犬的一类，可以图示如下：

来源：钱穆《墨子·惠施公孙龙》[1]

而从中国名学的角度看，"犬"这个象再加上"未成豪"这个象才是狗，所以当图示如下：

来源：钱穆《墨子·惠施公孙龙》[2]

为何会造成这种不同呢？因为西方逻辑学重视概念间的抽象关系，而名学更重视具体的象，用钱先生的话说："辩者正名，一以意象为主。今曰犬，吾心中仅有一犬之意象，固也。若不曰犬而特指曰狗，则不徒为犬，而又为犬

---

1 钱穆：《墨子·惠施公孙龙》，九州出版社，2011年，第119页。

2 钱穆：《墨子·惠施公孙龙》，九州出版社，2011年，第119页。

之未成豪者。此在言者之意，于'犬'象之外，又增一'未成豪'之象也。"[1]

所以在西方逻辑学看来，犬概念的外延大于狗，是狗的上位概念，二者存在种属关系。而在名学看来，当是狗的象大于犬，就是在这一点上，导致了西方逻辑学重要的推理形式三段论的失效。语言学家徐通锵教授指出："……我们可以借此说明三段论式思维方式的特点，这就是它着眼于概念的外延，从外延上确定类的种属关系。如果离开这种种与属的关系，这种思维理论就不能成立。"[2]

按照西方逻辑学，我们可以作如下推论：

狗，犬也。

犬为四足兽，

故狗亦为四足兽。

但按名学，则不能有如下推论：

狗，犬也。

犬有豪，

故狗亦有豪。

钱先生接着解释说：

"狗之一名，内函（hán，意为包含——笔者注）未成豪"一义，为"犬"名所无，固不可以"犬"名推。我国古代名家重意象，重主观，故论名重内涵，而斥推证，此与西方逻辑取迳不同，为用亦各有通窔（zhú，物在穴中欲出的样子——笔者注），各有根据，各成系统。后人不辩，一切以西方连珠之律（严复在翻译《穆勒名学》时，把西方逻辑学中的三段论译作连珠——笔者注）令绳之，讥中国古名家为诡辩，诋之为不通，是轻诬古人也。公孙龙子有白马论，云："白马非马"，亦此意。[3]

---

1 钱穆：《墨子·惠施公孙龙》，九州出版社，2011 年，第 120 页。

2 徐通锵：《汉语结构的基本原理：字本位和语言研究》，中国海洋大学出版社，2005 年，第 222 页。

3 徐通锵：《汉语结构的基本原理：字本位和语言研究》，中国海洋大学出版社，2005 年，第 121 页。

这里，我们看到了名学的三个内在特点，首先是重意象，轻抽象；其次是重横向类推，轻纵向推理；三是重实事，轻虚辞。兹分述如下：

（一）重意象，轻抽象

近世诸多学者在描述中国人的思维特点时，发现其重视动态整体的象，轻视从整体中抽象出的概念——从文字艺术到中医都是这样。

首都师范大学文学院夏静教授在《古代文论中的"象喻"传统》一文中，就以中国文字为例指出，汉字以象为先，尚象是中国人世界观、认识论的基础。她写道：

> 譬如中国早期的象形字就是通过一套特有的象征意义传达出古人对于天、地、人的体认。在古人造字理论中，汉字以"象"为先，《汉书·艺文志》的"六书"，按照戴震"四体二用"的分法，四"象"（象形、象事、象意、象声）为经，转注、假借是派生的，这就突出了"象"在造字中的作用。"六书"中，象形居首，这是汉字最大的特点，所谓象形，就是有形可象，即以一种最简省、最鲜明的符号表达对自然万物的概括，既符合人们想象中的宇宙自然秩序，也契合人类自然情感的合理延伸。[1]

南唐文字训诂学家徐锴（920—974年）一语道之："凡六书之义，起于象形。"（徐锴《说文解字系传·卷第一》）

"象"字，甲骨文作：

后经长期演化，成为今天的象字，演化过程如下：

甲骨文	金文	篆文	隶书	楷书		行书	草书	标准宋体
乙906	且年鼎	师汤父鼎	说文解字	马王堆帛书	赵孟頫 颜真卿	董其昌	赵构	印刷字库

殷商时期黄河流域产象，其体形巨大优美，又不容易抓捕。所以人们习惯于依据死象的骨头意想、描述活象的样子，这种"意想者"古人就称为

---

1 夏静：《古代文论中的"象喻"传统》，载《文艺研究》2010年6期。

"象"。《韩非子·解老》云:"人希见生象也,而得死象之骨,案其图以想其生也,故诸人之所以意想者,皆谓之象也。"象是对世界动态整体性的描述,韩非子表达得十分清楚。

请注意,"意"与"画"不同,尽管中国书画同源。南宋郑樵(1104—1162年)指出:"书与画同出。画取形,书取象。画取多,书取少。凡象形者皆可画也,不可画则无其书矣。然书穷能变,故画虽取多,而得算常少;书虽取少,而得算常多。"(郑樵《通志·六书略》)书"取少",实际是通过更多的抽象和简化去象征、表达现实世界,并能曲尽其妙。正是这种"取少总多"的特点,使汉字具有一种高度简洁、清晰和稳定的特质,这在人类文字史上极其罕见,其强大的生命力正源于此!

重意象的思维方式使中国人比西方人更好地描述复杂系统,因为西方表音文字传达的是有声的言,而中国表意文字展示显现为象的意,意在言先,中国人思维的深刻伟大显而易见。当代学者贬斥中国人思维方式原始落后,模糊不讲逻辑,简直荒唐!

《周易·系辞上》载:"子曰:'书不尽言,言不尽意。'然则圣人之意,其不可见乎!子曰:'圣人立象以尽意,设卦以尽情伪,系辞焉以尽其言,变而通之以尽利,鼓之舞之以尽神。'"

唐代孔颖达《周易正义》释"'书不尽言,言不尽意。'然则圣人之意,其不可见乎!"一语时说:"此一节夫子自发其问,谓圣人之意难见也。所以难见者,书所以记言,言有烦碎,或楚夏不同,有言无字,虽欲书录,不可尽竭于其言,故云'书不尽言'也。'言不尽意'者,意有深邃委曲,非言可写,是言不尽意也。圣人之意,意又深远。若言之不能尽圣人之意,书之又不能尽圣人之言,是圣人之意,其不可见也。故云:'然则圣人之意,其不可见乎?'疑而问之,故称'乎'也。"

这里孔颖达指出了表音文字的基本弱点,不仅存在楚夏方言问题,且言语本身也是实相部分琐碎的表达,书写下来更难以记录现实。

那么如何记录圣人之意呢?就是用超越言(语音)的象,《易经》中阴阳二爻也是象。孔颖达接着说:"'圣人立象以尽意'者,虽言不尽意,立象可以尽之也。'设卦以尽情伪'者,非唯立象以尽圣人之意,又设卦以尽百姓之情伪也。"

朱熹一语道破了先贤立象的根本:"言之所传者浅,象之所示者深,观奇

偶二画，包含变化，无有穷尽，则可见矣。"（朱熹《周易本义·卷三》）

往圣贤深于取象，立象尽意的思维方法直接影响了名学。它的概念如：白马、坚白等，本身就是一种象。其主要论题也是以象的形态展开的，如"白马非马""鸡足三"等论题，论证也习惯于用具体实例（象）去解释。可以说，重意象涵盖名学的方方面面，这是钱穆先生说"我国古代名家重意象"的根本原因所在。

（二）重横向类推，轻纵向推理

钱穆先生还说："故论名重内涵，而斥推证。"为何中国没有产生西方基于抽象概念的形式逻辑呢？一个重要原因是中国人重意象，这些象是整体的，不可推求，却可类推，即一类事物，由此可以推及彼。观《墨子·小取篇》"辟、侔、援、推"四种推类方法，即可明此。

所以《墨子·大取篇》说："夫辞以故生，以理长，以类行者也……夫辞以类行者也，立辞而不明于其类，则必困矣。"又《墨子·小取篇》说："以名举实，以辞抒意，以说出故。以类取，以类予。"沈有鼎先生（1908—1989年）指出：

> "类"字在古代中国逻辑思想中占极重要的位置，我们必须给以正确的解释。"类"字的一个意义是相类，即上节所说的"类同"，相类的事物有相同的本质。我们把相类的事物概括为一"类"，这是"类"字的又一个意义。于是一类中的事物都是"同类"，本质相同。不是一类中的事物则是"不类"，是"异类"，本质不同。"明类"就是"明同异"。[1]

现实中名家是如何推类的呢？举例来说吧。

比如公孙龙子的"白马非（异于）马"这一论题，我们可以触类旁通，推及"西方学术非学术""死人非人"这样的命题。

"西方学术非学术" 告诉我们，除了西方学术范式和学术体系，还有中国的学术范式和学术体系，二者迥然不同，是不可互相替代的。今日中国大学

---

1 沈有鼎：《墨经的逻辑学》，中国社会科学出版社，1980年，第42页。

混淆了这一同异，就是"不明同异"。进而言之，20世纪学人以西方学术取代中国本土学术是逻辑上的错误，特别是在人文领域尤其是这样。

"死人非人"告诉我们，尽管建立在尸体解剖之上的西方医学取得了惊人的进步，为人类带来了巨大福祉，但其局限性不容忽视！因为其逻辑基础是"死人，（活）人也"，这隐含着内在的逻辑错误。而中医以对活人的整体观察为基础，经络也只在活人身上才有，其逻辑基础是"人，人也"。所以硬说中医不是科学是错误的——从逻辑上讲，中医更为严谨，是中国意象科学的代表。[1]

名学对现代人文学术及自然科学重要如此！

（三）重实事，轻虚辞

名学的第三个重要内在特点是重实事，轻虚辞，即理论正确不是正确的标准，还要与实际相符。所以在推理时，名学特别强调知止。《老子·第三十二章》云："始制有名，名亦既有，夫亦将知止，知止可以不殆。"《墨子·小取篇》警告说："是故辟、侔、援、推之辞，行而异，转而诡，远而失，流而离本，则不可不审也，不可常用也。"

中国人重实事的思维特点，也使名家常常因为雄辩而受到排斥，其理由就是名学"能胜人之口，不能服人之心"（《庄子·天下篇》）。

一则著名的故事说，赵国平原君好养士，门下食客常有几千人。其中公孙龙善作"坚白同异"的辩论，平原君尊他为座上宾。孔子的后人孔穿从鲁国来到赵国，与公孙龙辩论"奴婢有三个耳朵"的观点，公孙龙辩解十分精微，孔穿无以对答，一会儿就告辞了。第二天孔穿再见到平原君，平原君问："昨天公孙龙的一番雄论，先生觉得如何？"孔穿回答说："是的，他几乎能让奴婢真长出三只耳朵来。说起来虽然如此，实际上是困难的。我想请教您：现在论证三个耳朵十分困难，又非事实；论证两个耳朵十分容易而确属事实，不知道您将选择容易、真实的，还是选择困难、虚假的？"平原君哑口无言。

第二天，平原君对公孙龙说："您不要和孔穿辩论了，他的道理胜过言

---

1 参阅刘长林：《中国象科学观：易、道与兵、医》（修订版、上），社会科学文献出版社，2008年。

辞，而您的言辞胜过道理，最后肯定占不了上风。"[1]

公孙龙以表面不合情理之象论名家至理，孔穿、平原君不知。后人轻诬名家，良由此，受其误多矣！

善于譬喻的韩非子形象地说明了推理论证不可脱离实事的道理。虞庆（《吕氏春秋·似顺论·别类》作高阳——笔者注）打算造房子，工匠说："现在您的木材还没有干透，泥巴是潮湿的。木材没干透就会弯曲，泥巴潮湿重量就大；用弯曲的木材承受重量大的泥巴，现在即使造成了，时间一长，必然坍塌。"虞庆说："木材干了就会变直，泥巴干了就会变轻。现在情形是，木材和泥巴如果确实干起来后，它们会一天比一天变直、变轻；即使经时历久，房子一定不会坍塌。"工匠无话可说，就把房子马上造了起来。过了些时候，房子果然坍塌了。

范且（即范雎，？—公元前255年）认为："弓折断的时候，一定是在制作的最后阶段，而不是在制作伊始。工匠张弓时，把弓放在校正器具上三十天，然后装上弦，却在一天内就把箭发射出去了。这是开始调节时慢而最后使用时着急，怎么能不折断呢？我范且张弓时就不是这样：用校正工具校上一天，随即装上弦，上弦三十天后才把箭发射出去，这就是开始的时候粗率，而最后有所节制。"工匠无言可对，照范且的话去做，结果弓折断了。

韩非子评论道：范且、虞庆的言论，都能做到文辞动人，但却违背了实际道理。君主对它们喜爱而不加禁止，这就是事情败坏的根源。不谋求治国强兵的实际功效，却羡慕华丽动听的诡辩，排斥有技能的人士，而去采纳那种导致屋塌、弓折之类的胡说。所以君主处理国事总不能通晓工匠造屋和张弓的道理。有能力的人之所以被范且、虞庆之流所困，因为他们讲起虚浮的话来，虽毫无用处却能取得优势；可一遇到实际事情，道理不可改变所以他们注定失败。君主看重毫无用处的诡辩，轻视不可改变的道理，这就是国家

1《资治通鉴·卷第三》记载："平原君好士，食客尝数千人。有公孙龙者，善为坚白同异之辩，平原君客之。孔穿自鲁适赵，与公孙龙论臧三耳，龙甚辩析。子高弗应，俄而辞出，明日复见平原君。平原君曰：'畴昔公孙之言信辩也，先生以为何如？'对曰：'然。几能令臧三耳矣。虽然，实难！仆愿得又问于君：今谓三耳甚难而实非也，谓两耳甚易而实是也，不知君将从易而是者乎，其亦从难而非者乎？'平原君无以应。明日谓公孙龙曰：'公无复与孔子高辩事也！其人理胜于辞；公辞胜于理，终必受诎。'"

危乱的原因。[1]

名学重实事，轻虚辞，影响了中国古典学术的方方面面。

反观西方逻辑学，一个重要内在矛盾就是，从现实中抽象出概念后，按忽视质变的形式逻辑推演开去，最后导致理论远离实际——无论是中世纪的经院哲学还是现代的西方经济学都是这样。今天，我们必须对西方学术不同领域的"专家失效"现象充分警惕！这可能深源于西方认识世界方法及工具（包括逻辑）上的局限性。

李四南、卫飒英在卡普拉《转折点——科学、社会和正在兴起的文化》译序中，介绍这位以《物理学之道》一书享誉世界的作者的思路时写道：

> （相对于各种全球性危机）更严重的还在于"专家失效"。目前，以解决各种专门问题为己任的"专家"，已经不再能够解决上述各种问题。肿瘤学家面对癌症，精神病学家面对精神分裂，经济学家面对通货膨胀和失业，警察面对暴力和犯罪率上升，全都感到束手无策。
>
> 透过"危机四起"和"专家失效"的表层现象，作者指出，问题的深层原因在于"方法失灵"。还原论，这一近代科学中一再获得成功的方法论骄子，用于解决上述这些本质上属于系统性的问题是再也不灵了。[2]

名学让我们更清楚地看到，西方学术危机可能是系统性的——远远超越了自然科学还原论的界线。

从东方到西方，人类历次伟大革命都是从对过去文明成果的再发现和再认识开始。我们相信，逻辑学也是这样。对名学的再认识可能成为 21 世纪人类逻辑思维革命的起点……

1《韩非子·外储说左上第三十二》上说："范且、虞庆之言，皆文辩辞胜而反事之情。人主说而不禁，此所以败也。夫不谋治强之功，而艳乎辩说文丽之声，是却有术之士而任'坏屋'、'折弓'也。故人主之于国事也，皆不达乎工匠之构屋张弓也。然而士穷乎范且、虞庆者，为虚辞，其无用而胜，实事，其无易而穷。人主多无用之辩，而少无易之言，此所以乱也。"

2［美］弗里乔夫·卡普拉：《转折点——科学、社会和正在兴起的文化》，李四南、卫飒英译，四川科学技术出版社，1988年，《译者的话》第14页。

三、因变以正名——名学与中医

本文节选自 2013 年 6 月 30 日笔者答浙江省中西医结合医院骨科主任、浙大智慧医疗管理研究所王明华所长的一封信。王明华先生多年来从事中医的研究与推广工作，我们多次电话或书信交流，使笔者获益良多。

孔子曰："名不正则言不顺，言不顺则事不成。"

名学是一切学术和事业的基础。由于 21 世纪西方学术在世界范围内的独尊，大量与我国现实脱节的概念被引入，导致中国目前名实混乱已经到了极点，而纠正这一问题的工具名学也早已成绝学。

名学在中医理论构建过程中也起了根本性作用。

首先，中医藏象理论确立的重要原则就是"因变以正名"，联系《黄帝内经·素问·六节藏象论》上下文，可知这里的"变"是阴阳之变，然后是五色、五味之变，进而通于脏腑功能之变；"名"指阴阳、五色、五味、脏腑诸象之名；"因"是应因、静因之意，所因者，变也；"正"是使名实相副，名副其实。我们看到，藏象理论是描述动态诸象间的关系——"因变以正名"，可谓深得中国文化之精髓。

《黄帝内经·素问·六节藏象论》引岐伯与黄帝对话说："帝曰：善。余闻气合而有形，因变以正名。天地之运，阴阳之化……"接下来，文章进一步论述了藏象理论。我们不再赘述。

同时，"因变以正名"还体现在辨证施治这一中医认识和治疗疾病的基本原则之中。人体是个高度复杂的系统，同一种病，在不同病人身上、在不同病程、不同季节都可能有不同的变，施治方法当然不可能全同，甚至是同病异治、异病同治，这才真正达到了"因变以正名"。西医的理论架构总体上是静态的，不讲"因变"，总想找到病与治之间的机械对应关系，发明针对某一种病的固定成分的药。在这点上，中医自有其高明之处。

另外，名学告诉我们："有形者必有名"，但也存在"有名者未必有形"的情况，如人体的非解剖结构经络就是"有名而无形"。无形，不是不存在，其功能、事理在焉，仍然可以通过"名以定事，事以检名"获取真知。用《尹文子·大道上》的话说："有形者必有名，有名者未必有形。形而不名，未必失其方圆白黑之实。名而不可不寻，名以检其差。故亦有名以检形，形以定名，名以定事，事以检名。察其所以然，则形名之与事物，无所隐其理矣。"就是说，有形状的事物必定有名称，有名称的事物不一定有形状。有形状而没有名称的事物，不一定会失去它的形状、颜色等特征。有名称而没有具体形状的事物，不根据名称去检验具体的事物往往出现差误。所以，有时用事物的名称来检验事物的形状，有时根据事物的形状来确定事物的名称，有时用事物的名称来规定事物的种类，有时根据事物的种类来检验事物的名称。弄明白了事物的形状与名称之间的关系，那么事物的形名关系与事物之间的道理就清楚了。

山东中医药大学自然辩证法教研室主任祝世讷教授将"发现人的非解剖结构"作为中医的重要发现之一。非解剖结构如经络，虽无形，但科学证明其存在。他说："中医学对人的解剖结构有一定研究，但更重要的是认识了非解剖结构，最杰出的代表是对经络和五藏的认识。经络的客观存在已为世界公认，各种现代研究验证的经络循行路线与中医的论述基本一致，但寻找经络的解剖结构的各种努力均告失败，证明经络有结构但没有解剖形态。中医既认识了解剖形态的心脏、肝脏、脾脏、肺脏、肾脏，又认识了非解剖形态的心藏、肝藏、脾藏、肺藏、肾藏，许多人力图将'五藏'归并为'五脏'，但所有的现代研究都证明，两者不是一回事，五藏是人体的功能子系统，没有独立的解剖形态。例如肾藏的生理、病理与'下丘脑－垂体－肾上腺（甲状腺、性腺）'内分泌轴的功能相关，与肾脏相去甚远。从中医的这些发现可以揭开人的非解剖结构的面纱，开辟人体结构研究的非解剖时代。"[1]

西方文化过于重有形物质层面，将无形功能层面的许多东西排除在经验之外，这不是一种健康、理性的态度。

王明华先生，在读您的大作《中医西医不可通约实为可通约》时，有段话让我感触很深，您说："我认为'中医'的官方英文概

[1] 祝世讷：《中医西医为什么不可通约》，载《大众日报》，2013年5月18日。

念表达非常错误，不断造成误解和误传，使'中医'很受伤、被歧视，需要讨论和改变。TCM（Traditional Chinese Medicine）翻译的根本错误在于只强调传统，而丢掉了现代，因此被误认为不能与标榜现代的西医（MWM, Modern Western Medicine）相比较和抗衡。'中医'也就被贴上了故纸堆里老古董的错误标签，拿出来治病救人，甚至部分中医自认为不科学而底气不足，也因此被方舟子等叫骂为'伪科学'。"

您说得多好啊！TCM 不仅翻译错误，更是强加在中医身上的"鄙名"，将中医污名化。这类鄙劣名称的现实结果就是"以名害实"，这是中医"很受伤、被歧视"的逻辑基础。这类名称在 20 世纪的中国文化中太多了，19 世纪西方人最初发明这类鄙名为了证明殖民主义的"政治正确"，现代人应用这类鄙名则多出于历史惯性和愚昧无知！

如果说《黄帝内经》属于传统的，那么它何尝不属于未来？！很难想象，即使在 2000 年后，还有什么中医理论能够取代《黄帝内经》的基础地位。鄙名将导致逻辑混乱，现代学术中鄙名极多，学人日用而不知！

当然，名学与中医理论的关系还有太多需要研讨的地方，比如通过"白马非马"这一论式，可以推知"死人非人"，即解剖学上的尸体不等于活生生的人，这使我们警惕建立在解剖学基础上的西学的局限性所在。

王明华先生致翟玉忠信件：

翟玉忠先生，您好！

刚去青岛参加了全国首届自然国学研讨会，收获多多，我在会上提出《对自然国学的期盼》四点意见：（1）包容西学，互敬互补；（2）重振中华，面对实际；（3）天人合一，世界所需；（4）整合创新，齐心协力。会上也有专家提出不同观点：中华国学有特殊性，不宜多与西方科学搅和；中医西医不能通约等，我们正在进行学术讨论和争鸣。

注意到您的大作提出：名学是中国文化由形而上学至形而下学的关键所在，是通天人之际的根本。对于修正西方现代自然科学和人文学术中的还原论思维取向，中国正确引入西方学术以及中国学术的本土创新具有重要意义。您还提出：名学是人类一切知识活动和社会行为的基础。中国名学能够为本土学术体系提供牢靠的思维防火墙，同时建立起不同文明间交流的"学术海关"，避免出现逻辑概念的混乱。我对此非常感兴趣，我认为您对国学的深入研究和创新观点对于自然国学的研究和发展也十分重要。

寄上有关资料，敬请批评指正和提出宝贵意见。同时，也响应你们的稿件征集，可以共同开辟学术专栏，以重建中国本土学术、再造人类文明为己任，共同为基于中国历史经验和现实问题的学术添砖加瓦。

王明华

2013 年 6 月 25 日

四、对楚渔《中国人的思维批判》的批判

楚渔中西方中心论的毒太深，文化自虐倾向过于严重，甚至得出了"混乱而僵化的模糊思维阻碍了中国科技的进步"这样的结论，说中国只有经验技术，而无科学理论系统……

2010 年 1 月，楚渔的《中国人的思维批判：导致中国落后的根本原因是传统的思维模式》出版。这本书的责任编辑在封面折页上写道——"这可能是中国人最需要的一本书"。

该书一出版，立即引起相当大的关注。2010 年 6 月，出版社举办的《中国人的思维批判》研讨会在北京举行，与会者除了出版社人员，还有来自中央党校、国务院发展研究中心、北京大学哲学系、清华大学历史系、中国人民大学文学院、中国社会科学院哲学所的专家学者。

从 20 世纪初的国民性大批判到 21 世纪初的思维模式批判，在中国人的

自我检讨方面也算"一大进步了"。那么，这究竟是一本怎样的书呢？

顾名思义，该书探讨中国落后的根本原因。作者经过论证后认为，其原因是概念模糊，混乱而僵化的传统思维模式。

（一）令人忍俊不禁的论证

具有讽刺意味的是，作者的论证本身就是建立在封建、专制这类模糊的概念，以及混乱而僵化的西方中心论思想之上的，最后糊里糊涂地就得出了中国继承的主要文化是流氓文化的结论（当然这个结论是相对于西方"绅士风度"说的），其逻辑简直让人摸不着头脑，上面说："大艺术家赵本山的小品为什么能受到很多中国人的喜爱，就是因为小品中反映出来的东西是我国社会上存在的经典流氓文化的心态，能引起众多的中国人的共鸣。这就是我们中国人能继承下来的主要的文化。"[1]

实在是谬论。

我们还是从这本书的开头讲起。首先，作者归纳了有关中国落后根源的三种主要说法：

1.2000 多年漫长的封建社会和专制统治；

2. 以儒家思想为主体的中华文化；

3. 社会制度和体制问题。

在论证第一种说法不成立时，作者写道："中外学者公认：人类发展进程依次需要经历原始社会、奴隶社会、封建社会、资本主义社会等。西方以荷兰、英国、法国为先，西方几乎所有国家都只经过 1000 年左右的封建社会，就过渡到了资本主义社会。而中国 2000 多年长期停留在封建社会阶段，近千年来还在倒退；直到西方的舰炮轰开国门，才开始有些变化。"[2]

楚渔迷信五阶段论。五阶段论是马克思对西方历史经验的总结，并不适用于中国，这已成为越来越多学者的共识。连马克思本人也反对将西欧的历史哲学理论任意普世化。1877 年 11 月他在给《祖国纪事》编辑的信中写道："把我关于西欧资本主义起源的历史概述彻底变成一般发展道路的历史哲学理论，一切民族，不管他们所处的历史环境如何，都注定要走这条道路，……

---

1 楚渔:《中国人的思维批判》，人民出版社，2010 年，第 109 页。

2 楚渔:《中国人的思维批判》，人民出版社，2010 年，第 6 页。

这样做，会给我过多的荣誉，同时也会给我过多的侮辱。"[1]

说到专制，更是西方中心论者想象中的中国传统政治体制，与现实不符。法国汉学家，法国科学院院士谢和耐（Jacques Gernet，1921—2018 年）在《中国人的智慧》一书中指出："在孟德斯鸠看来，中国是专制的政府，'那里无法无天，个人独断独行'。但这个定义不如用于我们古代的君主制，而不宜用于康熙的帝国。事实上，众所周知，中国帝王的权力受到官吏即'曼达林'维护传统礼法的制约。"[2]

然而，所有这些西方中心论者按"西是中非"的僵化逻辑形成的模糊概念，在楚渔那里都成了"公认"的东西。

（二）楚渔有时显得过于无知

楚渔有时显得过于无知，他对阴阳辩证思维大放厥词。理由很简单，他没有用亚里士多德形式逻辑这一形而上学方法做基础。楚渔写道："显然我们古代的辩证思想后来走上了歪路和没有形而上学的支撑是有关联的，儒家文化中的中庸之道就是这样的：矛盾的双方达到平衡时，这就是和谐，这就是中庸。但矛盾的运动是绝对的，平衡总是暂时的，要调和矛盾的双方平衡也要进行调整，也就是说平衡本身也是动态的，平衡矛盾就是为了化解冲突，但我们中国人的思维把平衡视为静止的、不动的，没有张力的。这样，平衡就无法适应矛盾的发展，结果是平衡自身被打破了，而我们中国人为了平衡往往掩盖矛盾。结果蕴藏着更大的矛盾和冲突。这就是我们中国自古以来总是陷入混乱的原因。"[3]

如果中国人视平衡为静止，那么中医这门医学就不会出现；中国社会犹如一个人的身体，有时会失衡陷入混乱，但总比西方持久的战争状态要好得多——西方二元对立思维容易导向人与人之间，人与自然之间的对立，在这种思维方式已经导致巨大社会危机和生态灾难的今天，楚渔还是看不到西方

---

1 马克思：《给〈祖国纪事〉杂志编辑部的信》，收入《马克思恩格斯全集》第 19 卷，人民出版社，1963 年，第 130 页。

2 [法] 谢和耐：《中国人的智慧》，何高济译，上海古籍出版社，2004 年，第 13 页。

3 楚渔：《中国人的思维批判》，人民出版社，2010 年，第 52 页。

思维方式是落后的。[1]

一位国学大师曾谦虚地说:"有人研究(指研究《易经》——笔者注)了一辈子,也没有搞清楚的所在多有,包括我在内,研究了大半辈子,还跟一个初学的人差不多。"楚渔抓住这段话,开始信口开河:"我的天,搞了大半辈子都搞不明白的学问算什么科学……我们不少的文人其实狗屁学问都没有,即使有点知识,也没有学识,无非是从故纸堆里搜罗一些东西,故作深奥地解释一番,欺骗自己,吓唬别人。"[2]

《易经》蕴含着宇宙人生的大智慧,需要不断体认践行。《易经》源于数术,2000多年前,班固写《汉书·艺文志》时感叹懂得数术的人少:"数术者,皆明堂羲和史卜之职也。史官之废久矣,其书既不能具,虽有其书而无其人。《易》曰:'苟非其人,道不虚行。'"我们至少要有古人的见识和气量。对于自己不理解的东西,不能随便否定,不可乱讲。

楚渔中西方中心论的毒太深,文化自虐倾向过于严重,甚至得出了"混乱而僵化的模糊思维阻碍了中国科技的进步"这样的结论,说中国只有经验技术,而无科学理论系统,所以中国:

有哲理——无哲学;

有测量——无几何学;

有名家——无逻辑学;

有美术——无美学;

有音乐——无乐理学;

有技术——无物理学;

有星象观测——无天文学;

有炼丹术——无化学

……[3]

这近乎纯粹的胡说八道。

---

1 有兴趣的读者可参阅拙著《中国拯救世界:应对人类危机的中国文化》,中央编译出版社,2010年,第216—221页。

2 楚渔:《中国人的思维批判》,人民出版社,2010年,第55—56页。

3 楚渔:《中国人的思维批判》,人民出版社,2010年,第136页。

比如古代中国在天文学和数学领域注重精确，是定量的，反而"古希腊天文学和数学"才是定性的，虽然毕达哥拉斯已有了数学知识，但其缺乏处理10以上一般数字的知识和计算方法。直到明朝末年，在科技领域中国在世界范围内都是领先的，当时我们对西方新知的汲取也几乎与西方的创新同步。只有满清入关后，那种自由的科学传统才被限制在宫廷之中，成为皇室的玩物！

再以名家为例。楚渔大加赞叹的西方形式逻辑更适用于相对简单的事物，名学对于社会治理更重要，二者是互补的，怎能说中国有名家，而没有西方逻辑学是因为传统思维方式有问题？事实上，如果楚生真的懂得了名学，他就不会写出这本书了，因为该书中有太多必然引起思维混乱的"鄙名"——名学早已成为绝学，我们不能苛求于楚渔。

中国学术体系与西方学术体系不同，不是以概念为中心，而是以问题为中心——东西方学术体系谁优谁劣难以简单地比较，概念上也不能说中国传统思维模式更模糊。科技史专家、上海师范大学吾淳（吾敬东）教授写道："'希腊'的概念系统是沿种属方向发展的，而中国则是沿划分方向发展的。孔子虽未就仁的本质含义给出一个清晰的解释，但却对其内涵作了细密的探究（据统计，《论语》一书中记述孔子使用"仁"字有109次——笔者注）。又公孙龙之'白马非马'理论，其中对概念内涵的分析是非常精细的。[1]" [2]

据说楚渔好探险，但学术上的探险一定要遵从先贤的几句话，"博学之，审问之，慎思之，明辨之，笃行之"，文章千古事，可不能信口开河，那样会误导很多人。

（三）还是用事实说话

因为《中国人的思维批判》中有太多常识性错误，逻辑过于混乱，所以笔者竟然不知道从哪里下手作更深入批驳，好在楚渔在其后记中为我们提供了一条重要线索："我们特别不希望用模糊的抽象的语言来评论本书，因为这些话语有可能放在哪本书里都适用，放在什么地方都合适，这对正确的批评

1　公孙龙讲："白马者，马与白也，黄黑马不可致。"又讲："求马，黄黑马皆可致；求白马，黄黑马不可致。"还讲："马者所以命形也，白者所以命色也。"在这里，我们可以清楚地看到，公孙龙首先关注的就是概念的差异性。马的内涵就是马，它是命形的。而白马的内涵则不仅仅是马，它除了命形还有命色。

2　吾敬东：《中国传统思维笼统说辨》，载《孔子研究》2001年第2期。

于事无补，等于什么都没说；因而，我们希望对本书的批评要具体问题具体分析。"[1]

既然如此，我们就用具体事实反驳楚渔关于中国传统思维模糊的错误结论。

吾淳教授曾在他的《古代中国科学范型》一书中专门辟《中国传统思维笼统说辨》一章，他所说的"笼统"就是楚渔所说的"模糊"，细读两位先生的文章，就知道笔者并没有偷换概念。开篇，吾淳就写道：

> 多年来，学术界始终有一种很普遍的看法或说法：中国传统思维是整体和综合性的，因而也是混沌的或笼统的。这种看法或说法的传染力之强如流感一般。人们往往不加考订即随处搬用。其实，这种看法或说法是可被证伪的。[2]

吾淳论述了这种错误观点的起源。主要包括两个方面：一是马克思主义经典作家的论述，特别是恩格斯的相关论述；二是与古代西方即希腊某些领域的思维相比较，主要是哲学与逻辑学领域。他指出：

> 我们是否意识到，当我们津津乐道于以上方式作比较时实际上已经不自觉地陷入了以西方思维为中心或作为唯一标准范式的泥沼。显然，这是在比较活动的规范性上出了问题。应当看到，思维不同于任何一门具体知识，它是极其宽泛的。思维渗入社会的各个方面，从日常生活到高深思想可以说无所不包。并且，各个民族对于思维的开掘深度或发展方向不尽相同，往往是各有所长，又各有所短。可以说，那种满足于泛泛而谈，不加深入考究的"学术"本身倒是非常笼统的。[3]

接着，吾淳教授从生物学与农学、天文学与数学、地理学、制作技术等方面证伪。我们仅举出天文学方面的部分内容：

---

1 楚渔：《中国人的思维批判》，人民出版社，2010年，第188页。

2 吾淳：《古代中国科学范型》，中华书局，2002年，第301页。

3 吾淳：《古代中国科学范型》，中华书局，2002年，第303页。

测算与演算形式出现了，这使得古代中国思维步入了量化的阶段。回归年长度的测定是一个典型的例证。自春秋后期天文学家得到 365.25 日的回归年长度值起，以后这一数值不断得到修订。到公元 1199 年，南宋杨忠辅在《统天历》中定回归年长度为 365.2425 日，这正是近四百年后（1582 年）欧洲格里历，也即现今世界通用公历中的回归年数值。相比之下，欧洲直到公元前 46 年才开始用回归年长度为 365.25 的儒略历，但已比中国晚了数百年。并且，这一数值沿用了 1500 多年不曾变化，这与中国不断精益求精的努力形成鲜明对照。[1]

除了自然科学方面，吾淳教授还用社会与人文的事例批驳了传统思想模糊的论点，这里不再赘述。感兴趣的朋友可以参阅他的《中国传统思维笼统说辨》[2]一文。

楚渔希望以教育手段改造中国人传统的思维模式，认为这是"我们教育的头等大事"[3]。笔者认为，在改造无辜的孩子之前，还是先改造一下作者自己的思维模式吧。

楚渔曾断言："我们中国人几千年来就是这样模模糊糊地走过来的，直到现在，我们中国人仍然不能用正确的方法思考问题。"[4]我们也不希望楚渔这样模模糊糊地走下去，希望他能摆脱过去 100 多年来加在中国知识界头上的欧洲中心论枷锁，学会用正确的方法思考问题。

五、西方经济学的逻辑陷阱与轻重术

西方经济学的逻辑陷阱与轻重术西方经济学植根二元对立思维的文化土壤。要么实行市场经济，要么实行计划经济；要么实行私有制，要么实行公有制；要么是政界精英统治，要么是商界精英操

---

1 吾淳:《古代中国科学范型》，中华书局，2002 年，第 306 页。

2 原文载《孔子研究》2001 年第 2 期。

3 参阅楚渔:《中国人的思维批判》第七章，人民出版社，2010 年。

4 楚渔:《中国人的思维批判》，人民出版社，2010 年，第 35 页。

纵。在西方经济学理论中，不存在国家参与的市场经济、公私共存相分、政商合作这样的范畴——而它们恰恰是中国古典经济学轻重术的理论核心。

现代西方经济学有严重缺陷的理论假定（如理性经济人假设）和过度数理化，导致理论与现实严重脱节。这已是世人熟知的事实，前些年，甚至引发了西方经济学系学生的抗议活动。但对于西方经济学内在的逻辑错误却鲜有提及。

这是个严重的问题。如果西方经济学逻辑本身就有问题，将导致西方经济学理论及西方人文学术基础的塌陷。因为逻辑是理性的核心，如果逻辑出了问题，西方中世纪以来理性主义的胜利会被大打折扣。

不识庐山真面目，只缘身在此山中。通过对中国古典经济理论轻重术的研究，我们能清楚看到西方经济学的逻辑陷阱。

（一）科学方法不能平移到人文领域

西方现代人文学术集中兴起于19世纪，那是科学高唱凯歌，横扫一切的时代。所以，包括经济学在内的西方人文学术深受科学方法的影响。学者们假定：人文领域也如物理学这样的"标准"科学一样，研究对象是客体；他们忘记了，人文领域的研究对象是人，它无法如物理学一样严格区分主体和客体，为保持客观性让主体尽量少影响客体。进而言之，科学方法并不能平移到人文领域，但19世纪人文学者却这样做了，他们将科学方法无原则地引入了人文领域——结果是灾难性的！

以自由市场经济理论为例。它假定在一个不受干预的市场中，诸经济要素会自动实现均衡。经济学家喜欢提及的一个例子是："在未被开发的原始森林中，植物和动物都不是随意地或杂乱无章地分布。植物生长在山地上，在不同的海拔呈现出系统性的差别。一些树木大量生长于较低的海拔地区，而另一些树木则生长在更高的海拔地区。超过一定的海拔以后就根本没有树木能够在那一地带生长；而在珠穆朗玛峰上，则没有任何植物能够生存。很显然，这些都不是植物所做出的任何决定的结果。"[1]

这位经济学家忘记了根本的植物学常识，在"不受干预"的原始森林中，大树是会影响底层灌木成长的，是生态系统中大的要素在影响其他要素的分布。原始森林中的有序性，恰好是"干预"的结果。

在经济学中，人如森林中的树木，是市场的参与者。市场要想实现均衡，必须由居于主导地位的系统要素（如国家）进行干预，否则市场必将崩溃。

所以中国古典经济学的核心经典《管子》轻重十六篇明确指出："不能调通民利，不可以语制为大治。"（《管子·国蓄第七十三》）

为何这么说？因为即使在相同的初始条件下，由于能力等因素的不同，也会导致经济地位以及经济政治体系的严重失衡。《管子·国蓄第七十三》举例说："分地若一，强者能守；分财若一，智者能收。智者有什倍人之功，愚者有不赓本（抵偿成本——笔者注）之事。然而人君不能调，故民有相百倍之生也。夫民富则不可以禄使也，贫则不可以罚威也。法令之不行，万民之不治，贫富之不齐也。"

所以轻重术认为，经济调控的目标不是增长，而是平衡。只是平衡才会使经济稳步地、长期地也是最快地增长。

（二）西方经济学株守机械的二分原则

西方经济学植根二元对立思维的文化土壤。不仅是上面提到的主、客对立，西方人习惯于将世间万物都非黑即白、非彼即此地两极化，忽视现实世界的丰富性和复杂性。

在经济领域，西方经济学株守机械的截然两分原则，其主要范畴包括：

市场与计划；

私有与公有；

政（官）与商（民）。

一个社会，要么实行市场经济，要么实行计划经济；要么实行私有制，要么实行公有制；要么是政界精英统治，要么是商界精英操纵。在西方经济学理论中，不存在国家参与的市场经济、公私共存相分、政商合作这样的范

---

[1]［美］托马斯·索维尔:《知识分子与社会》，张亚月、梁兴国译，中信出版社，2013年，第62页。

畴——而它们恰恰是中国古典经济学轻重术的理论核心。

轻重术研究"国家参与其中的市场经济"[1]，即国家利用公共资本为国家理财。具体表现为国有经济成分自周朝以来的 3000 年中在经济生活中的重要作用。20 世纪中国逐步实现工业化后，则表现为国有企业的战略地位。

先贤看来，西式二元对立思维是一种逻辑错误，被韩非子称为"两末之议"，认为坚持这种逻辑的结果是"积辩累辞，离理失术"。(《韩非子·难势》)

面对汗牛充栋的西方经济学著作，以及西方经济学在现实面前的苍白无力，是我们三思韩非子这句话的时候了！

（三）西方经济学成了为少数人谋利的工具

西方经济学缺乏整体观念，自身沦为少数人谋利的工具。随着大量资金进入研究人员的口袋，学术中立性越来越差。

现代西方经济学最有用的领域似乎只残存在两个方面：一是利用复杂的数学工具在市场上圈钱，二是利用光鲜的理论忽悠其他国家的政府和人民。

比如前几年学界和决策层热议的中国资本账户开放问题。美国学界早就拿出了现成的理论，证明资本账户开放如何有利于发展中国家。但那种理论根本就是游说别人的工具，只是逻辑上自洽而已——如果中国知识分子为了一纸外国文凭，囫囵吞枣、良莠不分地学习这类"先进"学说，简直是与虎谋皮式的愚蠢——结果很可能被"老虎"吃掉。

北京大学国家发展研究院教授、世界银行前首席经济学家林毅夫先生谈及自己为什么不支持资本账户开放时，一针见血地指出："在美国学界提出的资本账户开放有利于发展中国家资本配置和经济发展的理论中，一般资本是同质的，没有金融资本和实体资本的区分。在那样的理论模型中不会有货币错配、期限错配的问题，也没有储备货币发行国可以用货币虚拟资本去换取非储备货币国真实产品和服务的利益不对称问题，发达国家和发展中国家也没有产业结构和技术结构的差异，所不同的只是资本禀赋的差异。资本账户开放在这样的理论模型中对资本短缺的发展中国家只有好处，而不会有坏处。

1　参阅拙著《国富策：中国古典经济思想及其三十六计》，第一章《计划与市场之间——国家参与其中的市场经济》，中国友谊出版公司，2010 年，第 52—67 页。

有了这些理论，华尔街和国际金融机构在发展中国家推动资本账户开放的问题上就变得理直气壮。"[1]

总之，西方经济学正在异化为某些利益集团的工具，经济学经世济民的本来价值正在衰退，更不用说中国"圣人养贤以及万民"（《周易·颐卦·彖辞》）的崇高理想了。

由于西方经济学根深蒂固的二元对立逻辑，使它不仅远离了现实，也远离了应用轻重术损上益下，平均经济的可能性——不仅在西方世界是这样，在被西方逻辑思维和经济学理论殖民的中国学界也是这样。

六、中国现代学术的兴起与西学的中国化

　　学术成为美国攫取中国核心利益的超级战略武器，这种现象在20世纪以前的人类历史中极其罕见；从中国本土学术的消亡到西方知识体系的全面移植，深入认识中国现代学术的转型过程，不仅是复兴中国本土学术的基础，也是我们更为理智地引入西方学术的基础。

自古以来，中国人就有海纳百川的伟大气魄，我们善于从其他民族那里汲取先进文化，融会贯通，使之成为中华文化的一部分。历史上最典型的例子就是东汉以后印度佛学的引入。

尤其是在清代，西方传教士将西方文明成果带到中国，但他们对中国本土学术的影响并不大。系统引入西方知识体系和西方学制的是近代中国留学生们。

1840 年以后，面对西方强大军事力量的直接威胁，我们开始以极大的主动性学习西方。从 19 世纪 70 年代起，在晚清洋务派重臣曾国藩、李鸿章、沈葆桢的大力支持下，清政府开始向英美等西方国家派出官费留学生，目的在于"师夷长技以制夷"。

---

1 2013 年 7 月 21 日，林毅夫教授在中国金融四十人论坛双周圆桌内部研讨会上的主题演讲，网址：http://money.163.com/13/0805/08/95GIGHG3002534M5.html

（一）学术成为美国攫取中国核心利益的超级战略武器

进入 20 世纪，历史女神仿佛有意跟中国人开玩笑。学习西方不仅没有实现我们"师夷长技以制夷"的目的，反而是"师夷长技被夷制"，这究竟是怎么回事呢？

原来，美国为了直接影响中国政治，将吸引中国青年去美国留学作为培植亲美势力、取得商业利益的重要手段。集中体现美国这一国家战略的就是著名教育家、伊利诺伊大学校长埃德蒙·詹姆士（Edmund J. James，1855—1925 年）1906 年初向总统西奥多·罗斯福（Theodore Roosevelt）提交的《关于向中国派出教育使团的备忘录》。

在詹姆士的备忘录中，学术成为美国攫取中国核心利益的超级战略武器，这种现象在 20 世纪以前的人类历史中是罕见的。《关于向中国派出教育使团的备忘录》思想核心是"道义精神上的主宰比军旗更必然地为商贸开辟道路"，进而言之，学术殖民比军事殖民更为有利，上面说："哪个国家能够做到成功教育这一代中国青年，那个国家为此付出的一些努力，就会在道义、文化及商业的影响力方面获取最大的回报。如果美国在三十年前就成功地把中国留学潮引向美国、并使其长盛不衰（曾经有一度看来快成功了），那么我们今天就可以通过文化知识上和精神上对中国领袖群体的主宰作用，以最令人满意又最微妙的方式控制中国的走向。"[1]

詹姆士备忘录代表了当时美国朝野许多人的主张。正是在该备忘录精神的指引下，美国政府（也包括其他西方国家）立刻行动起来，先是用庚子赔款的退款招收中国留学生，后来建立"由美国移植到中国来了的大学校"（罗素语）——清华大学，又在诸多西式大学的基础上创建各种专业学会和各类学术刊物，通过消灭中国本土学术生存的制度基础达到全面控制中国精英精神的目的——可叹的是，今天中国学者普遍认为移植到中国的西方学术等于中国学术。

对于 1908 年美国国会决定用庚子赔款的一部分"帮助"中国兴办教育，即史称的"退款兴学"，有些中国知识分子认为它既对中国有好处，也对美国

---

1 翟玉忠：《中国拯救世界：应对人类危机的中国文化》，中央编译出版社，2010 年，第 276 页。

有好处，所以不能称之为文化侵略；另一些知识分子则为美国人的善举感激涕零。比如一位著名诗人就为美国政府用庚子赔款设立的"山西基金会"，在改革开放后仍为山西每年捐款 20 万美元感动得大哭起来，并由此断言："美国人是我们最好的朋友，中国人在全世界唯一最好的朋友是美国人。"[1]

笔者不反对引入西方学术，特别是先进的西方科学技术。从詹天佑到钱学森，支撑起中国近代科技的主要力量就是引入西学的留学生们。问题是，我们不能混淆人文学术与自然科学的界线，模糊美国文化征服战略的本质及这一战略导致的灾难性后果——中国本土高度发展的学术体系解体！

从 3000 年前西周王官学一直到 20 世纪中国革命和建设的经验，中国本土学术思想是先贤对数千年历史经验的理论总结，失去了这一学术土壤，如何因革损益地产生真正的"中国学术"？今天，通过导致严重思想混乱的比附，我们得到的只是不中不西的"在中国的西方学术"！而中国本土学术呢？近乎全都成了西方学术的研究材料。

2010 年底，清华大学公共管理学院一位刚从英国回来的年轻老师找到笔者，他说建立中国自己的学术体系太重要了。我说你的这个想法从何而来。他答：自己的单位与商务部有个培训外国专家（还有军人）的项目，作为老师，他突然发现自己没有什么可教人家的，因为中国所有的科目都来自外国，根本不能用来教人家。好在外国人来中国留学一般是为方便学汉语，同时更多地了解中国现实——这位学者揭示了学界一个天大的秘密：在中国的西方学术不等于中国学术！

脱下西学的"皇帝新装"，今日之中国学术还剩什么——所有这一切都来自美国用学术征服中国的战略——他们知道，这是最廉价、反抗最小，也是长期有效的殖民方式。在留下慈善之名的同时，做到不战而屈人之兵。

所以，中国学人必须清楚，20 世纪初美国朝野推动用退还庚子赔款让中国青年来美留学，其目的只有一个——美国长期的商业和政治利益，根本不是为了帮助中国实现现代化；他们要以学术手段，使中国美国化，使中国变成美国无形的殖民地，进而"赢得整个帝国"。

1905 年，由于美国长期奉行种族主义的排华政策，中国商人和爱国人士开展了轰轰烈烈的抵制美货运动。1905 年 6 月，上海商务总会召集会议，作

1《中国人在全世界唯一最好的朋友是美国人》，网址：http://news.ifeng.com/opinion/200711/1130_23_316832.shtml

出了"不用米国（即美国——笔者注）货、不定购米国货"的决定。一时间，全国各地各界人士纷纷响应。此举使美国在华商业受到巨大的打击，据《时报》载："自抵制美约之风潮起，花旗（即美国）面粉大为滞销。"

由是美国朝野认识到了精神上控制中国的重要性。时任美国驻华公使，通晓中文和藏文的汉学家柔克义（William W. Rockhill）向罗斯福总统建议用退还庚子赔款的形式平息中国人的愤怒，同时用这些钱供中国政府派遣学生去美留学之用。

柔克义是中国通，在与同受过美国教育的清政府官员的接触中，他意识到这些人所造成的政治影响完全符合美国国家战略利益。早在1905年初，他在写给一位参议员的信中呼吁允许接收中国学生就读西点军校，理由是："我不能设想还有比向他们提供我们的教育设施所能提供的便利更为有益的事——不仅对他们来说，而且最终对我们来说。从与许多在美国接受教育的中国官员的长期接触中，我完全有信心地说这些人对他们国家和人民所产生的影响绝对是符合我们利益的。已有不少中国的海军军官在美国接受教育，他们中许多人已享有盛名。我相信如果有可能允许中国学生进入西点军校，将会获得同样令人满意的结果。"[1]

后来，柔克义竭尽全力防止这笔巨款用于有利于中国现代化的其他目的，甚至可以用"不择手段"来形容柔克义的努力。包括柔克义在内的美国精英懂得："随着每年大批的中国学生从美国各大学毕业，美国将最终赢得一批既熟悉美国又与美国精神一致的朋友和伙伴。没有任何其他方式能如此有效地把中国与美国在经济上政治上联系在一起。"这样就可以"避免将来中国再次发生类似1900年的义和团运动和1905年的抵制美货运动"。

1905年7月12日，柔克义写信给罗斯福总统，力陈将退款用于教育的重要性，明确反对康奈尔大学教授耶利米·精其（Jeremiah Jenks）提出的将退款用于清政府货币改革的建议。货币改革显然是中国急需的，但柔克义的理由很简单——这一方案不切实际。

清政府也不赞成将退款全部用于派遣中国学生留学美国。1905年直隶总督袁世凯上书建议将退还的庚款先用于兴办路矿，再以其所获之余利用于兴学。

---

1 此为积极推动退还庚子赔款在中国兴学的美国传教士明恩溥语。1906年3月6日，他到白宫拜见罗斯福总统，使后者下决心将退还的庚子赔款用于"教育"掌握中国未来的年轻人。参阅杨生茂主编：《美国外交政策史》，人民出版社，1991年，第254—255页。

当时中美之间正好发生粤汉路权之争，袁世凯的建议并没有产生什么影响。

1907 年 6 月，美国国务卿罗脱正式通知中方将退还部分庚款后，清政府对于退还的庚款用途提出了具体的建议：清政府设立资本金为 2000 万美金的东三省银行，在美国发行债券，以东三省的一部分收入和退还的庚款为抵押，然后以东三省银行的盈余用于派遣中国学生留学美国。

清政府可能也像今天许多中国学者一样，天真地认为这一计划既满足了美国的"善意"，又有利于中国的现代化。不过美国驻华公使柔克义可不关心中国的实业，他软硬兼施，强迫清政府同意将退还的庚款全部用于派遣赴美留学生。清政府不得不于 1908 年 7 月 14 日发出照会，规定自开始退还赔款之年起，中国政府于头 4 年每年遣送 100 名学生赴美留学，自第 5 年起每年至少选派 50 名中国学生赴美留学，直到该项退款用完为止。

这时清政府还不甘心。7 月 14 日照会发出后不久，就决定派特使唐绍仪赴美游说，希望美国接受建立东三省银行的计划。柔克义得知内情后，很快就向美国国务院汇报了唐绍仪访美的真实意图，建议美国政府不要接受清政府的方案；他还对唐绍仪进行人格上的侮辱。1908 年 7 月 30 日，他在写给国务卿的信中说，唐与大多数中国人一样，对财政和政治经济问题完全无知，他甚至不能被称为是一个受过很好教育的人。

是年年底唐绍仪访美，无果而终。

1908 年美国国会通过法案准许用庚子退款资助中国留学生，这使得中国留美学生人数迅速上升。1909 年 8 月游美学务处成立，到 1911 年辛亥革命止，经过游美学务处考试选拔，清政府共派遣三批 180 名学生赴美；要知道，1872 至 1907 年 35 年间，清政府才派遣了 220 名官费生赴美！

1911 年，留美中国学生共为 650 人。清朝结束后，这一数字不断攀升，1949 年，留美学生总数达到 3797 人。复旦大学陈潮先生写道："民国以后留美活动持续发展，这同美国政府对华战略有密切关系。美国为了迅速影响中国各个领域，将吸引中国青年去美国留学当作培植亲美势力的重要手段。它在留学经费上比其他国家慷慨，除继续实行庚款留学的政策，其国内各大学纷纷向优秀的中国青年提供奖学金。根据 1925 年统计，当时在美留学的人来自 97 个国家，总数为 7510 人，其中中国学生竟占三分之一，多达 2500 人。这种中国学生在美独占鳌头的局面一直持续着……"[1]

---

1 陈潮：《近代留学生》，中华书局，2010 年，第 36 页。

　　过去 100 多年来，美国一以贯之地执行着詹姆士在《备忘录》中主张的从道义精神上征服中国的计划。从某种意义上说，它的危害比日本侵华时蓝图田中的奏折还要大，因为领土上的侵略显而易见，而学术上的征服却和风细雨，所以我们要特别警惕！

（二）中国本土学术被送入历史垃圾堆

　　《詹姆士备忘录》梦想的"道义精神上的主宰"主要是通过近代中国留学生引入西方知识体系实现的。

　　比较来说，近代留学生们在引入西方自然科学方面的成绩显著，而在人文领域，其负面作用却相当大。原因很简单，自然科学研究的对象是相对简单的物质世界，这些物质放在东西方几乎不会产生本质上的区别，再加上自然科学原理需要用实验验证，所以除了对中医等，西方自然科学的引入产生的负面影响就较小。

　　而人文学术不是这样，东西方的社会环境、历史背景差距太大，西方人文学术是西方社会历史经验的总结，极具特殊性，几乎只适用于西方，很少能够适用于中国。将西方人文学术同中国人文学术比较是容易的，但留学生们缺比附的方法，找出中国本土学术中与西学相关的只言片语便附会西学。

　　已有太多学者看到了近代留学生竞相贩卖西方人文学术所产生的恶果。这些留学生，无论留英、留日、留美、留法、留德、留加，习惯性地将所学视为先进文化介绍到中国，得来的知识往往并不深厚，回国后也不能根据现实加以改造，造成了中国思想界的严重混乱。1934 年，现代哲学家、日本东京帝国大学毕业的张东荪（1886—1973 年）在《十年来之哲学界》一文中痛斥："我们试看国内究竟有多少自主的思想！虽然刊物如牛毛，论文可充栋，然而很少是自抒所见的。差不多总是抱着外国的某某一派，来替他摇旗呐喊。其结果只把中国当作了外国学说的战场，而始终不见有中国自己的学说与思想。"[1]

　　拿张东荪先生的话反思当代学界，怎能不令 21 世纪的学人汗颜！

　　近代留学生移植西方学术和用西方知识体系整理中国本土学术过程中最明显的失误，就是忽视了东西方文化背景的差异，将西学急功近利地引入中

国，由是产生了严重排异反应。

法国汉学家谢和耐在《中国人的智慧》中谈到东西方文化差异时写道：

> 首先要提到中国和西方在政治经历上的差异。我们的历史记录
> 和中国的不一样。我们所有来源于希腊和拉丁的语汇（民主制、君
> 主制、专制主义、统治权、共和制……）都可以追溯到现实及我们
> 所特有的传统。在权利相等和自由的市民（即是说非奴隶又非侨
> 民）之间，讨论城邦共同的福利时，最初使用的政治方面的基本语
> 汇也是一样的。人们认识到，在市政立法和议会制度中，这个典型
> 延续到今天。此外，西方的体制都以城邦和城市为中心，罗马帝国
> 是把城邦的法律施于整个蛮族而建立的。据中国的观点，西方的政
> 治史看来是独特的，也可以说是另类的。[1]

他进一步指出，正是由于中西方文化背景迥异，才不利于二者间的比附，
却有利于它们相互的比较。他写道："……地理位置、社会、经济、政治体制、
思想状态、集体历史经验，在这两种文化中都没有什么可比之处。然而正是
深刻的差异有可能对它们作出显著的比较。"[2]

中西方文化差异太大，二者不能随意比附，也不能将西方学术概念随意
引入中国——保存在《墨子》中的《墨经》在理论上阐述了这一点。

《墨经》中《经上说》《经下说》是对《经上》《经下》的解释或补充。
《经下》有"假必悖"，就是说假借概念必然导致思维的混乱。

根据雷一东女士的校解，我们将《经下》原文和相应的"说"引述如
下："（经）假必悖。说在不然。（说）（假）假必非也而后假，狗假霍（通
"鹤"——笔者注）也，犹氏霍也。"这句话是说，假借必然导致混乱，因为
不是事实。假借必定是在不真实的情况下才假借的。假如给一只狗取名为
"鹤"，别人听到有人叫它的名字"鹤"时还以为是叫一只鸟。狗假借了鹤的
名子，但它并不是鹤，就如同有人姓"霍"，他也不是鹤一样。[3]

不幸的是，名学在中国早已成为绝学。近代学者通过将中学比附西学，

---

1 [法] 谢和耐：《中国人的智慧》，何高济译，上海古籍出版社，2004年，第9—10页。

2 [法] 谢和耐：《中国人的智慧》，何高济译，上海古籍出版社，2004年，第8页。

3 参阅雷一东：《墨经校解》，齐鲁书社，2010年，第203页。

肆意引入西方学术概念，将中学硬塞入西方学术体系之中。甲午战争后，严复在《救亡决论》中就提出"取西学之规矩法戒，以绳吾'学'"的主张。五四运动后胡适在《新思潮的意义》中提出"输入学理，整理国故"，比附研究成为中国学界的主流。1918 年蔡元培在为胡适的《中国哲学史大纲》所作的序言中清楚地表达了当时学人的一般认识：

> 我们今日要编中国古代哲学史，有两层难处。第一是材料问题，周秦的书真的同伪的混在一处。就是真的，其中错简错字又是很多。若没有做过清朝人叫做"汉学"的一步功夫，所搜的材料必多错误。第二是形式问题，中国古代学术从没有编成系统的记载。《庄子》的《天下篇》，《汉书·艺文志》的《六艺略》《诸子略》，均是平行的记述。我们要编成系统，古人的著作没有可依傍的，不能不依傍西洋人的哲学史。所以非研究过西洋哲学史的人不能构成适当的形式。[1]

在严复和蔡元培诸先生看来，中国本土学术是没有系统的堆积，需要西学来拯救的。用严复在《救亡决论》一文中的话说："吾所有者，以彼法（指西学体系——笔者注）观之，特阅历知解积而存焉，如散钱，如委积。"殊不知，从中医到轻重之术，中国古典学术理论一以贯之，其统一性、系统性达到了西学至今难以企及的高度。

战国末期，《庄子·天下篇》的作者就感叹内养外用大道有分崩离析的危险，文中说："悲夫！百家往而不反，必不合矣！后世之学者，不幸不见天地之纯，古人之大体，道术将为天下裂。"想一想，西汉整合百家的黄老之学消失于学人的视野中后，由于儒家的独尊和诸子的异端化，清末民初中国学术已经支离破碎到了什么程度！

这里，我们以刘师培 1905 年发表的《周末学术史叙》为例，说明比附研究的具体危害——《周末学术史叙》是一篇用近代西方学科体系框定中国本土学术，将其纳入西方学术体系的代表作。

《周末学术史叙》是刘师培拟著的《周末学术史》序目，全书将周末学术史分为 16 类：心理学史、伦理学史、论理学史（逻辑学史）、社会学史、宗

---

1 胡适：《中国哲学史大纲》，上海古籍出版社，2000 年，蔡元培序第 1 页。

教学史、政法学史、计学史（财政学史）、兵学史、教育学史、理科学史、哲理学史、术数学（天文、历谱、五行、蓍龟、杂占、形法等）史、文字学史、工艺学史、法律学史、文章学史；在《心理学史叙》中，刘师培将先贤对心性的认识比附于西方心理学，他当时似乎不知道，中国性命之学的内涵远不是心理学所能概括的——据说今日大学中已经开讲《东方心理学》，这也算是一种进步了！

刘师培《心理学史叙》不长，我们不妨将除去自注之外的全文录在这里：

> 吾尝观泰西学术史矣。泰西古国以十计，以希腊为最著。希腊古初有爱阿尼学派，立论皆基于物理，及伊大利学派兴，立说始基于心理，此学术变迁之秩序也。

> 盖上古之民，狂榛（pī zhēn，即狂獉，形容草木丛杂，野兽出没——笔者注）未启，故观心之念未生。惟人生本静，感物而动，物至自知，弗假思索，故观物之念，昔已萌芽。中古之民，新知渐瀹（yuè，疏通之意——笔者注），知物由意觉，觉由心生，由是远取诸物，亦近取诸身，而观察身心之想油然起矣。吾观炎黄之时，学术渐备，然趋重实际，崇尚实行，殆与爱阿尼学派相近。夏商以还，学者始言心理。《商书·汤诰》曰："惟皇上帝降衷于下民，若有恒性。"是为孟子性善说之祖。《商书·仲虺之诰》曰："惟天生民有欲，无主乃乱，惟天生聪明时乂。"是为荀卿性恶说之祖。殷商之交，性学渐明。东周学者，惟孔子性近习远之旨，立说最精。盖孔子之意，为以人生有性，大抵差同，因习染而生差别。荀、孟二家皆治孔氏之言，然一倡性善，一倡性恶，儒家立说，自昔已歧，然其论皆稍偏矣。告子治名家言，以食色为性，颇近荀卿，又言"生之为性"，言"性无善无不善"，则立说不背于孔子。盖告子此说指体言，非指用言，故明代余姚巨儒隐窃斯旨，孟子斥之，非知言也。至道家者流，以善即恶，善恶之界荡然泯矣。惟管、墨论性，于性近习远之旨大抵相符。以此知孔门论性，立言曲当，足为性学之宗矣。[1]

---

1 《刘师培史学论著选集》，上海古籍出版社，2006年，第59—61页。

刘师培自注"观心"云:"观心二字见佛典。"[1]如果刘氏真知佛家观心,儒家克念作圣之旨,恐怕他就不会用中国性理比附西方心理学了——这位自幼受经史之学训练的学者似乎没有明白心理学为何物,亦不太明白心性——然而其学术方法竟成为21世纪中国学者的指南。

中国社科院近代史所研究员左玉河谈到中国学者引入西学学术方法时总结道:

> 晚清学者在吸纳西学、研习中国旧学之时,多以中学"比附"西学,对中国旧学进行"类比式"研究,并以此会通中西学术。所谓类比式研究,指在研究中国古代学术思想时,以近代西方学科概念与学术体系为参照,找出中国传统学术中与西方近代学术类似之思想。这种类比式研究,是中西学术交流中必然出现的现象,其附会肤浅之弊端显而易见,但对于中西学术之接轨,是有益的。究其动机,是借助中西学术之类比,寻求中西学术会通之道,从而将中国旧学纳入西学新知系统之中。[2]

为了引入西学,与西学接轨,即使消灭中学也在所不惜。在21世纪的今天,学人仍这样认为——这不是一种愚昧,也是一种耻辱,或者愚昧与耻辱兼而有之!

那么,中国本土学术是如何被送入历史垃圾堆的呢? 说来令人感到不可思议,使中国本土学术体系彻底崩溃的竟是20世纪20、30年代风行一时、名实相乖的"整理国故"运动——具体是通过将修身养性、经世济民的中国学术史学化,用胡适的话说就是"专史式整理"。

1923年,第二批庚款留美生胡适在《国学季刊·发刊宣言》中细化了他"整理国故"的想法,同时,通过学科设置,这篇文章锚定了20世纪中国人文学术的大方向——在中国本土学术史学化的同时全面引入西方学术,偷梁换柱,将"在中国的西学"巧妙地变成"中国学术"。

文中,胡适首先总结了明末至当时300年学术的成就,认为其成绩主要

1《刘师培史学论著选集》,上海古籍出版社,2006年,第52页。

2 左玉河:《从四部之学到七科之学:学术分科与近代中国知识系统之创建》,上海书店出版社,2004年,第433页。

体现在"整理古书""发现古书""发现古物"三个方面。缺点也有三个，即："研究的范围太狭窄了""太注重功力而忽略了理解""缺乏参考比较的材料"。于是胡适顺理成章地提出了自己的主张：

（1）扩大研究的范围。（2）注意系统的整理。（3）博采参考比较的资料。

胡适主张扩大研究范围，比如经子平等之类，当然是对中国学术的贡献；在博采参考比较的资料方面，胡适反对附会在当时也有启发意义，尽管他反对的只是荒诞的附会，并不反对用中国本土学术比附西学。他说：

> 最浅陋的是用"附会"来代替"比较"。他们说基督教是墨教的绪余，墨家的"巨子"即是"矩子"。而"矩子"即是十字架！……附会是我们应该排斥的，但比较的研究是我们应该提倡的。[1]

关键还是"系统的整理"。

按胡适先生的说法，"系统的整理"可分三种方式，一是索引式的整理，二是结账式的整理，三是专史式的整理。前两种先贤已经作过，不需多说，问题出在第三种方式"二千年来，此业尚无人作者"[2]的专史式整理。

胡适首先提出了专史式整理的总纲，即用历史的眼光看待中国文化，这实际上等于判了中国文化的死刑，他说：

> 索引式的整理是要使古书人人能用；结账式的整理是要使古书人人能读：这两项都只是提倡国学的设备。但我们在上文曾主张，国学的使命是要使大家懂得中国的过去的文化史；国学的方法是要用历史的眼光来整理一切过去文化的历史。国学的目的是要做成中国文化史。国学的系统的研究，要以此为归宿。一切国学的研究，无论时代古今，无论问题大小，都要朝着这一个大方向走。只有这个目的可以整统一切材料，只有这个任务可以容纳一切努力，只有这种眼光可以破除一切门户畛域。[3]

---

1 胡适：《国学季刊·发刊宣言》，载《胡适文集》（三），北京大学出版社，1998年，第16页。

2 胡适：《淮南鸿烈集解序》，载《胡适文集》（三），北京大学出版社，1998年，第143页。

3 胡适：《国学季刊·发刊宣言》，《胡适文集》（三），北京大学出版社，1998年，第14—15页。

　　紧接着，胡适抛出了他国学研究的分科，这一分科至今仍是大学中国文化研究的框架，它也决定了中国文化的最终命运。胡适的分科如下：

（一）民族史；

（二）语言文字史；

（三）经济史；

（四）政治史；

（五）国际交通史；

（六）思想学术史；

（七）宗教史；

（八）文艺史；

（九）风俗史；

（十）制度史。

　　于是，活生生的中国文化变成了西学的研究材料。这还不够，由于"国故的材料太纷繁了，若不先做一番历史的整理工夫，初学的人实在无从下手，无从入门。"[1] 对治的方法就是作专史，此中包括两点：

　　　　第一，用现在力所能搜集考定的材料，因陋就简的先做成各种专史，如经济史、文学史、哲学史、数学史、宗教史……之类。这是一些大间架，他们的用处只是要使现在和将来的材料有一个附丽的地方。

　　　　第二，专史之中，自然还可分子目，如经济史可分时代，又可分区域，如文学史哲学史可分时代，又可分宗派，又可专治一人；如宗教史可分时代，可专治一教，或一宗派，或一派中的一人。这种子目的研究是学问进步必不可少的条件。治国学的人应该各就"性之所近而力之所能勉者"，用历史的方法与眼光担任一部分的研究。子目的研究是专史修正的唯一源头，也是通史修正的唯一源头。[2]

1　胡适：《国学季刊·发刊宣言》，《胡适文集》（三），北京大学出版社，1998年，第15页。

2　胡适：《国学季刊·发刊宣言》，《胡适文集》（三），北京大学出版社，1998年，第15页。

大家知道，中国本土学术的特点是各学术门类之间互通，大道一以贯之，能由博而反约。过去 80 多年来，这种专史式研究造就了太多专家、教授，却没有几部好的通史，几乎找不到"通儒"，今天哲学史门类可谓细致，然而学者们竟然对中国有没有哲学都产生了怀疑，这类学术研究岂不荒唐！

通过专史式整理，具有 5000 年生命力的中国文化成了西方学术任意裁割的死材料，如学术僵尸一样被摆在大学教室中，等待那些稚气尚存的青年学子去肢解——中国本土学术灭亡了，然而在中国的西方学术仍是西方学术——中国本土学术的重建之路阻且长！

（三）移植西学过程中鄙名与伪名之灾

中国本土学术通过专史式"整理国故"被送入了历史垃圾堆，同时也为学人引入西方学术扫清了障碍。

不幸的是，近代西方学术建立在二元对立的思维方式基础上，以狭隘的欧洲中心论（东方主义）和线性进步史观为基本特征。在西方学术中，包括中国在内的东方是被想象出来的用消极概念描述的他者。

英国谢菲尔德大学政治与国际关系学高级讲师约翰·霍布森在《西方文明的东方起源》一书中写道：

> 东方主义或欧洲中心论是一种世界观，它声称西方比东方有着固有的优越性。更确切地说，东方主义塑造了一种永恒的优越的西方形象（"自我"），这是相对于虚构的"他者"——对落后和低等的东方的消极界定。正如在第 10 章中阐释的那样，这种截然对立的基本概念，18 世纪和 19 世纪时就在欧洲人的想象中凸显出来。[1]

这些消极概念包括哪些呢？约翰·霍布森举例说那是和西方相对的一系列落后品性，包括：非理性、武断、懒惰、低效、放纵、糜乱、专制、腐败、

1［英］约翰·霍布森:《西方文明的东方起源》，孙建党译，山东画报出版社，2009年，第 7 页。

不成熟、落后、缺乏独创性、消极、具有依赖性并且停滞不前。

19世纪是现代诸多人文学术的形成期，带有这些概念的西学的植入必然导致大量鄙名进入中国学界，造成学人思想的极度混乱。以对中国人文学界影响巨大的马克斯·韦伯为例，用约翰·霍布森的话说：

> 在德国社会学家马克斯·韦伯的作品中，东方主义观点尤为明显。韦伯的所有观点都是基于尖锐的东方主义问题：是什么导致西方必然地走上了现代资本主义道路？为什么东方注定会经济落后？韦伯的东方主义观点，可以在其最初提出问题，以及他随后为回答这些问题所展开的分析方法中找到。韦伯的观点是：现代资本主义的本质在于其独特而显著的"理性"和"可预料性"，这些优点只有在西方才能找到。[1]

他列出了马克斯·韦伯加诸东方世界的鄙名（下图所示）：

西方世界（现代性）	东方世界（传统）
理性的（公共）法	特别的（私）法
复式记账法	不合理的记账法
自由和独立的城市	政治或行政管理的大本营
独立的城市资产阶级	受国家控制的商人
理性—法律（和民主的）国家	世袭的（东方专制）国家
理性科学	神秘主义
新教伦理和理性个体的出现	压抑的宗教和集体的支配
西方的基本制度结构	东方的基本制度结构
所有组织和机构之间社会力量均衡（例如多国体系或多种权力主体的文明）的分散独立的文明	组织和机构之间社会力量不均衡（例如单一国家体系或帝国统治）的统一的文明
公私领域的分离（合理的制度）	公私领域的结合（不合理的制度）

来源：[英]约翰·霍布森著《西方文明的东方起源》，孙建党译，山东画报出版社，2009年，第15页。

---

1 [英]约翰·霍布森：《西方文明的东方起源》，孙建党译，山东画报出版社，2009年，第140页。

鄙名指强加给一般事物的鄙陋恶名。南北朝时著名子书《刘子》有《鄙名第十七》阐述鄙名之害:"名者命之形也,言者命之名也,形有巧拙,名有好丑,言有善恶。名言之善,则悦于人心;名言之恶,则忮(zhì,不顺从,违背——笔者注)于人耳。是以古人制邑名子,必依善名名之,不善害于实矣。"作者认为,名是用来称呼其形的,而言又是用来说明其名的,物有形状有精巧、有粗劣,名称则有美善、有鄙陋,而言论也有好有坏。若好言善名,则能取悦人心,讨人喜欢;相反若丑名恶言,则刺耳逆心,让人生厌。所以古人不论为邑里命名还是为儿女命名,一定取好名。名号若不美善,将危害事物本身。

鄙名随西方文明引入中国,导致了知识分子和一般民众的自我否定心态。从国民性到政治经济制度,一切都是"西是中非"——这在21世纪的今天仍然痼疾难返。

引入西学,将在中国的西方学术"偷换"为中国学术带来的另一个问题是大量伪名出现。什么是伪名呢?简单说就是不以事实为根据,有名无实的虚假名号。本来当是"实为名源",结果却成了"名为实源"。具体地说,就是中国本无此实,而西学却有此名(比如"奴隶社会""封建社会""资本主义社会"),中国学者常常不加鉴别地将之引入,这很容易导致学术的经院化、玄学化。

徐干(171—217年)在《中论·考伪第十一》中论述了伪名的本质及其危害:

> 名称是用来称呼事实,事实存在,名称就随之而来;并不是先有名称,事实才跟着来。所以长形的东西先存在,才会称它为"长";短的东西先存在,然后才会称它为"短"。并不是长短的名称先有了,然后长形短形的东西跟着出现。孔子所重视的,是用来称呼事实的名声;看重名声,也就是看重事实。名声是属于事实的,就像植物系属于四季。植物在春天开花,夏天长叶,秋天凋谢,冬天存有果实,这些都没人刻意去做而自然形成的。如果勉强去做,反而会伤害到植物的本性。名称也是这样,所以追求伪名的

人都是伤害事物本性的人。[1]

马克思主义历史五阶段论只是对西方历史经验的总结，欧洲典型的奴隶社会、封建社会、资本主义社会在中国历史上没有存在过。中国有过奴隶，却没有产生过奴隶占劳动力主体的奴隶制；中国西周有过封建诸侯，但诸侯国却是在西周统一的政治体制中运作的。至于一度令学界兴奋的"明末的资本主义萌芽"，似乎是出于对中国的历史无知，因为中国古典政治经济理论和历代王朝都主张社会各阶层间的平衡，不愿意让私人资本操纵公众生活，这点与欧洲资本主义社会迥异。

对于一些学者所谓的明末"资本主义"证据，更有黄仁宇先生在其《万历十五年》自序中不无讥讽地写道：

> 明代张瀚所著的《松窗梦语》中，记载了他的家庭以机杼起家。中外治明史的学者，对这段文字多加引用，以说明当时工商业的进步及资本主义的萌芽。其实细阅全文，即知张瀚所叙其祖先夜梦神人授银一锭，因以购机织布云云，乃在于宣扬因果报应及富贵由命的思想。姑不论神人授银的荒诞不经，即以一锭银而论，也不足以购买织机，所以此说显然不能作为信史。同时代的书法家王世懋，在《二酉委谈》中提到江西景德镇烧造瓷器，火光烛天，因而称之为"四时雷电镇"。当代好几位学者据此而认为此即工业超时代发展的征象。实则王世懋的本意，是在于从堪舆家的眼光出发，不满当地居民穿凿地脉，以致没有人登科中举；而后来时局不靖，停窑三月，即立竿见影，有一名秀才乡试中试。[2]

20世纪以后，随着西学排山倒海般地进入中国，大量鄙名和伪名的引入不可避免。《刘子·审名第十六》云："是以古人必慎传名，近审其词，远取诸

---

1 原文：名者，所以名实也，实立而名从之，非名立而实从之也。故长形立而名之曰长，短形立而名之曰短。非长短之名先立，而长短之形从之也。仲尼之所贵者，名实之名也。贵名乃所以贵实也。夫名之系于实也，犹物之系于时也。物者，春也吐华、夏也布叶、秋也凋零、冬也成实。斯无为而自成者也，若强为之，则伤其性矣。名亦如之，故伪名者皆欲伤之者也。

2 黄仁宇：《万历十五年》，中华书局，2006年，自序第3页。

理，不使名害于实，实隐于名。故名无所容其伪，实无所蔽其真，此之谓正名也。"今天，我们有必要为中国本土学术正名，孔子云："名不正则言不顺，言不顺则事不成。"我们没有选择——因为正确的名是正确理论和实践的基础！

七、中国自主知识体系建构背后的"名实"困境

现代西方的学术体系是高度专业化的，分科之细，到了连学科数目和研究方向都难以厘清的地步。由于体制内学者接受的都是西式教育，这使得我们在尝试建立本土学术体系时，西方高度专业化学术范式与大一统的中国国家形态格格不入——西方学术之"名"不副中国社会之"实"，这是我们建构自主知识体系难以推进的深层原因。

过去百年来通信和信息技术的飞速进步，使学术和意识形态成为一种突出的国家力量。不仅在国际斗争中是这样，内政中也是这样。

今天，随着国内国际形势的巨变，法苏联、学美英都失去了现实基础，我们的标杆突然没有了。中国人不得不去探寻自身文明发展的内在逻辑，以便在"深水区"明确方向。在此一历史大背景之下，掌握国际话语权、建构中国自主知识体系显得尤为紧迫和重要。

遗憾的是，学界早已习惯于以人为师，"照外国之猫画中国之虎"。民国初年全盘引入西方学术体系后，包括最能彰显中国模式和中国特色的经学在内，本土知识体系被西学专科肢解，中国成为被西方观念描述的对象，导致21世纪建构中国自主知识体系的努力举步维艰。

最晚从4000多年前的尧舜时代开始，中国就是一个大一统的国家，拥有超越利益集团的强大政治重心，负责调控平衡整个社会。"大一统"可分为两大阶段，统一于郡县和统一于封建——公元前221年开始秦始皇统一全国于郡县；夏商周三代则统一于东亚大陆星罗棋布的诸侯国，中央政府实际是各个诸侯国的盟主。

不同于中世纪欧洲的封建制，当时中原各个诸侯国并不是自治的，它们与中央政府是上下级（君臣）关系。全国有统一的历法、政治、经济、教化（学术）、军事体系，"溥天之下，莫非王土，率土之滨，莫非王臣"。（《诗

经·小雅·北山》）

4000 多年大一统的文明形态，客观上造就了学术与政治的统一，即君师合一、政教一体。进而言之，中国不会有西式经济学，只会有政治经济学。中国的政治学也不仅仅关注政治问题，它必然关注教化问题，承担起西方宗教所承担的社会职责。

而现代西方的学术体系是高度专业化的，分科之细，到了连学科数目和研究方向都难以厘清的地步。由于体制内学者接受的都是西式教育，这使得我们在尝试建立本土学术体系时，西方高度专业化学术范式与大一统的中国国家形态格格不入——西方学术之"名"不副中国社会之"实"，这是我们建构自主知识体系难以推进的深层原因。

以经济学为例，从 1890 年阿尔弗雷德·马歇尔出版《经济学原理》开始，西方经济学就开始独立于政治学。经济学不再重视社会资源分配、法律和政治制度问题，它更多地关注生产和交换体系的抽象变量，并赋予这些内容貌似普遍和"科学"的形式，特别是理论物理学的数理化形式。尽管西方一些有识之士已经注意到，政治、经济本来就不可分割。面对过去几十年自由垄断资本对政治公权力的侵蚀，以及由此造成的严重贫富分化，美国前劳工部长、加州大学伯克利分校经济学教授罗伯特·赖克在《拯救资本主义》一书序言中写道："挑战不仅来自经济层面，还来自政治层面。我们不能将这两个领域独立分开。事实上本书所讨论的领域之前被称为'政治经济学'。它研究社会法律和政治制度与一系列道德理念之间的关系，其中如何公平地分配收入和财富是一个中心议题。"

剥离政治的西方经济学有利于资本的自由扩张，却不适合中国。今日中国是一个大一统的社会主义国家，"事在四方，要在中央"，"党政军民学，东西南北中，党是领导一切的，是最高的政治领导力量"，其政治、经济（社会）、军事、学术是有机的统一体。政策在我国经济生活中长期发挥着指导作用。中国古典经济学认为，政府不能只靠货币政策、转移支付等经济手段调控社会经济，而要直接干预资源配置，并制定相应的政策。特别要在社会资本与政治权力之间建立起防火墙，以便有效阻止资本自由转化为政治权力，侵蚀社会公平。

中国古典政治经济学黄老道家的代表作《管子》明确主张经济层面的大一统，"利出一孔"。因为如果国家不干预市场，贫富鸿沟终将撕裂整个社会，这时光靠经济手段无法解决本质问题。作者论证说，市场上有相同的财产，智者善于增值。往往智者可以攫取十倍的高利，而愚者连本钱都捞不回来。如果国家不能及时调控市场，民间财产就会出现百倍的差距。人太富了，利禄就驱使不动；太穷了，刑罚就威慑不住。法令不能贯彻，社会不能治理，都是由于社会上贫富不均的缘故。国家经过测算，人民耕田垦地多少是可以知道的。百姓口粮，也有一定亩数的土地保障。统计一下产粮和存粮本来够用，但人民仍有吃不上饭的，这是为什么？因为粮食被囤积起来了；君主铸造发行货币作为交易手段，也算好了每人需要的数目，然而仍有人钱不够用，这又是为什么？因为钱财被积聚起来了。所以，执政者如果不能散开囤积，调剂余缺，分散兼并的财利，调节人民的费用，即使加强农业，督促生产，并在那里无休止地铸造货币，也只会造成人民互相剥削奴役而已，怎能实现国家大治呢？《管子·国蓄篇》："分财若一，智者能收。智者有什倍人之功，愚者有不赓本之事。然而人君不能调，故民有相百倍之生也。夫民富则不可以禄使也，贫则不可以罚威也。法令之不行，万民之不治，贫富之不齐也。且君引錣（錣，zhuì，计数的筹码——笔者注）量用，耕田发草，上得其数矣。民人所食，人有若干步亩之数矣，计本量委则足矣。然而民有饥饿不食者何也？谷有所藏也。人君铸钱立币，民庶之通施也，人有若干百千之数矣。然而人事不及、用不足者何也？利有所并藏也。然则人君非能散积聚，钧羡不足，分并财利而调民事也，则君虽强本趣耕，而自为铸币而无已，乃今使民下相役耳，恶能以为治乎？"

反对人与人互相剥削（"下相役"），并利用强大的中央权力调节社会财富的分配，这成为"大一统"的应有之义，也是中国历史上有过发达的市场经济，却没有跌入资本垄断深渊的重要原因。大一统的国家形态及相应的大一统学术思想，其本质就是国人数千年坚守的大同观念，它成为中国最强大的价值认同和精神支柱之一。

大一统既超越民族和国家的边界，主张建立一个没有种族歧视和阶级压迫的世界——这是怎样高尚的文明精神啊！笔者的河北丰润同乡、著名历史学家杨向奎先生写道："一统和大一统思想，三千年来浸润着我国人民的思想感情，这是一种向心力，是一种回归的力量。这种力量的源泉不是狭隘的民族观念，而是一种内容丰富，包括政治、经济、文化各种要素在内的'实体'，而文化的要素有时更占重要地位……它要求人们统一于'华夏'，统一于'中国'，这'华夏'与'中国'不能理解为大民族主义或者是一种强大的征服力量，它是一种理想，一种自民族、国家实体升华了的境界。这种境界有发达的经济、理想的政治、崇高的文化水平而没有种族歧视及阶级差别，是谓'大同'。"

那么，古代中央政府如何调控经济，实现"利出一孔"的呢？其主要抓手就是物资与货币，即牢牢掌握物权和币权。农业时代最重要的战略物资是粮食，《管子·国蓄篇》将之称为掌管生命的神"司命"，文中说："五谷食米，民之司命也；黄金刀币，民之通施（通施，犹言通货——笔者注）也。故善者执其通施以御其司命。"

两千多年前的汉武帝时期，中国政府已经明确意识到币权——货币发行权必须牢牢掌握在国家手中。司马迁甚至认为，公元前154年七国之乱发生的一个重要原因，是吴王刘濞那样的地方诸侯私自铸钱，导致尾大不掉。《史记·平准书》写道："故吴，诸侯也，以即山铸钱，富埒（埒，liè，同等——笔者注）天子，其后卒以叛逆。"

西汉初年中央朝廷收回币权是一个长期的过程。汉武帝元狩四年（公元前119年），朝廷下令"盗铸诸金钱罪皆死"，严禁私人铸钱，但这时郡国仍能铸钱。直到汉武帝元鼎五年（公元前112年），禁止郡国铸钱，铸币权才完全收归中央。

之后，尽管仍有代表大资本的势力主张民间私自铸币，但币权统一于中央一定意义上已成共识。在公元前81年著名的盐铁会议上，长期从事经济工作的御史大夫桑弘羊指出，汉文帝时，让人们随便铸钱、冶铁、煮盐。吴王刘濞垄断了煮盐业，邓通独占了铸钱业，山东奸诈狡猾的人都聚集在吴王刘濞手下，秦、雍、汉、蜀的人依附在邓通那里，吴王刘濞、邓通的钱遍布天下，所以有禁止私人铸钱的必要。国家统一铸钱，老百姓就不会三心二意；钱币由国家统一发行，老百姓就有信心了。《盐铁论·错币第四》："大夫曰：'文帝之时，纵民得铸钱、冶铁、煮盐。吴王擅鄣海泽，邓通专西山。山东奸猾咸聚吴国，秦、雍、汉、蜀因邓氏。吴、邓钱布天下，故有铸钱之禁……故统一，则民不二也；币由上，则下不疑也。'"

2022年，美元几乎占到全球外汇储备货币的60%，而以人民币持有的国际储备份额只有2%左右。作为世界主导性的储备货币，美元得以在全球范围内收取铸币税。为了国家的独立，我们必须牢牢把握铸币权，不让外国货币干预人民币的发行和定价。须知在中国，币权与政权、军权从来都是一体化的，币权的流失将直接导致政权的弱化。

不仅西汉一代，中国历史上这样的教训太多了。只不过，古代币权只涉及公私问题，今天则直接关系到国际金融市场。

我们绝不能迷信西方的自由市场经济理论，像有些学者主张的那样，以金融市场对外开放为由弱化国家币权。其结果只能是"以名害实"——错误的思想观念会产生难以想象的恶果，这是今天我们必须注意的。

辩者论题篇

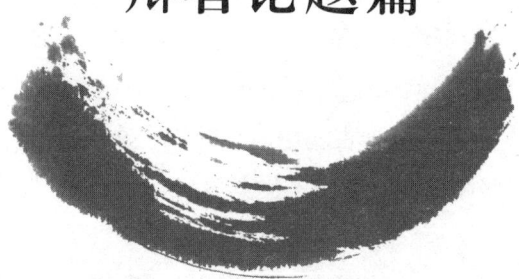

中国古典逻辑学——名学，多以貌似矛盾、古怪的论题形式阐发。表面看来，"白马非马""白狗黑"这类论题显得荒诞不经，实则阐释了重要的逻辑关系——先秦辩者诸论题有如思维强化工具，通过对具体事例的逻辑分析，会锻炼一个人缜密的思维能力。

为何直到今天，名学还不能如西方逻辑学那样登大学大雅之堂呢？其中一个主要原因是名学在中国失传太久，晋以后，除了《公孙龙子》中《白马论》《指物论》《通变论》《坚白论》和《名实论》五篇保存对几个论题的阐发外，其余三十多个论题已经无人知晓其意。这些论题反而成了名学属诡辩的坚实证据！

过去 100 多年来，学者们曾努力解开这些论题的内涵，甚至从道家哲学、佛学哲学、现代科学理论角度去解释，可说是五花八门，不一而足。但由于史料缺乏，学者们的解释多属揣测之论，有太多的想象和随意性。

这里我们试图按名学的内在理路诠释这些命题——所谓内在理路，指《墨子》中《墨经》六篇和其他古籍中尚存的一些论式，一些阐述。读者将会发现，这些命题是如此重要，因为不懂其意义，我们才习惯于犯某些明显的逻辑错误。

本篇关于《墨经》部分的校改、释义参考了中国人民大学哲学系孙中原教授的《〈墨经〉分类译注》[1]。

首先我们需要对古籍中记载的诸论题作一个梳理，它们主要集中在《庄子·天下篇》《列子·仲尼篇》和《荀子·不苟篇》中。我们列表如下：

	辩者二十一事	惠子历物十事	公孙龙七说	惠施、邓析五说
一	卵有毛	至大无外，谓之大一；至小无内，谓之小一	有意不心	卵有毛
二	鸡三足	无厚不可积也，其大千里	发引千钧	
三	郢有天下	天与地卑，山与泽平		山渊平，天地比

---

1 原文载孙中原：《中国逻辑研究》，商务印书馆，2006 年。

四	犬可以为羊	日方中方睨，物方生方死		钩有须
五	马有卵	大同而与小同异，此之谓小同异；万物毕同毕异，此之谓大同异		齐秦袭
六	丁子有尾	南方无穷而有穷		
七	火不热	今日适越而昔来		
八	山出口	连环可解也		入乎耳，出乎口
九	轮不辗地	我知天之中央，燕之北越之南是也		
十	目不见	泛爱万物，天地一体也		
十一	指不至，至不绝		有指不至	
十二	龟长于蛇			
十三	矩不方，规不可以为圆			
十四	凿不围枘			
十五	飞鸟之景未尝动也		有影不移	
十六	镞矢之疾而有不行不止之时		白马非马	
十七	狗非犬			
十八	黄马骊牛三			
十九	白狗黑			
二十	孤驹未尝有母		孤犊未尝有母	
廿一	一尺之捶，日取其半，万世不竭		有物不尽	
出处	《庄子·天下篇》	《庄子·天下篇》	《列子·仲尼篇》	《荀子·不苟篇》

注：为了与《庄子·天下篇》相同论题对应，对《列子·仲尼篇》和《荀子·不苟篇》诸论题的顺序作了调整。

我们将内在理路一致的论题归为一类进行解释，大体可分六类：

一、类比推论发生的“一是而一非”的谬误

《墨子·小取篇》总结了“辟”“侔”“援”“推”四种推论所导致的各种问题，包括“是而然”“是而不然”“不是而然”“一周而一不周”“一是而一非”。其中“一是而一非”指肯定或否定的前提正确，但肯定或否定的结论却

是错误的。作者举例说：

> 居于国，则谓"居国"；有一宅于国，而不谓"有国"。桃之实，桃也；棘之实，非棘也。问人之病，问人也；恶人之病，非恶人也。人之鬼，非人也；兄之鬼，兄也。祭人之鬼，非祭人也；祭兄之鬼，乃祭兄也。之马之目眇，则谓"之马眇"；之马之目大，而不谓"之马大"。之牛之毛黄，则谓"之牛黄"；之牛之毛众，而不谓"之牛众"。一马马也，二马马也，"马四足"者，一马而四足也，非两马而四足也；"马或白"者，二马而或白也，非一马而或白。此乃"一是而一非"者也。

逻辑学家沈有鼎先生（1908—1989年）早就注意到，先秦辩者命题中的"郢有天下"和"白狗黑"同"一是而一非"的论式高度相关。他在《墨经的逻辑学》中曾经指出：

> 辩者中有"郢有天下"的论题（《庄子·天下篇》），《小取篇》说："居于国，则谓居国；有一宅于国，而不谓有国。"从这里可以推测，"郢有天下"的诡辩论证是怎样的，也可以知道这诡辩不能成立。辩者又有"白狗黑"的论题（《庄子·天下篇》）。《小取篇》说："之马之目眇，则谓之马眇；之马之目大，而不谓之马大。"从这里可以推测，"白狗黑"的诡辩论证是怎样的，也可以知道这诡辩不能成立。[1]

所以，按照"一是而一非"的论式，我们能够知道，"郢有天下"论题整个内容当是：居于天下，则谓"居天下"；有郢于天下，而不谓"郢有天下"。

"白狗黑"论题整个内容当是：白狗之毛白，则谓之"白狗白"；白狗之眼黑，而不谓"白狗黑"。

以下论题，亦当以"一是而一非"的论式有关，"犬可以为羊"当是说"犬羊可以为羊，而不谓'犬可以为羊'"；"龟长于蛇"当是说"龟寿长于蛇，而不谓'龟长于蛇'"；"山出口"当是说"山音出于口，而不谓'山出口'"；

---

1 沈有鼎：《墨经的逻辑学》，中国社会科学出版社，1980年，第67页。

另外,"矩不方,规不可以为圆"当是说"矩可以作方,而'矩不方'。规可以作圆,而'规不圆'"这里的"为"字当乃"是"的意思。

而《荀子·不苟篇》惠施、邓析五说中的"入乎耳,出乎口"形式上与《庄子·天下篇》"山出口"相类,不过我们缺乏足够的材料确定二者属于同类论题。

令人感到遗憾的是,沈有鼎先生依然习惯性地称"郢有天下"和"白狗黑"为诡辩,他没有看到,这类论题的前面还有"而不谓"三字。先贤不会愚蠢到连白黑都分不清的地步,当现代人已经习惯于说"白狗黑"的时候,我们再也不能称这类论题诡辩了。比如说,有学者看到美国的科技先进,就称美国先进,这不就成了白狗之眼黑,而谓"白狗黑"了吗?

按照"一是而一非"的论式,这该论题展开来就是:美国领土面积大,则谓之"美国大";美国科技先进,而不谓"美国先进"。

因为美国的文化传统、政治经济范式和生活方式都不能说是先进的,最多只能说适合于美国人而已。

读到这里,诸君试想:到底是古人诡辩,还是今人逻辑混乱呢?

名不正则言不顺,名学论题不是诡辩,理解到这一点对于打破当代诸多"现代迷信"太重要了。

二、类比推论发生的"一周而一不周"的谬误

《墨子·小取篇》的作者对"一周而一不周"的谬误举例说:

> "爱人",待周爱人而后谓"爱人";"不爱人",不待周不爱人。失周爱,因谓"不爱人"矣。"乘马",不待周乘马,然后谓"乘马"也。有乘于马,因谓"乘马"矣。逮至"不乘马",待周不乘马,而后谓"不乘马"。

这段话是说,说"爱人",必须周遍地爱所有的人才可以说是"爱人";说"不爱人",不依赖于周遍地不爱所有的人,没有做到周遍地爱所有的人,因此就可以说是"不爱人"了。说"乘马",不依赖于周遍地乘过所有的马,才算是"乘马",至少乘过一匹马,就可以说是"乘马"了。但是说到"不

乘马"，依赖于周遍地不乘所有的马，然后才可以说是"不乘马"。这是属于"一周而一不周"——一种说法周遍，而一种说法不周遍的情况。

先秦辩者诸论题中"凿不围枘"和"轮不辗地"当与"一周而一不周"的论试相关。

这里"枘"是榫头，"凿"是接受榫头纳入的卯眼。"凿不围枘"的意思是说卯眼不能围住榫头。换成"一周而一不周"的论式，当是：

> "凿围枘"，待周凿围枘而后谓"凿围枘"；"凿不围枘"，不待周凿不围枘。失周围，因谓"凿不围枘"矣。

"轮不辗地"换成"一周而一不周"的论式，当是：

> "轮辗地"，不待周轮辗地，然后谓"轮辗地"也。有轮辗于地，因谓"轮不辗地"矣。逮至"轮不辗地"，待周轮不辗地，而后谓"轮不辗地"。

三、类推中"行而异，转而诡，远而失，流而离本"的谬误

《墨子·小取篇》在总结类推中的诸错误时写道："是故辟、侔、援、推之辞，行而异，转而诡，远而失，流而离本，则不可不审也，不可常用也。"

转相类推，到"流而离本"，甚至颠倒黑白，这在古籍中有许多例子。比如《吕氏春秋·察传篇》说："夫得言不可以不察。数传而白为黑，黑为白。故狗似玃，玃似母猴，母猴似人，人之与狗则远矣。"

对于这种逻辑谬误，北朝著名子书《刘子》论述更为详尽。作者认为，言论传播越广，事理就可能越离谱；名传得越远，越可能违背事实，几经辗转，狗可像人，白可变黑了。现在如果直接把狗说成像人，将白说成黑，则确实很不像，但是，如果转相类推，兜几个圈子，说此像彼，如说狗像猕猴，猕猴像猿，猿像人，那无形中狗已像人了。又如称白像浅黄，浅黄像黄，黄像朱，朱像紫，紫又像青，青又像黑，几经辗转无形中白变成黑了。《刘子·审名第十六》中说："传弥广而理逾乖，名弥假而实逾反，则回犬似人，

转白成黑矣。今指犬似人，转白成黑，则不类矣。转以类推，以此像彼，谓犬似玃，玃似狙，狙似人，则犬似人矣。谓白似缃，缃似黄，黄似朱，朱似紫，紫似绀，绀似黑，则白成黑矣。"

先秦辩者，此类论题留下来较多，试解读如下：

卵有毛——卵有鸟，鸟有毛，而不谓"卵有毛"。

马有卵——马有虫，虫有卵，而不谓"马有卵"。

丁子有尾——丁子（蛤蟆之楚称）有（自）蝌蚪，蝌蚪有尾，而不谓"丁子有尾"。

钩有须——钩（据俞樾，钩疑姁之误，姁同妪，年老的妇女）有儿，儿有须，而不谓"钩有须"。

齐秦袭——齐宋袭（合、齐），宋魏袭，魏秦袭，而不谓"齐秦袭"。

四、《列子》中的相关阐述

除了利用名家独特论式，我们还可以通过古籍中残存的相关论述，揭开辩者诸论题的本来面目。《列子·仲尼篇》很特殊，它除了保存公孙龙的七个论题，还有中山公子牟对这些论题的解释，尽管解释得特别简约，还是为我们提供了重要的线索。分述如下：

有意不心——公子牟从反面解释为"无意则心同"。《墨子·大取篇》说"知与意异"，可能与此论题相关，是说内心真知与主观臆想有别，意和心不可等同，《墨经》举例说："以楹为抟，于以为无知也，说在意。"（《经下》），《经说下》进一步解释说："楹之抟也，见之，其于意也不易，先知。意，相也。若楹轻于秋，其于意也洋然。"意思是说，单纯地"以为"楹柱是圆柱形的，这种"以为"还不算是知识，因为这只是臆测。如果对于楹是圆柱形的，我们亲眼看到了，那么这种"意"就不会轻易改变，就算先前已经知道了。臆测就是想象。例如想象楹柱比萩还轻，这种臆测就是茫然无据的。

有指不至——公子牟从反面解释为"无指则皆至"。指示（用《经说上》的话说是"以实示人"）是有局限性的，有时事物不可指示，只能"以名示人"，故说"有指不至"《墨经》举例说："所知而弗能指。说在春也、逃臣、狗犬、遗者。"（《经下》）。《经说下》解释说："春也，其死固不可指也。逃臣，不知其处。狗犬，不知其名也。遗者，巧弗能两也。"意思是说，有些我们所知道的，而不能用手指指着说，例如死去的女奴春、逃亡的臣仆、狗犬这两个语词的定义、遗失不见的宝物。春这个女奴已经死了，本来不能用手指指着说。同样，逃亡的臣仆不知他在哪里，狗犬这两个语词不知道其定义，遗失的宝物，再巧的工匠也不能造出两个完全一样的来。这都不能用手指指着说；《庄子·天下篇》辩者二十一事有"指不至，至不绝"一条，当与"有指不至"意同，据《墨经》，这里的"不绝"显然是不绝于物的意思，有的现实事物不能指示，只能以名说。

发引千钧——公子牟解释为："发引千钧，势至等也。"《墨经》作了更为详尽的解释，上面说："发（原作'均'，据高亨校改）之绝否，说在所均。"（《经下》）。《经说下》进一步解释说："发均，县轻重。而发绝，不均也。均，其绝也莫绝。"意思是说，对于悬挂重物的头发丝是否断绝的问题，在于其结构是否均匀。头发丝结构均匀，就可以悬挂或轻或重之物，而头发丝断绝了，是由于其结构不均匀。如果其结构均匀，那就不会断绝。

有物不尽——公子牟解释为："尽物者常有。"有学者将"有物不尽"看成与"有指不至"相类的论题。按理说，《列子·仲尼篇》不当出现重复论题，文中的"尽"似乎有穷尽之意，《庄子·天下篇》辩者二十一事有"一尺之捶，日取其半，万世不竭"，都是表达无穷小的概念。公孙龙认为物体可以无限分割的，《墨经》的作者却认为若物质不断的分下去，可以达到几何上的端，就是《经上》定义的"体之无厚而最前者也"。《经下》说："非半弗斫则不动，说在端。"意思是说，对于给定的有一定长度的木棍，做连续取半的操作，到了不能再取半时，就不能用刀砍了，这时就会出现不动的端点，论证的理由在于对于"端"的定义。

有影不移——公子牟解释为："影不移者，说在改也。"这与《墨子·经下》讲的"影不徙，说在改为"相同。《经说下》进一步解释说："光至影无，若在，尽古息。"大意是说，物体的影子本身是不会迁徙的，论证的理由在于，眼睛看到影子迁徙，是由于光源与物体相对位置改变了。由于光源与物体相对位置改变，光线照到了原来影子形成的地方，则影子就消失了。如果这时影子没有消失，则影子会永远留存在那里，这是不可能的；《庄子·天下篇》辩者二十一事有"飞鸟之景未尝动也"一条，显然也是讲"有影不移"的道理。另外，《庄子·天下篇》辩者二十一事还有"镞矢之疾而有不行不止之时"，这也是讲动静、行止的辩证关系，且与《墨经》上"行循以久"和"止以久也"

的观念相关，既然行和止都要求时间的持续（久），那么在箭头疾飞的一刹那（"无久之时"），箭既谈不上行，也谈不上止。《经说上》还有"无久之不止……若矢过楹"一条，用以解释《经上》"止以久也"，都可参证。

白马非马——公子牟解释为："白马非马，形名离也。"由于《公孙龙子》《白马论》尚存，所以白马非马无须多作解释，只需注意其中"非"字为"异于"之意就够了。所需阐述的倒是公子牟的解释，钱穆先生注意到："'形名离也'疑系'形色离也'之讹，观注引《白马论》语自见。"[1] 另外，《庄子·天下篇》辩者二十一事有"狗非犬"，据《尔雅·释畜》："犬未成豪曰狗。"则"狗非犬"实际上与"白马非马"论题同类型，即为"未成豪之犬非（异于）犬"。

孤犊未尝有母——公子牟解释为："孤犊未尝有母，非孤犊也。"他是说："孤犊未尝有母，若有母，非孤犊也。"这是让我们注意名的时间性，可以说现在"孤犊未有母"，而不谓"孤犊未尝有母"，这在《墨经》中多有阐发。《经下》云："可无也，有之而不可去，说在尝然。"又《说经下》解释说："可无也，已然则尝然，不可无也。"意思是说，一件事情，可以是从来没有，但是一旦有了，就不能将它抹杀，论证的理由在于它曾经如此。一件事情已经如此，那就是曾经如此，不能说它从来就没有如此;《庄子·天下篇》辩者二十一事有"孤驹未尝有母"一条，显然与"孤犊未尝有母"道理相同。

五、《公孙龙子》中的相关阐述

《公孙龙子·坚白论》论各种感知的独立性，"离也者天下故独而正"时，举例说："且犹白，以目、以火见，而火不见。则火与目不见而神见。神不见，而见离"。《庄子·天下篇》辩者二十一事有"目不见"一条，显然取自这里。是说目和火只是见的条件，二者皆不是见的主体。

与感知相关的，《庄子·天下篇》辩者二十一事还有"火不热"一条。又《墨经》中有"火热"一条，上面说："火（原为"必"，据孙诒让校改）热，说在视。"（经下），《说经下》解释说："谓火热也，非以火之热我有。若视日。"意思是说，火是热的论证的理由在于分析"视日"的事实。说"火是热的"，不是指火热是我的感觉，如看太阳，热从太阳发出，不是我本身所具

---

1 钱穆:《墨子·惠施公孙龙》，九州出版社，2011年，第96页。

有。由此可以推知，"火不热"当是说"火不热我"。

《公孙龙子·通变论》谈到狂举（错误的类举）时，提到了鸡足三，上面说："谓鸡足，一。数足，二。二而一，故三。谓牛羊足，一。数足，四。四而一，故五。牛、羊足五，鸡足三。"《庄子·天下篇》辩者二十一事有"鸡三足"一条，显然取自这里。"鸡三足"这类狂举实际上是混淆了元素与集合的概念。

与之相关，《庄子·天下篇》辩者二十一事还有"黄马骊牛三"一条。这当是在说"谓黄马骊牛，一。数之，二，二而一，故三"，由此得出了"黄马骊牛三"这类狂举。

关于集合与元素的关系，《墨经》中有详细论述，上面说："区物一体也，说在俱一、惟是。"（经下），《说经下》解释说："俱一，若牛、马四足。惟是，当牛马。数牛数马则牛马二。数牛马，则牛马一。若数指，指五而'五'一。"意思是说，当我们把世界上的事物区划为不同的整体时，会遇到集合与元素这两方面的性质，论证的理由就在于"俱一"（从元素方面来说，它们"每一个都是一个"）与"惟是"（从集合方面来说"仅仅这一个"，即集合有不能分配于其元素的整体性质）。解释"俱一"的例子，如说"牛、马四足"，这是指牛、马两个元素"每一个都是一个"的意义，即牛与马分别都是"四足"。解释"惟是"（集合作为一个整体"仅仅这一个"的性质）的例子，如说"牛马"这一个集合。从元素方面说，数牛数马，则有牛、马这两个元素。而从集合方面来说，数"牛马"，则只有"牛马"这一个集合。再如数一只手的指头，从元素方面说，指头有五个；而从集合方面说，"五指"的集合却只有一个。

六、《庄子》中惠子历物十事

先秦辩者诸论题中，最难解的当属《庄子·天下篇》惠子历物十事，主要原因在于这十个论题极少旁证，且风格上又自成一体，较其他论题，具有更多哲学玄辩色彩。

惠子与庄子相善，惠施死，庄子不由慨叹："吾无与言之矣。"（《庄子·徐无鬼》）。由此足见二者相交之深。所以惠施之论迥异于公孙龙等名家，与庄子玄辩相通也就不值得奇怪了。牟宗三先生评论道："由惠施之名理，而进于庄子之玄理，则技也而进于道矣。名理是逻辑的，玄理是辩证的。故惠施之名理，就其所谈者之思理与倾向言，（此与公孙龙不同），易消融于庄子之玄理，此两人之所以深相契，而庄子又深惜乎惠施也。"[1]

我们能通过《庄子》等古籍，了解惠子研究世上万物（历物）十个论题的理路和宗旨。钱穆先生说"大抵历物要旨，在明天地一体，以树泛爱之义"[2]，也就是最后一个论题：泛爱万物，天地一体也。

那么其内在理路，则如庄子《庄子·齐物论》，在于绝对待，泯是非。如何做到这一点呢？就要从不同的角度去看世间万物。惠子历物十事有："日方中方睨（侧视，这里意为偏斜），物方生方死"，《庄子·齐物论》解释"物方生方死"时说：

> 宇宙间的事物没有不是彼的，也没有不是此的，从彼方看不见此方，从此方来看就知道了。所以彼方是出于此方，此方也依存于彼方。彼此相互依存。虽然如此，生中有死的因素而向死转化，死中有生的因素而向生转化，肯定中有否定因素而向否定转化，否定中有肯定因素而向肯定转化；由是而得非，由非而得是，因此，圣人不经由是非之途而只是如实地反映自然，顺应自然。[3]

用《庄子·德充符》上的话说，从不同的角度看一件事物，会得出不同的结论，上面借孔子的话说："自其异者视之，肝胆楚越也；自其同者视之，万物皆一也。"从不同角度观察，肝和胆虽然那么近也像楚国和越国那么远；从事物相同的角度观察，万物都是一样的。

按照上述理路，我们对惠子历物十事略作解释：

至大无外，谓之大一；至小无内，谓之小一——这实际上是对"大一"和"小一"的定义，阐明至大无外，至小无内的道理。至于如何阐发的，《汉书·艺文志》所录《惠子》一篇早佚，我们不得其详。

无厚不可积也，其大千里——无厚同坚白一样，是名家的一个重要概念，

---

1 《牟宗三先生全集》之二《名家与荀子》，（台北）联经出版社，2003年，第7页。

2 《牟宗三先生全集》之二《名家与荀子》，（台北）联经出版社，2003年，第13页。

3 原文："物无非彼，物无非是。自彼则不见，自是则知之。故曰：彼出于是，是亦因彼。彼是，方生之说也。虽然，方生方死，方死方生，方可方不可，方不可方可；因是因非，因非因是。是以圣人不由，而照之于天，亦因是也。"

先秦子书中屡屡提及。比如《吕氏春秋·君守》上说："坚白之辩，无厚之察，外矣。"从《墨经》中我们知道，"无厚"是没有厚度的意思。所以我们只能猜想，"无厚不可积也，其大千里"是在讲面，从厚的角度不可积，从面的角度，可以其大千里。

天与地卑，山与泽平——《荀子·不苟篇》载惠施、邓析五说，有"山渊平，天地比"，与此相类。此论题似乎是说，从天的角度看，地卑，若从地的角度看，天亦卑，故说"天与地卑，山与泽平"之论当与此相似。

日方中方睨，物方生方死——《庄子·齐物论》论"方生方死"，如前面所述。日的正中与偏斜，也同生死一样，方正方斜，方斜方正，是相对来说的。

大同而与小同异，此之谓小同异；万物毕同毕异，此之谓大同异——这是对"小同异"和"大同异"的定义，阐明事物异、同的相对性。

南方无穷而有穷——从《墨经》中我们看到，"南方无穷而有穷"这个论题必为时人广泛所知，可惜墨家关注的只是兼爱哲学。《经下》有："无穷不害兼。说在盈否。"《经说下》解释说："南者有穷则可尽，无穷则不可尽。有穷、无穷未可知，则可尽、不可尽未可知。人之盈之否未可知，而必人之可尽、不可尽亦未可知，而必人之可尽爱也，悖。人若不盈无穷，则人有穷也，尽有穷无难。盈无穷，则无穷尽也，尽有穷无难。"就是说，空间和人数的无穷都不妨害兼爱，理由在于人是否充盈于空间。"南方如果是有穷的，那么就可以穷尽；南方如果是无穷的，那么就不可以穷尽。现在连南方是有穷的，还是无穷的，都还不知道，则南方是可以穷尽的，还是不可以穷尽的，也就不知道。人是否充盈于南方不知道，而断言人可以'尽爱'（兼爱），是自相矛盾的。"（以上引难者语）如果人不充盈于无穷的南方，则人是有穷的。尽爱有穷的人没有困难。如果人充盈于无穷的南方，则"无穷的南方"被用一句话刻画尽了，那么我再用一句话说："尽爱无穷南方的无穷的人。"也应该是没有困难的。似乎南方的概念可以是一个具体地方，比如说江南，也可以是个抽象的概念，而显然前者是有尽的，后者是无尽的。

今日适越而昔来——这是说时间今与昔的相对性。方我到越地去，则曰今适，等到了越地，则称昔来。中国先哲十分重视时间的相对性，比如《墨子·大取篇》上说："昔者之虑也，非今日之虑也。昔者之爱人也，非今之爱人也。"

连环可解也——在古人的观念中连环不可解。《淮南子·人间训》上说："故交画（交错的笔画）不畅，连环不解，物之不通者，圣人不争也"。而不解，正好是不解之解，故曰可解。《吕氏春秋·君守》上有一则故事：鲁国边境地区的一个人送给宋元王一个连环结，宋元王在国内传下号令，让灵巧的人都来解绳结。没有人能解开。儿说的学生请求去解绳结，只能解开其中的一个，不能解开另一个，并且说："不是可以解开而我不能解开，这个绳结本来就不能解开。"然后向鲁国那人询问，他说，"是的，这个绳结本来不能解开，我打的这连环结，因而知道它不能解开。现在这人没有打这连环结，知道它不能解开，这就是比我巧啊。"[1]

《淮南子·人间训》还说："夫儿说之巧，于闭结无不解，非能闭结而尽解之也，不解不可解也。至乎以弗解解之者，可与及言论矣。"

我知天之中央，燕之北越之南是也——中央的概念亦是相对的，比如北极与燕地的天之中央，肯定在越之北，南极与越地的天之中央，肯定在越之南。

泛爱万物，天地一体也——钱穆先生曾指出："主兼爱，因及非攻寝兵，又墨、惠之所同。"[2] 所以，惠子兼爱天下万物，才有"泛爱万物，天地一体也"一说。

这里，我们按照名学的内在理路基本上解决了先秦诸子遗存的众多论题。当然，由于去古太远，史料难征，其中有些论证不免有揣测之嫌，这只能待后世贤者做更进一步的研究和梳理了。

我们所要证明的，不仅仅是每一个论题本身，更是要证明名学在人类学术大厦中的基础地位。因为只有世人不再误读名学为"诡辩"之后，孔子"名不正则言不顺"的至理阳光才会越发明亮——这是复兴名学的终极意义所在！

---

1 原文："鲁鄙人遗宋元王闭，元王号令于国，有巧者皆来解闭。人莫之能解。儿说之弟子请往解之，乃能解其一，不能解其一，且曰：'非可解而我不能解也，固不可解也。'问之鲁鄙人，鄙人曰：'然，固不可解也，我为之而知其不可解也。今不为而知其不可解也，是巧于我。'故如儿说之弟子者，以'不解'解之也。"

2《牟宗三先生全集》之二《名家与荀子》，（台北）联经出版社，2003年，第25页。

杂论名学与经济学

2024 年 8 月 25 日上午，六经书院 2024 年度工作会议在北京市东城区泓晟国际中心二楼会议室召开。这是笔者在会上作的主旨报告。

理论与现实的巨大落差已成为我们时代的突出问题。

在现实层面，中国式现代化建设取得了举世瞩目的成就，今日之中国是国际社会举足轻重的力量。但在理论和话语权层面，长期以来，我们却始终处于西方话语光谱负面的一端，代表"政治不正确"。西方是民主、自由、市场经济的，中国则被扣上了威权、专政、国家资本主义的大帽子。

在政府的政治话语体系之外，哲学社会科学界企图用本土话语解释当代中国，但目前还没看到真正有解释力的理论体系出现——更有甚者，有些学者拼凑假、大、空的口号标榜自己的"学术成果"，这种放弃知识分子基本道德与社会责任的媚臣做法，令人不齿！

为何会造成这种局面呢？

因为中国大学和研究机构的主流学术仍是西学，中国政府主张中国式现代化，但学界仍沿着过去 100 多年西学化的惯性前行，学界的西学化与政府的"中国式"南辕北辙，这是我们在理论上严重滞后的深层次原因。

以经济学为例说明这一点。

经过 40 多年的改革开放，中国既摆脱了苏联式计划经济，又没有走向西方私营企业主导的市场经济。当今中国特色的社会主义市场经济实践远远超过了西方经济学教科书和马克思主义经典作家的理论框架。它是计划与市场、公有与私有、社会主义与市场经济共存。《求是》杂志社张宇研究员最近在《中国特色社会主义政治经济学的历史性贡献》一文中写道：

马克思认为，资本是"资产阶级社会的基础"，是"资产阶级社会的支配一切的经济权力"。马克思恩格斯没有设想社会主义条件下可以搞市场经济，更没有设想社会主义条件下可以存在资本、发挥资本的作用。改革开放后，我们突破了把社会主义与市场经济相对立、与资本相对立的传统观念，实现了从高度集中的计划经济体制向充满活力的社会主义市场经济体制的转变，创造性地提出公有资本的范畴，提出以管资本为主加强国有资产监管、推动国有资本做强做优做大，提出发挥各类资本的积极作用。[1]

按西方典型的二元对立思维模式，计划与市场、公有与私有、社会主义与市场经济是矛盾的，要么搞社会主义有计划的公有经济，要么搞资本主义自由放任的私有经济，政府可以在必要的时候干预市场，但不可计划与市场、公有与私有、社会主义与市场经济共同发展，因为它们都是二元对立的概念，不能共存，要么是 A，要么非 A，不能既是 A 又是非 A。

但如果我们从阴阳的角度看待中国特色社会主义市场经济，就会发现上述偶对观念不是截然对立，而是呈现共存互补的统一性，其中一个呈阳性，居主导、主轴和（质上而非量上的）主体地位，另一个呈阴性，居非主导却又不可或缺的地位。就如一台机器，光有主轴传输动力是不够的，还要有副轴配合，否则很难正常运转。主轴和副轴二者互补，而非互相对立矛盾。

掌握阴阳互系的思维方式，摆脱二元对立这种李约瑟博士所说的"典型的欧洲痴呆症"仍然不够，[2]我们还要理解基于阴阳思维方式和大一统治道的经济学理论——中国古典经济学轻重术。因为轻重术是从具体的层面告诉我们作为政治中心、社会稳定重心的政府干预与市场经济的关系。

事实上，当代"经济学"本身就是一个误区，因为政治与经济不可或分，市场只能做大蛋糕，却不能均分蛋糕，不受干预的市场只会带来导致社会分裂的贫富鸿沟——贫者愈贫，富者愈富。分配蛋糕，只能由政府主导。进而

1　张宇：《中国特色社会主义政治经济学的历史性贡献》，载《中国社会科学》2024 年第 4 期。

2　[比]普里戈金、[法]斯唐热：《从混沌到有序：人与自然的新对话》，上海译文出版社，曾庆宏、沈小峰译，1987 年，第 39 页。

言之，"经济学"只能是政治经济学！

轻重术的核心经典《管子·国蓄》的作者明确指出，政府的法令不能贯彻执行，社会得不到治理，根本原因是贫富不均。新粮和存粮本来够用，而人民仍有挨饿吃不上饭的，这是为什么呢？因为粮食被囤积起来了。君主铸造发行的货币，算好了每人需要几百几千的数目，仍有人用费不足，这又是为什么呢？因为钱财被积聚起来了。所以，一个君主，如不能散开囤积，调剂余缺，分散集中的财利来调配民众的花费，即使加强农业，督促生产，在那里无休止地铸造货币，也只是造成人民互相剥削奴役而已，还哪里谈得上国家大治呢！[1]

20世纪80年代以来，西方英美等资本主义国家普遍施行自由放任的市场经济，结果是资本精英控制了政治权力，反过来政治权力再支持资本精英的商业利益。这种恶性循环，在2008年的金融危机后，已经成为西方社会分裂动荡的重要原因。西方有识之士也注意到回归"政治经济学"、《国蓄》所说的政府"调通民利"的重要性。曾担任克林顿政府劳工部长的罗伯特·赖克（Robert Reich）在《拯救资本主义》一书的序言中写道："挑战不仅来自经济层面，还来自政治层面。我们不能将这两个领域独立分开。事实上本书所讨论的领域之前被称为'政治经济学'。它研究社会法律和政治制度与一系列道德理念之间的关系，其中如何公平地分配收入和财富是一个中心议题。"[2]

同发展经济做大蛋糕一样，分配财富、分好蛋糕同样是社会的中心议题。2500年前，孔子就曾说"有国有家者，不患寡而患不均"（《论语·季氏篇》）。今天看来，此言真实不虚！

所以，我们不仅要学会用中国人自己的思维方式和经济理论解释经济现象，还要学会站在中国本土视角去看世界。盲从西方，继续躺在西方学术温暖的套子里，永远也解释不清楚中国的现实，更不可能指导中国和世界的未来！

在中国文化中，思维方式和逻辑学属于"名"的范畴，主要存在于法家经典《管子》中的轻重术属于法（术）的范畴，公正无私的修养、社会公平正义的价值属于道的范畴——中华古典知识体系就是道一名一法，内养外用

---

1 原文：法令之不行，万民之不治，贫富之不齐也……民人所食，人有若干步亩之数矣，计本量委则足矣。然而民有饥饿不食者何也？谷有所藏也。人君铸钱立币，民庶之通施也，人有若干百千之数矣。然而人事不及、用不足者何也？利有所并藏也。然则人君非能散聚，钧羡不足，分并财利而调民事也，则君虽强本趣耕，而自为铸币而无已，乃今使民下相役耳，恶能以为治乎！

2 ［美］罗伯特·赖克：《拯救资本主义》序言，中信出版集团，曾鑫、熊跃根译，2017年。

一以贯之的道术！

宋代以来，受源于印度的佛教观念影响，学界强调从尧舜禹汤到孔孟程朱的道统。这种排他式的"类宗教"观念十分有害。特别是孟子，他只是儒家的一个派别，历史上的影响力甚至不及荀子一门，却成为中国文化的正统。影响所致，中国文化不再是诸子百家争竞的巨流，而变成儒家中一小部分——孟子、程朱理学的涓涓细流，今天，在西学近乎垄断一切思想学术的形势下，连所谓"道统"的涓涓细流也要断了！

我们欲挽大厦于将倾，复兴中华文化，只能回归以经学为源，诸子百家为流的道术。只有真理的力量才能无往不胜，排他性的人为树立的权威正统只能得意于一时——学术思想不能过度依赖政治强制的力量，这是今人需要特别注意的。

过去 20 年来，我们以孔门"德行、政事、文学、言语"四科为抓手，贯通经学及诸子百家，恢复中华道术，已经取得了相当大的成绩。今年，我们出版了两本书，包括文学（经学）的第一本专著《中国人的政治教科书〈今文尚书〉》，以及政事科的《中国拯救世界：应对人类危机的中国文化》（修订版）。正在出版过程中的还有《中国名学》和《为人民服务的智慧》（暂定名），前者属言语科，后者包括德行科和政事科的重要内容，中国社会科学院学部委员、世界政治经济学学会会长程恩富教授还为《为人民服务的智慧》一书写了序言，对我们的学术路线给予了高度评价。

2024 年是个丰收年，孔门四科的每一科，我们都取得了长足发展。

但我们还应冷静地看到，西学的力量过于强大，学界主流依然是西方化和西学化。他们表面上也研究中国文化，但实际是按西方学理肢解中华道术。我们不愿为虎作伥，一些人就想各种办法打压我们。

只要坚持真理，坚定自信，他们就打不倒我们，在越来越多正义力量和正直人士的支持下，我们就会从弱小走向强大。总之，希望大家客观看现实，乐观看未来，脚踏实地、步步为营、甘作新世界的铺路石——这就是今天我要强调的。

谢谢大家！

回归中国文化的母体经学

"春耕园第七届经学论坛"将于 2024 年 10 月 2 日在春耕园学校山东曲阜校区举行，这是笔者向会议提交的论文。

即使从 1919 年五四运动算起，中国人学习西方科学与民主的漫漫征程已逾百年。

令人惊异的是，我们在学习西方科学技术方面相当成功，成功到这样的程度——美国政府开始公开限制中国人学习西方人工智能等高科技，直接断供高端芯片。

今天，中国不仅是一个技术上领先的经济强国，而且已经成为一个科学强国，尽管我们在许多基础研究领域仍与西方存在差距。2024 年 6 月 12 日，英国《经济学人》杂志刊发了《中国已经成为科学超级大国》一文，指出按照两大科学指标——高引用率论文数量和自然指数，中国无疑"已经成为科学超级大国"。2003 年美国的高影响论文数量约为中国的 20 倍，2022 年中国的顶级论文数量开始超过美国。且在植物生物学、人工智能（AI）、超导物理学等诸多领域，我们均处于研究前沿。[1]

另一方面，在政治领域，中国并没有接受西方自由民主。我们引入了马克思列宁主义作为政治指导思想，因地制宜地应用这一革命理论、冲破资本主义体系实现了工业化。经过 40 多年的改革开放，中国依然与西方政治体制迥异。国内外学人几乎公认，中国政治生活的方方面面都呈现强烈的历史传承性。

当然，每每出现大的社会问题（如腐败多发态势），就有人祭出西方自由

---

[1] 齐情：《〈经济学人〉：两大科学指标显示，中国已成为科学超级大国》。网址：https://www.guancha.cn/internation/2024_06_13_737842.shtml，访问日期：2024 年 7 月 8 日。

民主的药方。不过，中国政府很少按这类药方抓药。

1. 安身立命、安邦治国的根本无法向西方学习

同样是引入西方文明的核心要素，科学与民主的命运何以大相径庭？这是因为科学研究自然现象，它更具动态性，天然具有普世性。自然科学的原理及其技术应用不仅适用于西方，也能较容易地移植到中国，所以一旦有了相对安定的和平环境，中国人在科学技术上就能迎头赶上西方；哲学社会科学则是相对静态的，发展缓慢。它难以放之四海而皆准，缺乏普世性。诚如德国物理学家海森堡（1901—1976）于 1973 年 3 月在慕尼黑接受巴伐利亚天主教科学院瓜尔迪尼奖时强调的：“这里基本上不是事实问题，正如对伽利略的审判一样，而是社会的精神形式（它在本性上是静态的）和科学的经验和思想形式（它们是持续不断地扩展和更新的，因此具有动态的结构）之间的冲突。即使一个社会是经过巨大的革命动荡而产生的，它仍力求巩固它那种要成为新社会的永恒基础的精神根源。可是，科学却为扩展而斗争。”[1]

中国革命先行者孙中山先生在谈到我们如何学习西方时，也曾注意到哲学与物理学发展有快慢之别，认为我们绝不能如学习西方科学技术一样，盲目学习西方哲学社会科学。在 1924 年 4 月关于《民权主义》的讲演中，孙中山先生针对义和团运动失败后，中国社会出现崇拜西方，一切政治社会之事都要学习外国的现状时指出：“外国的物质科学，每十年一变动，十年之前和十年之后，大不相同，那种科学的进步是很快的。至于政治理论，在 2000 年以前，柏拉图所写的《共和政体》至今还有价值去研究，还是很有用处。所以外国政治哲学的进步，不及物质进步这样快的。他们现在的政治思想，和2000 多年以前的思想根本上还没有大变动。如果我们仿效外国的政治，以为也是像仿效物质科学一样，那便是大错。”[2]

哲学社会科学是一个族群或文明历史经验的总结。处于欧亚大陆边缘，相对独立的中华文明演化路线与西方文明模式差异巨大。如果我们忽视自然科学与社会科学的本质不同，盲目引入西方人文学术，必然会产生明显排异

---

1 ［德］维尔纳·海森堡：《物理学和哲学》，商务印书馆，范岱年译，1981 年，第169 页。

2 孙中山：《三民主义》，岳麓书社，2000 年，第 131 页。

反应。

因此，在学术范式尽乎完全西化的 21 世纪，中国学界只能引入无数西方概念和理论，却不能理解中国最基本的现实，更不能为中国发展提供明确的方向。整体上，从政治到生活方式，在学术思想上我们仍处于"摸着石头过河"阶段。

今天，有必要对中国持续不断的 5000 年文明成果进行系统总结。简单地执行"打扫干净屋子再请客"的学术路线——全面否定以经学为源头的中国古典学术体系的同时，全面引入西方学术范式和学术体系，这是错误的学术路线！

我们可以引入西方科学技术，可以引入众多社会制度和经济制度，却不能全面引入西方安身立命的根本宗教、西方安邦治国的根本自由民主。要理解中国特色、理解中国现实，不能脱离中国人数千年来安身立命、安邦治国的根本——不能脱离以"垂范万世"的经学为基础的中国古典学术体系！

2. 中国人发现了持久和平和持续发展的奥秘

我们以何谓"中国"为例。

这似乎是一个不成问题的问题。小时候我们被告知：中国是一个文明古国，与古代埃及、古代巴比伦、古代印度并称四大文明古国；作为联合国常任理事国之一，中国是同西方一样的现代民族国家。

这类描述对于理解中国在世界中的位置有益，却不能揭示它作为一个政治共同体的本质特征。因为无论古代还是现代，其他文明都缺乏中华文明的大一统天下特征——军事、经济、教化、学术等社会生活的方方面面一统于单一政治重心——中！"建中立极"的中华治道（也称"王道"）是过去 4000 多年来历朝历代孜孜以求的目标。韩非子形象地总结为："事在四方，要在中央。"（《韩非子·扬权》）

在古代西方世界，大一统的天下并没有出现过。

至于现代民族国家，则是在西罗马帝国的碎片化政治废墟上，现代资本主义上升时期随着海外殖民以及列强殖民竞争形成的。历史上，中国没有长期碎片化，不仅没有成为西方列强的殖民地，也没有经历过海外殖民竞争，当然不太可能形成西方那样的民族国家。

　　事实上过去四五千年来，整体上中国一直是大一统的天下，以公元前221 年秦始皇统一六国为界，公元前 221 年以前天下统一的封建（诸侯），公元前 221 年以后天下统一于郡县。只有形成统一的政治重心，才能实现持久和平和持续发展，这成为中国文化最顽强的文化基因之一。孔子一生，治理鲁国、周游列国、整理六经，都是为了促进天下大一统的中华治道——王道！

　　受西方中世纪封建观念的影响，我们常常将封建与礼义崩坏、天下失序的春秋战国时代联系起来。殊不知，春秋战国并不是中国古代社会的常态，那样长期的分裂在中国历史上十分罕见。据《周礼》等经典的追述，西周封建社会是一个法治化的大一统社会。周天子直接管辖的千里王畿是天下的政治重心，王畿以外，向四方每延伸五百里为一服，共九服。依次为：侯服、甸服、男服、采服、卫服、要服（亦称蛮服）、夷服、镇服、藩服。前六服是周天子王化之地，礼义之邦，称为"九州"或"中国"。后三服是藩国，但这些族群也要按时朝见周天子，交纳赋贡——朝贡是一世一次。

　　"九州"之地由公、侯、伯、子、男五等诸侯统治，他们政治上并不是独立的，而是王的臣下，各方诸侯都要听从周天子的号令。周天子为了维护自己的权威，防止政令不统一，除了不断派遣使者对诸侯进行自上而下的督察控制，每 12 年亲自巡守方国一次，考察各地政绩，奖善惩恶。在《周礼》中，掌管诸侯具体事务的是大行人，大行人不是现代意义上的外交官，而是周王与众诸侯上传下达的中央机构，包括协调如何出兵攻打叛逆的诸侯。《周礼·秋官司寇·大行人》条：大行人掌管有关大宾、大客的礼仪，以亲睦诸侯。春季诸侯朝见王共同谋划一年的天下大事，秋季诸侯觐见王排列各国功绩的高下，夏季诸侯宗见王陈述各自的建议，冬季诸侯遇见王协调相互的谋略，通过时会征伐不顺服的诸侯并向四方发布禁令，通过诸侯共同朝见周天子（殷同）施行治理天下的政令。"大行人掌大宾之礼及大客之仪，以亲诸侯。春朝诸侯而图天下之事，秋觐以比邦国之功，夏宗以陈天下之谟，冬遇以协诸侯之虑。时会以发四方之禁，殷同以施天下之政。"

　　《诗经·小雅·北山》说："溥天之下，莫非王土，率土之滨，莫非王臣。"代表了周人对当时世界秩序的根本看法——整个天下都是周王的领土，整个天下的臣子都是周王室的臣下。

　　孟子生于战国中期，那是一个天下分崩、列国虎争的大动荡时代。即使在这样的历史条件下，孟子依然摩顶放踵宣扬王道，天下大一统，"定于一"。

《孟子·梁惠王上》记载，孟子见梁襄王（公元前 318 年—前 296 年在位），后者问天下要怎样才能实现和平安定。孟子坚定地回答："定于一！"

请注意，孟子并没有回答定什么列国秩序、国际均势，而是讲天下重建大一统政权。这是中国人对于人类和平的标准答案，在21世纪全球战国时代，孟子的思想仍具有时代意义。正是因为先哲发现了世界持久和平和持续发展的基本规律，中国才能在秦汉重建了大一统天下秩序，并以国家形态绵延至今。1974 年，钱穆先生对学生骄傲地谈道："孟子见梁襄王，梁襄王问：'天下恶乎定？'孟子说：'定于一。'这句话直到今天，还有极新鲜的意义。中国此下所以有秦、汉的统一，就因为当时有人会问这句话。环顾今天的世界，还远不能和我们古代的战国相比，整个世界大家闹到如此，哪有人会问'天下恶乎定'呢？美国季辛吉（即美国外交家基辛格——笔者注）风尘仆仆到处跑，他想联络中国大陆，也只想中、美团结可有种种便利。但用近代人的话来讲，他心中似乎只可说存有'国际'问题，却决不会存有'天下'问题。直到当前，岂不全世界仍是一个国际问题，而决非有如古代中国人所想的天下问题、世界问题吗……从孟子到秦统一，不到两百年，天下果然定了。虽此下亦仍间有动荡与分裂，但中国始终是一个中国。亦可说俨然是一个天下了。像现在的欧洲，还是共有三十多国，则天下又如何能定于一呢？"[1]

3. 中国是一个具有现代主权国家形式的"天下"

遗憾的是，今天学者已不知中国政治共同体的本质是一个具有现代主权国家形式的"天下"了，对于中国的政治组织形态都认识不清，何谈中国特色、中国模式、中国道路？因为西方从来没有成为过"天下"，学者们就将中国定义为西方那样的现代民族国家。西方没有故宫，难道我们非得将故宫定义为白宫吗？

更为严重的是，因为中国内部形态呈现为一种"天下"组织结构，如果打破这一结构的完整性，并以民族国家观念重构它，意味着将天下之中国裂解为以民族为中心的国家形态，这是一种历史的退步！一种隐性的分裂主义！

幸运的是，除了学界、思想界的鼓噪宣传，民国以来历代执政者都反对

---

1 钱穆：《素书楼经学大要》第六讲，收入《讲堂遗录》（一），九州出版社，2011 年，第 347 页。

盲从西方民族国家常见的联邦制，搞联省自治。对于民国初年的联省自治主张，孙中山一针见血地指出："中国的各省，在历史上向来都是统一的，不是分裂的，不是不能统属的。而且统一之时就是治，不统一之时就是乱。美国之所以富强，不是由于各邦之独立自治，而是由于各邦联合后的进化所成的一个统一国家。所以美国的富强，是各邦统一的结果，不是各邦分裂的结果。中国原来既是统一的，便不应该把各省再来分开。"[1]

对民族国家观念形成起重要作用的梁启超早就注意到，中国的政治组织形式与西方 15 世纪以来流行的民族国家大相径庭，它是超国家主义的"天下"。在 1922 年的讲演中梁启超说："欧洲自十四五世纪以来，国家主义，萌苗发展，直至今次世界大战前后，遂臻全盛。彼所谓国家主义者何物耶？欧洲国家，以古代的市府及中世纪的堡聚为其雏形，一切政治论，皆孕育于此种市府式或堡聚式的组织之下。此种组织，以向内团结向外对抗为根本精神，其极也遂至以仇嫉外人为奖励爱国冲动之唯一手段……中国人则自有其文化以来，始终未尝认国家为人类最高团体，其政治论常以全人类为其对象，故目的在平天下，而国家不过与家族同为组成'天下'之一阶段。"[2]

事实上，欧洲民族主义直到 19 世纪才成熟起来。19 世纪以前，东普鲁士人对德意志人并没有多少认同感，威尼斯人也不太认同自己是意大利人。出于与英法等国竞争的需要，1834 年 38 个德意志邦国联合建立了关税同盟，它向制造商提供了一个人口达 3400 万的庞大统一市场，随即而来的铁路铺设进一步强化了市场的统一性。李斯特强调保护本国产业的民族主义经济思想则为德国富强奠定了理论基础——德国的民族国家形态逐步走向成熟。

反观中国，在秦汉时期中国就已形成覆盖其文明核心区域的统一市场网络。从此以后，这个大型市场网络一直保持高稳固状态。这为大一统的天下政治组织形式提供了坚实的经济基础；早在西周时期，周人就对夏商周三代政治文明有了强烈的认同，周人的治国大法《尚书·洪范》直接传承自商，始作俑者是尧舜时代的大禹。直到今天，《洪范》"无偏无党"的建中立极原则仍是我们解释中国现行政治体制的重要思想资源。

最后需要强调的是，中国作为天下本身就是一个世界体系，一个持久和平、各个族群独立发展的政治秩序。只是近代西方殖民者进入后，将我们周

---

1 孙中山：《三民主义》，岳麓书社，2000 年，第 117 页。

2 梁启超：《先秦政治思想史》，吉林人民出版社，2013 年，第 4 页。

边诸多藩国变成它们的殖民地，这一体系才崩溃。直到当代，东亚诸多国家和地区也没有真正独立，东亚世界也没有恢复持久和平——这是历史的悲剧！今天，我们有必要承担起维系东亚和平的责任，并提出持久和平的中国方案。1924年3月，孙中山先生在关于民族主义的讲演中提到，古代东亚的天下体系，损有余补不足，济弱扶倾是中国对待他国的良政，只有这样才会真的做到"平天下"。他说："中国古时常讲'济弱扶倾'，因为中国有了这个好政策，所以强了几千年，安南、缅甸、高丽、暹罗那些小国，还能够保持独立。现在欧风东渐，安南便被法国灭了，缅甸被英国灭了，高丽被日本灭了。所以，中国如果强盛起来，我们不但是要恢复民族的地位，还要对于世界负一个大责任……中国对于世界究竟要负什么责任呢？现在世界列强所走的路是灭人国家的；如果中国强盛了，也要去灭人的国家，也去学列强的帝国主义，走相同的路，便是蹈他们的覆辙。所以我们要先决定一种政策，要济弱扶倾，才是尽我们民族的天职。"[1]

所以，生搬硬套西方民族国家的历史经验以解释中国大一统天下体制，这是学术的"时空错乱"，要不得！西方民族国家观念不能用来描述中华世界的历史和现实，更无法指引未来，实现中国强大和世界持久和平。中央民族大学杨圣敏教授撰文指出："在欧洲，几十个单一民族国家于18世纪前后建立。第一次和第二次世界大战之后，全球相继出现了近百个以民族独立为口号而摆脱了殖民主义宗主国的第三世界国家，也被称为'民族国家'。苏联解体后，又出现了20多个以民族主义为旗帜宣布独立的国家。有中国学者得出'进入20世纪90年代，民族国家已成为世界普遍和正常的国家形式'的结论，并认为中国也会走西方那样的建设民族国家、一个民族建一个国家的道路。但此观点既违背中国历史传统，更不符合中国现实。"[2]

杨教授也注意到，"中国在政治、经济和文化上始终是一体的，不需要通过民族同化政策来维持国家凝聚力。"中国民族与国家的关系呈现"多元一体"的格局。[3]但他却说不清中国的国家形式到底是什么，中国作为天下是靠什么来维系的？这是因为，经学所阐释的天下大一统中华治道——王道政治，

---

1 孙中山：《三民主义》，岳麓书社，2000年，第68页。

2 杨圣敏：《建设现代国家，中国为何没选择"民族国家"道路？》，网址：https://www.chinanews.com/gn/2021/08-24/9550264.shtml，访问日期：2024年7月8日。

3 杨圣敏：《建设现代国家，中国为何没选择"民族国家"道路？》，网址：https://www.chinanews.com/gn/2021/08-24/9550264.shtml，访问日期：2024年7月8日。

早已被体制性地排除在当代学者的视野之外。

如果我们要解释清楚中国，进一步增强对中华民族共同体的政治认同感，就必须如上所述一样，回归中国文化的母体——经学！

被尘封 2000 多年的绝学——名学
（再版后记）

逻辑学是如此重要，当代信息世界是以西方数理逻辑为基础搭建的。

不幸的是，世界三大逻辑体系，古希腊亚里士多德逻辑体系、印度因明逻辑体系和中国古典逻辑体系名学，只有中国名学被埋没近 2000 年。我甚至常常想，如果不是名学早绝，人类有没有可能发明一种基于名学的数理逻辑？

过去十多年来，怀着为往圣继绝学的崇高理想，我们企图复原名学的推理形式，使其重获生机与活力。

战国末期，名学已被讥为诡辩。法家强调形名，与名学关系近密。但法家经典《韩非子·外储说左上》用名学著名论题之一"白马非马"为反例，说明君主听取言论时，要以实际效用为衡量标准，循名责实。这让人难以理解——可能当时名学末流已陷入诡辩之中。要知道，名学重视名实相副，反对"虚辞"。

故事是这样的，战国时宋国大夫兒说是一位善于辩说的人，他秉持"白马非马"的论调。在齐国稷下学宫能将所有辩者说服。但等到他骑着白马通过边境关卡时，还是要照样缴纳马税。作者认为，依靠虚浮的言辞能使一国的人都屈服，但一经考核实际就不能欺骗任何人了。《韩非子·外储说左上》："兒说，宋人善辩者也，持'白马非马'也，服齐稷下之辩者。乘白马而过关，则顾（顾，通'雇'，酬，付给——笔者注）白马之赋。故藉之虚辞，则能胜一国；考实按形，不能谩（谩：欺骗，蒙蔽——笔者注）于一人。"

到了魏晋时代，已经很少人能够理解"白马非马"了。据说东晋名士谢安（320—385 年）年轻的时候，曾请光禄大夫阮裕给他讲解《白马论》，阮裕写了一篇相关文章给谢安。谢安竟然一时不能理解，于是反复向他请教。

阮裕感叹："不但能够解释明白的人难得，就是寻求透彻了解的人也难得！"《世说新语·文学第四》："谢安年少时，请阮光禄道《白马论》，为论以示谢。于时谢不即解阮语，重相咨尽（咨尽，询问而求尽晓其义——笔者注）。阮乃叹曰：'非但能言人不可得，正索解人亦不可得！'"

至清朝人编写《四库全书》时，干脆取消了子部名家。明知与名学经典《公孙龙子》"迥乎不同"，还是将三国时刘劭品鉴人物的专著《人物志》归入名家，并与《公孙龙子》一道并入了杂家类。四库馆臣称《公孙龙子》"言愈辨而名实愈不可正""恢诞"。（《四库全书总目提要·卷一一七》）显然，清朝学者已经不知中国古典逻辑学名学到底为何物了。

近代以后，随着子学的复兴，名学也水涨船高，但学人大体只知用西方哲学、西方逻辑学概念肢解名学，名学如何应用长期以来鲜有人问津。

本书参考《墨子》中的名家部分《墨辩》（包括《经上》《经下》《经说上》《经说下》《大取》《小取》六篇），恢复了名学诸论题的推理形式。比如"白马非马"，"非"这里是不等于的意思。通过替换词性相应的概念，能推导出："解剖的（死）人非人""切片的细胞非细胞"，等等，这对于我们理解中医和细胞生物学具有重要的意义。（具体内容请参阅本书《名学十三篇·白马论第二》）

同时，名学也是我们复兴中华古典学术、复兴中华文化的重要基础。

想一想，若我们长期禁锢在西方概念之中，生活在西方人的意义世界里而不自知。犹如美国电影《楚门的世界》中的主人公楚门，从小到大生活在一个叫"桃源岛"的巨大摄影棚里，以为现实世界本来如此，这是怎样的悲剧！

楚门很幸运，他最后觉悟到自己生活的小城是虚假的，机智地摆脱了无数摄像机的监视，乘着小船勇敢出走，走向了自我和自由。

我们如何摆脱西方的意义世界，如何突破当代学界根深蒂固的欧洲中心论？识别出西方强加给我们的鄙陋不实名称（鄙名和伪名），必须靠名学这艘小船！

名学关键在于正名、循名责实。但我们对名学本身的正名还有漫长的路要走。

庆幸的是，今天已有学者努力按中国古典逻辑学的内在理路，放在中国思想文化大背景中研究名学。中国人民大学曹峰教授在其专著《中国古代

"名"的政治思想研究》序言中一针见血地指出："'名家'研究从一开始就有方向性的错误，表现为不顾'名家'所生存的思想史环境，将西方逻辑学概念、框架、方法简单地移植过来，有削足适履之嫌。"[1]

从根本上反思名学研究的学术方法——这需要怎样的学术勇气啊！

复兴名学，回归中国人的文化意义世界，需要太多像曹峰教授这样的学者……

翟玉忠

2023 年 11 月 10 日于北京奥森

---

[1] 曹峰：《中国古代"名"的政治思想研究》，上海古籍出版社，2017 年，第 9 页。